Dr. med. vet. Volker Wienrich

Der vitale Hund

Dr. med. vet. Volker Wienrich

Der vitale Hund

Das Ernährungsbuch vom Tierarzt

Das Handbuch für
Halter, Züchter und Hundesportler

Müller Rüschlikon

Einbandgestaltung: Katja Draenert

Bildernachweis:
Archiv des RZV für Hovawart-Hunde e.V.: S. 132
Fa. Bayer: S. 130
Ciccozzi, Gianlorenzo: S. 58
Gerber-Mattli, Daniela: S. 22, 147
Hill's: S. 76, 119
Jaussi, Yvonne: S. 41, 135, 138 f
Kerl, Susanne: S. 33, 64, 102, 127
Lefeivre, Chantal: S. 144, 149 u
Pfeilsticker, Daniela: S. 8, 24, 28, 48, 68, 158
Fa. Pfizer: S. 14, 100
Riederer, Louis: S. 142
Rohlf, Mareike: S. 133
Rohrer, Iren: S. 145, 149 o
Royal Canin: S. 11, 108
Schumacher, Irene: S. 10
Strauss, H.: S. 150
Waltham: S. 72, 86
Wienrich, Volker: S. 9, 13, 73, 98, 109, 111, 112, 114, 116
Wild, Rosmarie: S. 146

ISBN 3-275-01506-0

Sie finden uns im Internet
unter www.mueller-rueschlikon.de

1. Auflage 2005

Lektorat: Rosemarie Wild
Innengestaltung: NovoTec GmbH, 73765 Neuhausen a.d.F.
Druck und Bindung: Fotolito Longo, I-39100 Bozen
Printed in: Italy

Inhalt

Vorwort

Nahrung und Ernährung spielen eine bedeutende Rolle bei der Erhaltung oder Wiederherstellung von Gesundheit und Leistungsfähigkeit. Einerseits ist eine gesunde Ernährung des Hundes eine der wichtigsten vorbeugenden Maßnahmen. Andererseits ist häufig eine ganz spezielle Ernährung nötig, wenn der Hund krank ist. Aber auch in den verschiedenen Lebensphasen und bei speziellen Leistungsanforderungen werden unterschiedliche Anforderungen an die Ernährung gestellt.

Im vorliegenden Buch werden all diese Zusammenhänge detailliert und praxisgerecht in allgemein verständlicher Sprache dargestellt.

Zunächst werden Grundlagen der normalen Nahrungsverwertung, der Verdauung, beschrieben. Es schließt sich ein Überblick zu wichtigen Störungen und Erkrankungen im Verdauungssystem und den entsprechenden Behandlungsmöglichkeiten an.

Die wichtigsten Eigenschaften der Nährstoffe und ihre Bedeutung und insbesondere auch der so wichtigen Mikronährstoffe werden ausführlich dargestellt, und es wird ein Überblick zu den verschiedenen Futtermitteln gegeben.

Im Mittelpunkt des Buches stehen die Zusammenhänge zwischen Krankheiten und Ernährung und zwar sowohl bezüglich der Prophylaxe als auch der diätetischen Behandlung des kranken Hundes. Alle wichtigen Krankheitskomplexe werden berücksichtigt und übersichtlich dargestellt.

Ein Kapitel über praktische Fütterung des Hundes und eine Reihe von Tabellen zu Gehalts- und Bedarfszahlen schließen das Buch ab. Einige bewährte Produkte werden ebenfalls aufgeführt.

Fremdwörter und Fachbegriffe sind im Fachwörterverzeichnis aufgelistet und/oder werden im Text erklärt bzw. übersetzt. Häufig verwendete Abkürzungen sind im Abkürzungsverzeichnis aufgeführt.

Alle Angaben wurden sorgfältig recherchiert: Veröffentlichungen der Gesellschaft für Ernährungsphysiologie, diverse Fachbücher und Artikel in Fachzeitschriften. Dennoch kann keine Garantie für die Richtigkeit jeder einzelnen Zahlenangabe übernommen werden.

Das Buch liefert zahlreiche Hinweise zur Gesunderhaltung und Therapieunterstützung, kann und will aber die individuelle Beratung durch den Tierarzt nicht ersetzen.

Dr. med. vet. Volker Wienrich
Berlin, im November 2004

Es liegt in der Hand des Züchters, seinen Welpen mit einer gesunden Ernährung einen optimalen Start ins Leben zu geben.

1. Gesundheitsfaktor Ernährung

Gesundheit, Leistungsfähigkeit und lange Lebensdauer werden durch Erbanlagen und Umweltfaktoren entscheidend beeinflusst. Ziel ist es, länger zu leben und dabei gesund und leistungsfähig zu bleiben. Das gilt für uns selbst und natürlich auch für unsere Hunde.

Einer der wichtigsten Umweltfaktoren ist die Ernährung. Die regelmäßige Aufnahme von Nährstoffen ist Voraussetzung dafür, dass ein Lebewesen überhaupt heranwachsen, sich entwickeln und am Leben bleiben kann. Die Menge und die Qualität der einzelnen Nährstoffe sind dabei ganz entscheidend. Das gilt sowohl für die in größeren Mengen aufgenommenen Nährstoffe Eiweiß, Fett und Kohlenhydrate als auch für die Mikronährstoffe Vitamine, Mineralstoffe, Spurenelemente, sekundäre Pflanzenstoffe usw. In letzter Zeit nimmt auch immer mehr die Bedeutung von so genannten »therapeutischen Nahrungsmitteln« (z. B. Pflanzeninhaltsstoffe wie Ginseng oder aus Tiergeweben hergestellte Glykosaminoglykane) zu. Es genügt aber nicht, jeweils lediglich das errechnete Minimum der einzelnen Nährstoffe aufzunehmen. Wenn der Stoffwechsel und alle Organe einschließlich des Immunsystems optimal funktionieren und Krankheiten vermieden werden sollen, muss auch die Ernährung optimal sein. Wichtig ist dabei, dass es Wechselbeziehungen zwischen aufgenommenen Nährstoffen gibt, dass bestimmte Nährstoffe essenziell sein können und dass es dabei individuelle Unterschiede von Hund zu Hund gibt.

Ernährung hat daher vorbeugende Wirkung, wenn sie optimal ist.

Ernährung kann andererseits krank machen, wenn sie fehlerhaft ist.

Dabei spielen sowohl schädliche oder zu viel verabreichte Stoffe eine Rolle, aber auch ein Mangel an einzelnen oder auch mehreren lebensnotwendigen Nährstoffen. Manche Nährstoffe können sich bis zu einem gewissen Grad ersetzen (z. B. Vitamin E und Selen), andere sind essenziell, d. h. nicht ersetzbar und lebensnotwendig (z. B. eine Reihe von Aminosäuren, bestimmte Fettsäuren und Vitamine). Darüber hinaus gibt es für die unterschiedlichen Organe und deren einwandfreies Funktionieren bestimmte besonders wichtige Nährstoffe (Schlüsselfaktoren).

Und schließlich **kann Ernährung zur Heilung oder Besserung von Krankheiten beitragen** oder sogar der entscheidende therapeutische Faktor sein (z. B. Niereninsuffizienz). Eine solche Anwendung bestimmter Ernährungsfaktoren wird als ***Diät*** bezeichnet.

Es gibt sehr **viele Krankheiten, die durch Ernährung beeinflusst werden**. An dieser Stelle nur einige wenige Beispiele: Übergewicht und Adipositas (Fettsucht), Diabetes mellitus, Herz-

Gesunde Hovawart-Zuchthündin.

Kreislauferkrankungen, Skelett- und Gelenkerkrankungen, Nierenerkrankungen, Krebs.
In diesem Zusammenhang sind die Haupt-Todesursachen bei unseren Hunden von Interesse. Es sind vor allem: Krebs, Herz-Kreislauf-Erkrankungen, Skeletterkrankungen sowie Erkrankungen der Verdauungsorgane und der Harnorgane.
Hunde sind einerseits Fleischfresser (Karnivoren). Bestimmte physiologische (die Funktion betreffende) Eigenheiten wie die außerordentlich hohe Verdauungskapazität für Eiweiß und Fett zeigen dies. Andererseits frisst auch der Wolf durchaus beachtliche Mengen an pflanzlichen Stoffen wie Früchten, Wurzeln, Gräsern und Blättern. Offensichtlich deshalb verfügt der Hund auch bezüglich Verdauung und Ernährung über eine beachtliche Anpassungsfähigkeit und ist in menschlicher Gesellschaft seinen zweibeinigen Rudelgefährten ähnlich zum Allesfresser (Omnivoren) geworden.
Eine einseitige Fleischernährung ist für den Hund nicht ausreichend und sogar gesundheitsschädlich.

In diesem Zusammenhang ist auch die teilweise kontrovers diskutierte Frage zu sehen, ob eine Fütterung mit kommerziell hergestellten oder mit hausgemachten Rationen die bessere Alternative ist. Beides ist möglich und in den folgenden Kapiteln wird detailliert auf die Vor- und Nachteile eingegangen.
Auch in der Hundeernährung gibt es immer wieder neue wissenschaftliche Ergebnisse.
Viele Fakten wie der Bedarf an den wichtigsten Nährstoffen sind bekannt. Viele andere Details wie die besondere Rolle »therapeutischer Nahrungsmittel« für Prophylaxe und Therapie sind erst teilweise bekannt und werden erst in der Zukunft weiter geklärt sein. Auch die exakte Kenntnis der einzelnen Inhaltsstoffe der Nahrung, ihre Verfügbarkeit in den verschiedenen Futtermitteln, die Effekte technologischer Behandlungen und die Auswirkungen auf die Schmackhaftigkeit sind sehr komplexe Sachverhalte, bei deren Aufklärung weitere Fortschritte zu erwarten sind.

Erste Fütterung.

2. Bau und Funktion der Verdauungsorgane

Anatomischer Aufbau des Verdauungsapparates

Der Verdauungsapparat ist ein schlauchförmig aufgebautes Organsystem.
Zum ihm gehören folgende Abschnitte:

- Mundhöhle
- Speiseröhre
- Magen
- Dünndarm, bestehend aus Zwölffingerdarm (Duodenum), Leerdarm (Jejunum) und Hüftdarm (Ileum)
- Dickdarm, bestehend aus Blinddarm (Cäcum), Grimmdarm (Colon) und Mastdarm (Rectum)
- Leber und Bauchspeicheldrüse erfüllen neben anderen Aufgaben auch solche der Verdauung

Mundhöhle

Über die Mundhöhle wird die Nahrung aufgenommen. Sie wird dort zerkleinert und durch den Speichel gleit- und transportfähig gemacht. Die äußere Begrenzung sind die Ober- und die Unterlippe. Zum Gebiss des Hundes gehören im Ober- und im Unterkiefer jeweils sechs Schneidezähne (Incisivi), zwei Fangzähne (Canini) und rechts und links je vier vordere Backenzähne (Prämolaren). Dahinter schließen sich im Oberkiefer rechts und links je zwei und im Unterkiefer je drei hintere Backenzähne (Molaren) an. Während die Fangzähne wie ihr Name sagt zum Greifen und Festhalten der Beute geeignet sind, dienen die größten Backenzähne (letzter Prämolar = P4 im Oberkiefer und erster Molar = M1 im Unterkiefer) dem Zerreißen der Beute und werden entsprechend als Reißzähne bezeichnet. In den ersten drei Lebenswochen sind die Welpen zahnlos. Danach entwickeln sich innerhalb der ersten vier bis sechs Wochen ziemlich schnell die Milchzähne. Der Zahnwech-

Anatomischer Aufbau der Darmzotte.

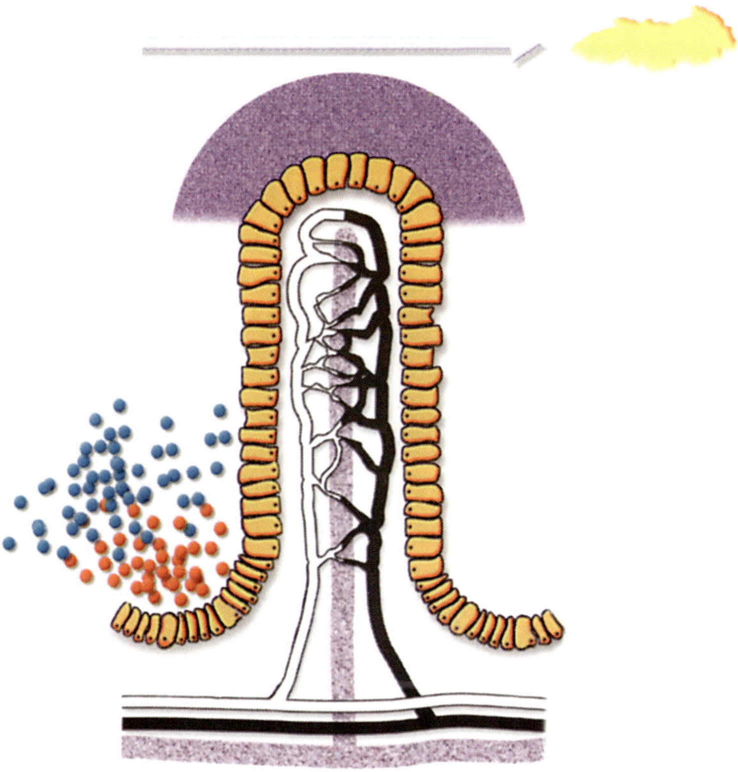

sel erfolgt um den 6. Lebensmonat herum. Das bleibende Gebiss des Hundes hat 42 Zähne. Die Zunge hat beim Hund eine längliche, löffelartige Form mit scharfen Seitenrändern und stark abgerundeter Vorderseite. Sie ist in der Mitte rillenförmig vertieft. Auf der Oberfläche befinden sich zahlreiche Papillen.
Dazwischen liegen einzelne Geschmacksknospen. Seitlich wird die Mundhöhle von den Backen und den Backenzähnen, oben vom harten Gaumen und unten von der Zunge begrenzt. In die Mundhöhle geben die Speicheldrüsen ihr Sekret ab. Zu ihnen gehören die Ohrspeicheldrüsen (unterhalb des Ohrgrundes), die Unterkieferdrüsen (in Höhe des Kiefergelenks), die unterhalb der Augen liegenden Backendrüsen und mehrere Unterzungendrüsen.

Speiseröhre (Ösophagus)

Sie dient dem Transport der Nahrung von der Mundhöhle in den Magen, ist ein stark dehnungsfähiges schlauchförmiges Organ und in ihrer gesamten Länge mit Schleimdrüsen ausgestattet. Vor dem Mageneingang besitzt die Speiseröhre einen kräftigen Ringmuskel, mit dessen Hilfe der Übergang des Speisebreis in den Magen gesteuert werden kann.

Magen (Ventriculus, Gaster)

Er ist eine sackartige Erweiterung des Verdauungskanals und enthält etwa zwei Drittel des gesamten Nahrungsbreis. Hier beginnen die eigentlichen wichtigen Verdauungsvorgänge, zu denen neben der chemischen Verdauung auch die Durchmischung des Nahrungsbreis mit Hilfe der Muskulatur der Magenwand gehört. Der Mageneingang (Magenmund, Kardia) und der Magenausgang (Pylorus) können durch Ringmuskeln verschlossen werden. Der Magen besteht aus einem kugeligen Anfangsteil (Magenfundus) und einem mehr schlauchförmigen Anteil (Antrum). Der Magen ist in hohem Maß dehnungsfähig. Im leeren Zustand liegt er vollständig im Brustkorb; der gefüllte Magen reicht dagegen bis zur 13. Rippe oder darüber hinaus. Der gesamte Magen ist mit Schleimhaut ausgekleidet. Dabei sind drei verschiedene Drüsenzonen zu unterscheiden: Die schmale Kardiadrüsenzone liegt am Mageneingang. Dort werden wässriges Sekret und Schleim gebildet. Die sich anschließende Fundusdrüsenzone macht zwei Drittel bis drei Viertel der gesamten Magenschleimhautoberfläche aus: Dort wird der eigentliche Magensaft, d. h. Salzsäure und Verdauungsenzyme und zusätzlich auch Schleim produziert. Es folgt die Pylorusdrüsenzone, in der ebenfalls Verdauungsenzyme und schleimhaltige Sekrete produziert werden.

Dünndarm

Im Dünndarm laufen wesentliche Verdauungsvorgänge und die Resorption (Aufnahme der Nahrungsbestandteile in den Körper) ab. Der relativ kurze Zwölffingerdarm beginnt am Magenausgang. In ihn münden ca. 3–5 cm vom Magenausgang entfernt die Ausführungsgänge der Gallenblase und der Bauchspeicheldrüse (Pankreas). Der nächste und längste Darmabschnitt ist der Leerdarm (Jejunum). Als letzter Dünndarmabschnitt folgt der recht kurze Hüftdarm (Ileum). Auch die Darmwand besitzt eine Muskelschicht, so dass der Transport des Nahrungsbreis gewährleistet ist. Die Schleimhautschicht des Dünndarms besitzt rund vier Millionen Ausstülpungen, die Zotten. Sie sind am Anfang des Dünndarms ca. 1 mm, am Ende ca. 0,5 mm hoch und vergrößern durch ihre hohe Zahl die Schleimhautoberfläche ganz erheblich. Die Zottenoberfläche wird von den in einer Schicht vorliegenden Enterozyten (Darmzellen) gebildet. Auf deren Zelloberfläche befindet sich ein feiner Bürstensaum, der die mit dem Nahrungsbrei in Kontakt kommende Darmoberfläche weiter (durch Zotten und Bürstensaum insgesamt auf das 600fache) vergrößert. Die zerlegten Nahrungsbestandteile treten durch feine Poren in die Darmzellen ein. Möglich ist das durch eine hoch spezialisierte Membran aus Phospholipoproteinen an deren Oberfläche. Auf der Schleimhaut des Dünndarms liegen zahlreiche kleine schlauchförmige Drüsen, welche den Darmsaft produzieren.

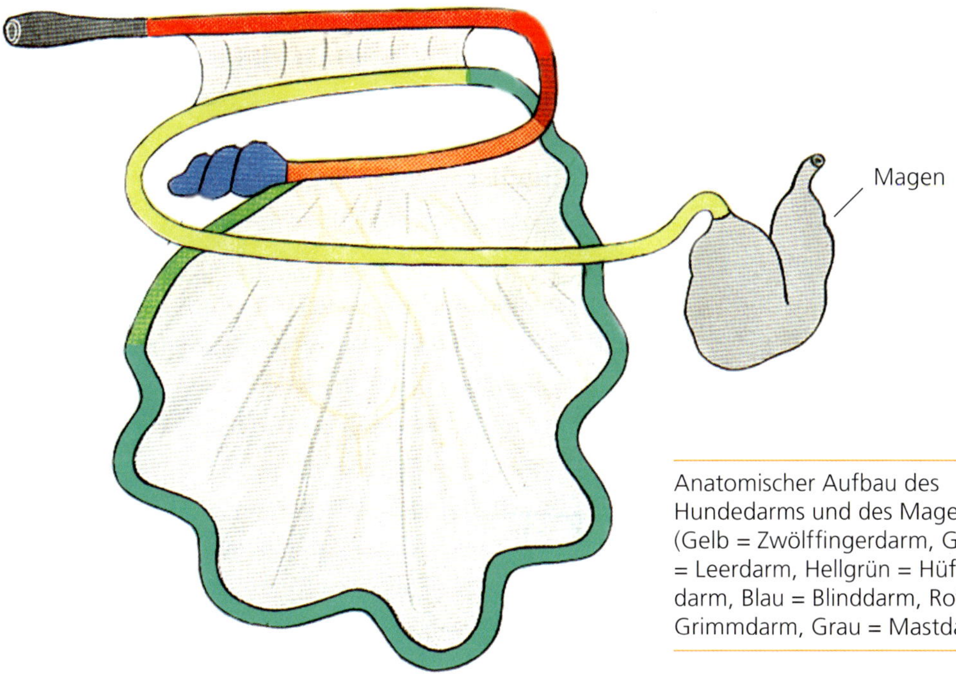

Anatomischer Aufbau des Hundedarms und des Magens (Gelb = Zwölffingerdarm, Grün = Leerdarm, Hellgrün = Hüftdarm, Blau = Blinddarm, Rot = Grimmdarm, Grau = Mastdarm).

Dickdarm

Der recht kleine Blinddarm besteht lediglich aus zwei bis drei kleinen Windungen. Der Grimmdarm (Colon) beginnt in der rechten hinteren Flanke, zieht dann nach vorn bis in Magennähe und schließlich wieder nach hinten, wo er in den letzten Darmabschnitt, den Mastdarm (Rectum) übergeht. Die Dickdarmschleimhaut besitzt keine Zotten. Aber auch hier gibt es Darmsaft produzierende Drüsen. Im Dickdarm werden Nahrungsbestandteile durch die dort in großer Zahl vorhandenen Darmbakterien verdaut.

Leber

Die Leber liegt hinter dem Zwerchfell in unmittelbarer Nachbarschaft zum Magen. Die Leberzellen produzieren Galle, die über den Lebergang und die Gallenblase in den Dünndarm gelangt und für die Fett- und Eiweißverdauung von Bedeutung ist. Daneben hat die Leber zahlreiche andere Aufgaben im Stoffechsel.

Bauchspeicheldrüse (Pankreas)

Sie besteht aus zwei Schenkeln und liegt zwischen Magen, Zwölffingerdarm und Leber.
Neben dem in das Blut abgegebenen Insulin produziert die Bauchspeicheldrüse die wichtigsten Enzyme zur Verdauung von Proteinen, Fetten und Kohlehydraten.

Regulation der Futteraufnahme

Appetit ist das Verlangen nach Futter. Der Begriff wird oft mit Hunger gleichgesetzt, ist aber durchaus nicht das Gleiche. Im Gehirn gibt es sowohl ein Hungerzentrum als auch ein Sättigungszentrum. Diese Zentren werden von vielen Stoffwechselfaktoren und von Nerven und Hormonen beeinflusst. Solche Rückmeldungen kommen u. a. vom Magen (den Füllungszustand betreffend) oder vom Darm (den Nahrungsbrei-Abfluss betreffend). Über das Blut und die Ner-

Ein gesunder Hund hat Appetit.

venbahnen gelangen zahlreiche hormonelle und chemische Signale u. a. als Folge der Aufnahme von Nahrung zu den Zentren im Gehirn. Hinzu kommen die Geruchswahrnehmungen bereits vor und die Geschmackswahrnehmungen bei der Futteraufnahme. Allerdings gibt es Hunde, bei denen diese natürlichen Regulationsmechanismen nicht ausreichend funktionieren, so dass Appetit auftritt, ohne dass Hunger vorhanden ist. Ein Problem, das durchaus nicht nur unsere Hunde betrifft und das Übergewicht bis zur Fettsucht (Adipositas) zur Folge haben kann. Einige Beispiele über weitere Einflussmöglichkeiten: Bekannt ist, dass Hunde nach einem Futterwechsel zunächst mehr von einem neuen schmackhaften Futter aufnehmen, was sich aber in vielen Fällen wieder reduziert. Umgekehrt lässt die Futteraufnahmebereitschaft nach, wenn der Hund krank ist. Hierbei spielen neben Fieber und Schmerzen auch als Reaktion auf Entzündung oder Tumoren gebildete Substanzen wie Interleukine und der Tumor Necrosis Factor eine wichtige Rolle. Beispiele für den direkten Einfluss von Geschlechtshormonen sind der verstärkte Appetit kastrierter Hunde und der verminderte Appetit läufiger Hündinnen. Einfluss auf die Futteraufnahme hat offenbar auch das durch Fettspeicherzellen gebildete Hormon Leptin. Zu Letzterem gibt es bisher keine ausreichenden Untersuchungsergebnisse.
Manchmal treten Aversionen gegen bestimmte Futtermittel auf, weil ihre Aufnahme mit einem unangenehmen Erlebnis verknüpft war.

Regulation der Verdauung

Durch eine Vielzahl hormoneller und nervöser Vorgänge werden einerseits die für die Durchmischung des Nahrungsbreis notwendigen Magen- und Darmbewegungen und andererseits die Sekretion von Verdauungssäften und die Nährstoffresorption (Aufnahme) gesteuert.
Bereits vor der Nahrungsaufnahme gehen vom zentralen Nervensystem Signale an die Verdauungsorgane. Bedingte und unbedingte Reflexe führen zur Abgabe von Speichel und weiteren Verdauungssekreten. Die weiteren Vorgänge der Verdauung verlaufen dann ohne Beteiligung des Bewusstseins. Das vegetative Nervensystem wirkt dabei entweder über den parasympathischen Teil stimulierend oder über den sympathischen Teil hemmend auf die Verdauung. Ein weiterer wesentlicher Teil der Steuerungsvorgänge wird durch eine Reihe von Hormonen geregelt. Über solche hormonellen Vorgänge können z. B. die vorderen Abschnitte des Verdauungskanals die Tätigkeit der nachfolgenden Abschnitte anregen. Umgekehrt können die hinteren Abschnitte die vorderen hemmen. Als Resultat all dieser Regelvorgänge kommt es zu einem koordinierten Ablauf der Verdauung. Die wichtigsten im Verdauungskanal wirksamen Hormone sind: Gastrin wird insbesondere nach der Futteraufnahme von den G-Zellen der hinteren Magenschleimhaut produziert. Es regt die Sekretion von Verdauungsenzymen in der Magenschleimhaut und teilweise auch in der Bauchspeicheldrüse an und hemmt die Magenentleerung. Wenn ständig zu viel Gastrin im Magen vorhanden ist, kann das die Bildung von Magengeschwüren verursachen. Cholezystokinin ist ein im Zwölffingerdarm gebildetes Hormon. Es bewirkt eine starke Produktion von Bauchspeicheldrüsenenzymen, fördert die Gallenblasenentleerung und hemmt die Magenentleerung. Eine große Zahl weiterer Hormone des Verdauungsapparates hat unterschiedliche Aufgaben wie: Sekretin (Anregung der Bauchspeicheldrüsensekretion), Motilin (Anregung der Magenbewegungen), Neurotensin (Anregung der Magenentleerung), Glukagon (Insulinfreisetzung) u. a.

Chemische Vorgänge im Verdauungskanal

Der pH-Wert ist sowohl für die Wirkung der Verdauungsenzyme als auch für Tätigkeit der bakteriellen Darmflora von Bedeutung. Er

liegt im Magen zwischen den Mahlzeiten bei Werten um 6, sinkt aber nach der Nahrungsaufnahme durch die Salzsäureproduktion auf Werte zwischen 2 und 3. Im Dünndarm wird der Nahrungsbrei durch die alkalisch wirkenden Bauchspeicheldrüsensekrete neutralisiert, so dass in den hinteren Dünndarmabschnitten und im Dickdarm Werte zwischen 6 und 7 erreicht werden.
Im Verdauungskanal leben sehr viele unterschiedliche Bakterien, die so genannte Darmflora. Die meisten dieser Bakterien leben im Dickdarm (bis zu 100 Milliarden/1 g Kot). Sie sind in der Lage, für den ihnen als Wirt dienenden Hund bestimmte Vitamine zu synthetisieren. Pflanzliche Fasern können nur mit Hilfe dieser Bakterien verwertet werden. Die im hinteren Teil des Verdauungskanals lebenden Bakterien kommen völlig ohne Sauerstoff aus. Es besteht normalerweise ein stabiles Gleichgewicht innerhalb der Darmflora. Wird dieses durch Fütterungsfehler oder durch Infektionen gestört, so kommt es zu entsprechenden Erkrankungen, die vor allem Durchfall oder auch übermäßige Gasbildung zur Folge haben können. Dabei gibt es Unterschiede zwischen den einzelnen Hunden, die beachtet werden sollten. Zum Beispiel lässt sich die verstärkte Veranlagung für Darm- oder auch Magenblähungen und daraus folgend u. U. auch Magendrehungen durch entsprechende Fütterung beeinflussen (s. Kapitel 3, S. 21).
Für die Verdauung sind eine Reihe von Verdauungssekreten und -enzymen erforderlich:

Speichel macht die Nahrung gleitfähig. Beim Hund enthält er keine Verdauungsenzyme.
Die Zusammensetzung ändert sich je nach der Art der aufgenommenen Nahrung. Es gibt individuelle Unterschiede im Mineralstoffgehalt, was sich auf die Neigung zur Zahnsteinbildung auswirken kann.
Ein Hund produziert je nach Fütterung täglich ca. 20–40 ml Speichel je kg Körpergewicht.
Die Speichelsekretion wird durch bedingte und unbedingte Reflexe bereits dann ausgelöst, wenn der Hund die Nahrung sehen oder riechen kann oder wenn er die Vorbereitungen für die Fütterung wahrnimmt.

Der **Magensaft** wird in den Schleimhautdrüsen der Magenwand produziert. Wichtig für die Verdauung ist vor allem die Salzsäure. Gleichzeitig wird die Magenschleimhaut vor schädlichen Wirkungen der Salzsäure durch die Herstellung von Bikarbonat und von Schleimstoffen geschützt. Das in den Magendrüsen gebildete Verdauungsenzym ist das für die Eiweißaufspaltung wichtige Pepsin. Es wird nur im Zusammenwirken mit der gebildeten Salzsäure aktiv. Die Magensaftsekretion wird durch äußerliche Reize (Wahrnehmung des Futters) und durch innere Faktoren (Kauen, Magendehnung, Eiweißabbauprodukte usw.) gefördert, durch Aufregung oder körperliche Anstrengung dagegen reduziert.

Der **Bauchspeicheldrüsensaft (Pankreassaft)** hat einen leicht alkalischen pH-Wert. Er enthält die wichtigsten Enzyme für die Verdauung von Eiweißen, Kohlenhydraten und Fetten. Für die Eiweißverdauung werden vor allem Trypsine, für die Verdauung der Kohlenhydrate die Alpha-Amylse und für die Fettverdauung Lipasen produziert. Eine relativ große Menge (ca. 25–50 ml/kg Körpergewicht) Pankreassaft wird täglich gebildet. Auch auf die Aktivität der Bauchspeicheldrüse wirken mehrere nervöse und hormonelle Faktoren ein.

Galle wird von den Leberzellen gebildet und in den Zwölffingerdarm abgegeben. Sie enthält vor allem Gallensäuren, aber auch Bilirubin (Gallenfarbstoff), Fettsäuren und weitere Substanzen. Gallenflüssigkeit ist vor allem für die Fettverdauung, aber auch für die Eiweißverdauung von Bedeutung. Insgesamt werden ca. 15 ml Gallenflüssigkeit pro kg Körpergewicht täglich produziert. Die Gallenblase dient praktisch als Zwischenlager und wird immer dann entleert, wenn entsprechende chemische Signale aus dem Dünndarm oder aber Reflexe wirksam werden.

Darmsaft enthält von den Darmdrüsen stammende Schleimstoffe und Mineralstoffe, aber auch aus den Darmepithelzellen (Enterozyten) stammende Verdauungsenzyme. Einfluss auf die Sekretionsmenge haben vor allem die chemischen Reize, die vom Nahrungsbrei im Darm ausgehen.

Die **Enzyme der Darmschleimhaut** wirken auf die bereits vorverdaute Nahrung. Zu ihnen gehören Eiweiß spaltende Enzyme, aber auch Kohlenhydrat abbauende Enzyme wie Maltase, Saccharase und Laktase. Mit Hilfe von Laktase kann Milchzucker (Laktose) verdaut werden; allerdings ist die Kapazität dafür nur beim Welpen erheblich und beim erwachsenen Hund dann sehr begrenzt.

Bakteriell gebildete Enzyme sind vor allem für die Aufspaltung von solchen Kohlenhydraten wichtig, die von den körpereigenen Enzymen nicht zerlegt werden können, d. h. pflanzliche Faserstoffe wie z. B. Zellulose und Pektine. Bakterien im Dickdarm und teilweise auch im Dünndarm können aber auch andere Kohlenhydrate und Eiweiße verdauen. Dabei werden die Eiweiße nicht nur zu Aminosäuren, sondern noch weiter zu Ammoniak, Schwefelwasserstoff und weiteren Stoffen zerlegt. Diese Substanzen können die Leber belasten, wenn sie in größerer Menge anfallen.

Nahrungsaufnahme, Magen-Darm-Passage

Hunde schlingen, d. h. nicht zu große Stücke werden mit den Schneidezähnen erfasst und durch Pressen mit Backen und Zungengrund zum Racheneingang geschoben. Das Schlucken erfolgt dann reflektorisch bei gleichzeitigem Verschließen des Atemweges. Innerhalb von 5-10 Sekunden wird die Nahrung durch wechselndes Erschlaffen und Kontrahieren der Speiseröhre in den Magen transportiert. Größere Futterstücke werden mit Schneidezähnen und Reißzähnen vorzerkleinert. Zur Aufnahme von Flüssigkeit benutzt der Hund seine löffelförmige Zunge. Pro Sekunde werden bei 1–3 Schöpfbewegungen ca. 5 ml aufgenommen.

Der **Magen** des Hundes kann relativ stark ausgedehnt werden. Er hat dadurch ein großes Fassungsvermögen und diente den wildlebenden Vorfahren unserer Hunde quasi als Speicher bis zur nächsten Beute. Mit der Nahrungsaufnahme füllt sich der Magen schichtweise. Im Fundusdrüsenteil durchdringt der Magensaft von außen nach innen allmählich den Nahrungsbrei und verflüssigt ihn. Durch Salzsäure und Pepsine werden große Anteile der aufgenommenen Eiweiße verdaut. Im schlauchförmigen Pylorusdrüsenteil des Magens wird der Mageninhalt durchmischt und durch Kontraktionen im Abstand von ca. 15–20 Sekunden allmählich in den Zwölffingerdarm befördert. Die Aufenthaltsdauer der Nahrung ist stark von der Nahrungszusammensetzung abhängig. Feste Bindegewebsstücke bleiben z. B. deutlich länger im Magen als hochwertiges Muskelfleisch. Einfluss auf die Magenentleerung hat auch die Menge und die Zusammensetzung des Nahrungsbreis im Zwölffingerdarm. Ein hoher Fettanteil z. B. verzögert die Magenentleerung. Verzögert wird die Magenentleerung auch durch starke körperliche Belastung oder Aufregung, Angst oder Schmerzen. Bewegung einige Stunden nach der Nahrungsaufnahme dagegen fördert die Entleerung von Magen und Darm.
Die normale Magenentleerungszeit beträgt beim Hund bei einmal täglicher Fütterung ca. 7–8 Stunden.

Im **Dünn- und Dickdarm** wird der Nahrungsbrei durch entsprechende Bewegungen mit dem Darmsaft durchmischt. Dort finden die wichtigsten Verdauungsvorgänge statt und die Endprodukte der Verdauung werden über die Darmwand absorbiert (aufgenommen). Ungefähr 60–90 Minuten nach Verlassen des Magens erreicht der Nahrungsbrei den Dickdarm. Bei hochverdaulichem Futter ist die Verdauung hier bereits abgeschlossen. Unverdauliche Anteile (Ballaststoffe, Rohfaser) werden im Dickdarm durch Bakterien verwertet. Die daraus entstehenden flüchtigen Fettsäuren und in kleinerer Menge auch Aminosäuren, Ammoniak, Schwefelwasserstoff, Wasser und Mineralstoffe werden über die Dickdarmschleimhaut absorbiert. Die Verweildauer des Darminhalts hängt insbesondere von der Menge an Ballaststoffen ab. Je mehr unverdauliche Anteile enthalten sind, umso schneller erfolgt die Passage im Dickdarm. Ballaststoffe sind aber für die Darmbewegung und für die Ernährung der Zellen der Schleimhaut des Dickdarms unbedingt erforderlich. Ihr optimaler Anteil an der Futterration liegt bei 1–2 % (in der Trockensubstanz).

Kotzusammensetzung und -absatz

Der Kotabsatz erfolgt beim Hund normalerweise 1–2-mal täglich, bei großen Hunden auch öfter. Wird besonders hochverdauliches Futter (z. B. vor allem Muskelfleisch) gegeben, so fällt weniger Kot an und der Absatz erfolgt unter Umständen auch nur ca. alle zwei Tage. Kot enthält unverdaute Stoffe, Bakterien, Verdauungssekrete, Zellen der Darmschleimhaut und Schleimanteile. Der Wassergehalt sollte üblicherweise bei 55–75 % liegen. Der pH-Wert liegt normalerweise bei 6–7. Der Rohaschegehalt schwankt je nach Futterzusammensetzung zwischen Werten von 5–45%, der Rohproteingehalt von 25–50 %, der Fettgehalt von 10–20 % und der Rohfasergehalt von 10–50 %. Sehr weicher Kot entsteht bei einem hohen Anteil bindegewebsreicher Schlachtabfälle oder unverdaulicher Kohlenhydrate, aber auch bei einem zu geringen Anteil an pflanzlichen Faserstoffen. Hohe Knochenanteile führen dagegen zu starker Verfestigung des Kotes bis hin zu gesundheitlich bedrohlichen Verstopfungen. Die Kotfarbe ist bei üblicher Futterzusammensetzung meist dunkelbraun. Gelbliche Kotfarbe kann durch Milch, Knochen oder Rindertalg entstehen. Möhren können zu Rotfärbung und Gemüse zu grünlicher oder gelber Kotfarbe führen. Farbstoffe aus den Futtermitteln finden sich im Kot wieder. Wenn sehr viel Fleisch oder z. B. blutmehlhaltiges Futter gegeben wird, kann der Kot eine fast schwarze Farbe annehmen. Krankheiten können ebenfalls die Kotfarbe beeinflussen: **Blutungen im Magen- oder Dünndarmbereich führen zu dunklem bis schwarzem Kot, während Blut aus dem Dickdarm im Kot als solches erkennbar ist. Fettiger heller Kot weist auf eine gestörte Fettverdauung hin, meist durch Erkrankungen der Bauchspeicheldrüse bedingt**. Dabei können auch vermehrt unverdaute Nahrungsbestandteile zu finden sein.

3. Erkrankungen des Verdauungssystems

Im Folgenden wird ein Überblick zu den wichtigsten Erkrankungen des Verdauungssystems gegeben. Die Möglichkeiten der Vorbeugung und der Behandlung durch entsprechende Fütterung werden im Kapitel 6 beschrieben. (s. S. 77–85)

Appetitlosigkeit

Vorübergehender oder anhaltender Appetitmangel kann eine ganze Reihe unterschiedlicher Ursachen haben.
Die **Schmackhaftigkeit** des Futters ist einer der wichtigsten Faktoren. Insbesondere ein fett- und eiweißreiches Futter wird gern gefressen. Oft fressen Hunde ein solches neu angebotenes Futter einige Tage lang besonders gern und reichlich; danach normalisiert sich die Futteraufnahme.
Umgekehrt kann es aber auch Probleme geben, wenn ein neues **ungewohntes Futter** angeboten wird; das Futter wird u. U. zunächst abgelehnt, nach wiederholtem Anbieten dann aber doch genommen.
Läufige Hündinnen fressen deutlich weniger. Rüden reagieren ähnlich, wenn sie eine läufige Hündin wahrnehmen.
Bei **hohen Außentemperaturen** wollen Hunde manchmal nicht fressen.
Psychische Faktoren wie Trennung von den menschlichen Rudelgefährten führt häufig zu mangelnder Nahrungsaufnahme.
Appetitlosigkeit tritt aber auch oft bei **Erkrankungen** von Mundhöhle, Magen, Darm oder schweren Allgemeinerkrankungen auf. Zwar können gesunde Hunde durch Nutzung körpereigener Reserven wochenlang ohne Nahrungsaufnahme leben, wenn sie ausreichend Flüssigkeit aufnehmen können. Andererseits soll der Abbau körpereigener Substanz vermieden werden oder es müssen beim Vorliegen von Erkrankungen Wege gefunden werden, um dem Hund ausreichend Nährstoffe zu verabreichen. Oft ist es erfolgreich, wenn der Besitzer den erkrankten Hund aus der Hand füttert; dabei kann allerdings die spätere Umgewöhnung auf die selbstständige Futteraufnahme manchmal schwierig werden. Medikamentell lässt sich der Appetit beim Hund nur über kurze Zeit steigern. Bei schweren Erkrankungen muss manchmal neben der intravenösen Flüssigkeitsgabe eine Zwangsfütterung per Magensonde usw. erfolgen. Nach einer Erkrankung lehnen Hunde häufig Futter oder bestimmte Inhaltsstoffe ab, die sie kurz vor Beginn der Erkrankung gefressen haben (bedingte Geschmacksaversion).

Mundhöhle und Zähne

Mundhöhlenschleimhaut, Zunge und Zahnfleisch können durch Infektionen, Tumoren oder auch Fremdkörper usw. erkranken. Die Therapie richtet sich nach der jeweiligen Ursache. Manchmal bleiben Knochenstücke zwischen den Zähnen stecken oder die Spitzen von Spielstöcken bohren sich unter die Zunge oder in den Rachen. Schmerzäußerungen und zeitweise starkes Speicheln sind die auffälligsten Symptome. Durch Beißen auf Steine oder Zerbeißen sehr harter Knochen können Absplitterungen oder sogar Frakturen entstehen. Karies entwickelt sich bei Hunden relativ selten, kann aber bei häufiger Aufnahme zuckerhaltiger Stoffe besonders bei kleinen Hunden durchaus vorkommen. Die häufigsten Probleme entstehen infolge von Zahnsteinbildung. Voraus geht die Entwicklung bakterieller Beläge auf dem Zahnschmelz. Je nach individueller Veranlagung kommt es anschließend zur Einlagerung von Mineralien (Phosphor, Kalzium, Magnesium) und entsprechender Zahnsteinentwicklung. Als Folge treten Erkrankungen von Zahnfleisch und Zahnhalteapparat und schließlich der Zähne selbst auf. Therapeutisch kommt vor allem die rechtzeitige Entfernung des Zahnsteins per Ultraschallgerät in Frage. Vorbeugend ist regelmäßiges Zähneputzen oder entsprechende Fütterung (s. Kapitel 6, S. 77) nützlich.

Speiseröhrenerkrankungen

Eine **Speiseröhrenerweiterung** kann z. B. durch Verletzungen oder chemische Einwirkungen entstehen, kann aber auch erblich bedingt sein. Vor allem Welpen, gelegentlich aber auch erwachsene Hunde, zeigen entsprechende Symptome: Es kommt zu Schluckstörungen und entweder sofort nach der Futteraufnahme oder einige Stunden danach wird nicht anverdautes Futter erbrochen. Schmerzen werden dabei nicht beobachtet. Da die Ursachen und der Sitz der Speiseröhrenerweiterung unterschiedlich sind, ist eine Ermittlung der Ursache mit Hilfe von Röntgenkontrastaufnahmen wichtig. Nach dem Ergebnis richtet sich die medikamentöse oder chirurgische Therapie.

Bei der **Speiseröhreneinengung** treten ebenfalls Schluckstörungen, gelegentlich auch Husten auf. Futter wird mit einiger Verzögerung herausgewürgt. Ursachen können Tumoren und andere Umfangsvermehrungen, vor allem aber eine die Speiseröhre einengende Gefäßmissbildung (persistierender Aortenbogen) sein. Röntgenaufnahmen können ganz wesentlich dazu beitragen, die Ursache zu klären.

Eine **Speiseröhrenentzündung** entsteht durch Einwirkung von Fremdkörpern, ungeeigneten Futterstücken oder durch Rückfluss von Magensaft. Würgebewegungen und Brechreiz zeigen sich. Gerade bei der Refluxösophagitis (Speiseröhrenentzündung durch Rückfluss von Magensaft) geraten die Hunde in starke Aufregung und versuchen, die Beschwerden schnellstens durch Aufnahme von Gras, Teppichfasern oder Ähnliches zu beseitigen. Die Therapie erfolgt medikamentell.

Erbrechen

Erbrechen von Nahrung kommt beim Hund nicht selten vor. Es ist ein gut entwickelter Schutzreflex, kann aber auch ein Symptom ernsthafter Erkrankungen sein.

Erbrechen kann eine Vielzahl von Ursachen haben; zu den wichtigsten gehören Erkrankungen des Magens, des Darms, der Speiseröhre und des Rachens, der Leber, der Bauchspeicheldrüse und der Nieren. Die genannten Organe können z. B. durch Infektionskrankheiten, Parasiten, Aufnahme von Fremdkörpern, unverträglichen Futtermitteln oder giftigen Substanzen geschädigt werden. Bei manchen Hunden können auch psychische Ursachen zu häufigerem Erbrechen führen. Allergisch bedingte Krankheiten des Magen-Darm-Systems können bei entsprechend veranlagten Hunden zu anhaltendem Erbrechen führen. In jedem Fall sind die baldige Ermittlung der Ursache und der Ausschluss von solchen akut lebensbedrohenden Erkrankungen wie z. B. Darmverschluss oder Nierenversagen entscheidend. Länger anhaltendes Erbrechen senkt die entsprechende Reizschwelle, so dass in der Folge bereits leichtere Reizungen erneutes Erbrechen auslösen kann. Die therapeutischen Maßnahmen richten sich nach der jeweiligen Ursache. In einfachen Fällen genügt ein Nahrungsentzug für 1–2 Tage, verbunden mit entsprechender Medikamentengabe. Liegen Organerkrankungen vor, so müssen natürlich diese behandelt werden. Fremdkörper oder andere den Verdauungsweg verschließende Ursachen machen meist ein kurzfristiges chirurgisches Eingreifen erforderlich.

Durchfall

Weicher, dickbreiiger, dünnbreiiger oder sogar wässriger Kot tritt beim Hund relativ oft auf.
Dafür kommt eine ganze Reihe von möglichen Ursachen in Frage wie z. B. eine unzureichende Funktionsfähigkeit der Verdauungsorgane, Infektionen, Parasiten, Aufnahme unverträglicher Stoffe, allergische Reaktionen oder Fehler in der Fütterung (Futterzusammensetzung, Qualität, Fütterungstechnik). Auch Angst, Aufregung und andere psychische Ursachen können Durchfall auslösen. Fütterungsbedingte Durchfälle verschwinden nach Wegnahme des betreffenden Futters sehr schnell. Dagegen können durch Infektionen hervorgerufene Durchfallerkrankungen zu schweren Allgemeinerkrankungen führen (z. B. Parvovirose). Auch Parasiten im Darm können massive Durchfälle und nachfolgende teils lebensbedrohliche Symptome hervorrufen (z. B. starker Wurmbefall bei Welpen).
Bei Verfütterung großer Mengen schwer verdaulicher Eiweiße (z. B. reichlich Bindegewebe in Schlachtabfällen) kommt es fast immer zu Durchfall. Milchzucker (Laktose) kann vom Hund nur begrenzt verdaut werden – größere Mengen führen zu Durchfall. Auch bei Verfütterung großer Mengen schwer verdaulicher Kohlenhydrate kann es zu Durchfall kommen. Verdauungsstörungen durch übermäßige Fettaufnahme kommen beim Hund dagegen kaum vor, da die Verdauungskapazität für Fett sehr hoch ist. Allergisch bedingte Durchfallerkrankungen treten wahrscheinlich nicht allzu oft und wenn, dann einige Stunden nach der Futteraufnahme auf; bei fortgesetzter Gabe der auslösenden Nährstoffe werden sie chronisch. Beim Irischen Setter ist eine genetisch bedingte Überempfindlichkeit gegenüber Weizenkleber (Gluten) bekannt. Störungen der Gallensekretion z. B. infolge von Lebererkrankungen oder Erkrankungen der Bauchspeicheldrüse können ebenfalls zu massiven Verdauungsstörungen und entsprechenden Durchfallerkrankungen führen.
Bei Durchfall sollte in jedem Fall die Ursache ermittelt werden, wenn gleichzeitig das Allgemeinbefinden beeinträchtigt ist oder wenn der Durchfall immer wieder auftritt.
Die Möglichkeiten, Durchfallerkrankungen durch entsprechende Fütterung zu beeinflussen, werden in Kapitel 6, S. 78–79 beschrieben.

Magenaufblähung, Magendrehung

Die Erkrankung kommt vor allem, aber nicht ausschließlich, bei Hunden der großen tiefbrüstigen Rassen vor. Es entwickelt sich zunächst eine ziemlich schnelle Aufgasung des Magens, die meistens(aber nicht immer) eine sich anschließende Magendrehung zur Folge hat. Magendrehung und die gleichzeitig erfolgende Milzverlagerung führen sehr bald zum Kreislaufkollaps und zum Tod des erkrankten Hundes. Nur sehr kurzfristig einsetzende tierärztliche Behandlungen (Gasentfernung aus dem Magen, Kreislaufstabilisierung, Operation) können das Leben des Hundes retten. Der erkrankte Hund zeigt starke Unruhe, wiederholtes ergebnisloses Erbrechen, steifen Gang, sichtbare Aufblähung im Bereich des Magens und schließlich der Flanken, Kotabsatzversuche, starkes Speicheln, erschwerte und beschleunigte Atmung und schließlich Kreislaufschwäche und Kollaps.
Ungefähr 30–60 Minuten nach Beginn der Symptome sollte der Patient in einer dafür ausgerüsteten Praxis oder Klinik behandelt und operiert werden.
Die Ursachen – und damit die Möglichkeiten der Prophylaxe – sind teilweise bekannt, teilweise aber noch unklar. Die Gasansammlung im Magen kommt entweder durch verstärkte (vor allem bakterielle) Gärung oder durch abgeschluckte Luft oder beides zu Stande. Je mehr Bakterien mit dem Futter oder durch Aufnahme von verschmutzten anderen Dingen aufgenommen werden, umso größer wird das Risiko. Nimmt der Hund innerhalb kurzer Zeit große Futtermengen auf, so kann der pH-Wert im Magen nicht ausreichend gesenkt werden und Bakterien können sich entsprechen stark

Mäuselöcher haben eine magische Anziehungskraft auf agile Hunde. Doch bitte beachten Sie, dass auch von Natur aus hoch aktive Hunde (z. B. Border Collies) nach der Fütterung mehrere Stunden ruhen sollten.

vermehren. Deshalb sollten besser 2–3 kleinere Portionen täglich verfüttert werden. Leicht vergärende Futterstoffe wie Milchprotein, Zucker usw. können die Gasbildung fördern. Verlängerte Aufenthaltsdauer von Futter im Magen fördert ebenfalls Gärungsvorgänge und Gasbildung. **Deshalb sollte für gefährdete Hunde Trockenfutter eingeweicht werden**, darf dann aber nicht längere Zeit bis zur Verfütterung stehen bleiben. Wichtig ist auch die pünktliche Fütterung. Sehr schnelles Fressen (z. B. im Beisein anderer Hunde) erhöht die Gefahr des Auftretens einer Magendrehung. Das Abschlucken von Luft in größerer Menge geschieht vor allem dann, wenn der Hund größere Futterstücke zerlegt und dabei immer wieder auch »leer« schluckt. Obwohl das Hochstellen der Futterschüssel beim Fressen vereinzelt empfohlen wird, reduziert es das Risiko einer Magendrehung nicht, sondern scheint es sogar deutlich zu vergrößern. **Nach der Fütterung sollten Hunde mehrere Stunden ruhen.** Größere körperliche Anstrengungen können u. U. eine Magendrehung auslösen. Magendrehung kann in jedem Alter auftreten, wird aber mit zunehmendem Alter häufiger. Aber auch genetische Faktoren scheinen eine Rolle zu spielen, wenn eine Magendrehung beim Hund auftritt. Hierzu gehören z. B. eine vom Rassestandard geforderte Zucht auf tiefe Brust bei gleichzeitig aufgezogener Bauchlinie und quadratischer Gesamterscheinung, aber auch Inzuchtdepression und individuelle genetische Veranlagungen. Diesbezüglich sind noch nicht alle Details geklärt. Nachgewiesen ist aber, dass die Gefahr der Magendrehung bei solchen Hunden deutlich größer ist, die eine Verwandtschaft ersten Grades mit einem erkrankten Hund aufweisen.

Verstopfungen

Bei einer Verstopfung befindet sich sehr fester trockener Kot im Dickdarm, der nur sehr schwer oder auch gar nicht mehr abgesetzt werden kann. Im letzteren Fall kann der Zustand lebensbedrohlich werden und u. U. nur noch durch eine aufwändige Operation behoben werden.

Ursache für Verstopfungen beim Hund ist meist die Aufnahme größerer Knochenmengen (mehr als 20 g Frischknochen pro kg Körpermasse am Tag).

Auch die Aufnahme höherer Anteile von unverdaulichen Faserstoffen wie Holzmehl oder Strohmehl oder großen Mengen an Haaren, Gras oder Talg kann zu massiven Verstopfungen führen. Tierärztliche Behandlungen unter Einschluss von Röntgenkontrollen sind in vielen Fällen erforderlich. Weitere Verstopfungsursachen können einengende Prozesse im Bauchraum, im Becken oder im Afterbereich sein wie z. B. Tumoren, Prostatavergrößerungen, Analbeutelentzündungen usw. Weitere Ursachen sind übermäßige Ausdehnungen oder Aussackungen des Darms in verschiedenen Abschnitten. Manchmal sind auch beim Kotabsatz entstehende Schmerzen der Grund für fehlenden Kotabsatz. Um einen weicheren Kot und eine schnellere Ausscheidung zu erreichen, können geringe Mengen Milch oder frische Leber gefüttert werden. In vielen Fällen ist aber eine spezifische tierärztliche Therapie notwendig.

Darmblähungen

Verstärkte Gasbildung und -ausscheidung löst zwar meist kein Krankheitsgeschehen aus, ist aber bei im Haus lebenden Hunden für die Mitbewohner wegen des Geruchs recht unangenehm. Zwar ist ein großer Teil der abgehenden Gase geruchlos, der Rest aber riecht umso intensiver. Enthalten sind u. a. Schwefelwasserstoff und Methan (Sumpfgas). Verstärkte Gasbildung tritt dann auf, wenn größere Mengen von Nährstoffen unverdaut in den Dickdarm gelangen oder eben nur dort verdaut werden können. Besonders viele Anteile solcher Inhaltsstoffe sind z. B. in Bohnen, Erbsen und Sojabohnen enthalten. Aber auch größere Mengen bindegewebereicher Schlachtabfälle führen zu verstärkter Gasbildung. Offenbar wird diese auch durch eiweißreiches Feuchtfutter gefördert.

Aufnahme von Kot, Gras oder anderen Fremdstoffen

Das **Fressen von Kot** ist eine Eigenart mancher Hunde, die wir Menschen an ihnen verständlicherweise nicht schätzen. Gefressen wird der Kot verschiedener anderer Tiere wie Pferde, Rinder und Schafe, aber auch der Kot von Menschen. Wird der Kot von anderen Hunden oder von Katzen aufgenommen, so können besonders leicht Infektionen und Parasiten übertragen werden. Die Gründe für dieses Verhalten sind unterschiedlich und nicht immer zu ermitteln. Bei manchen Hunden kann ein Mangel an Vitamin B1 (Thiamin) oder Eiweiß eine Rolle spielen. Es können auch Verhaltensstörungen vorliegen, wie z. B. eine starke Dominanz oder Unterwürfigkeit gegenüber dem Hundehalter, eine Reaktion auf Erziehung zur Stubenreinheit, als ein Mittel, um die Aufmerksamkeit des Hundehalters zu erlangen u. a. Insbesondere bei Hunden, die ihren eigenen Kot oder den anderer Hunde fressen, kann es nützlich sein, ein hochverdauliches Futter auf Fleischbasis zu geben. In anderen Fällen ist der Zusatz von Ballaststoffen nützlich. Wenn diese Maßnahmen nicht helfen, kann der Kot mit Bitterstoffen, Cayennepfeffer oder Ähnlichem präpariert werden – allerdings merken viele Hunde das recht schnell und können zwischen präpariertem und unpräpariertem Kot unterscheiden. Auch andere Methoden der bedingten Geschmacksaversion, d. h. zeitliche Verknüpfung von Kotaufnahme mit nachfolgenden für den Hund unangenehmen Ereignissen, können hilfreich sein. Aber selbst bei vollwertiger Ernährung kommt Kotfressen (Koprophagie) vor. **Krankheitsbedingtes Fressen von Kot kann bei Erkrankungen der Bauchspeicheldrüse vorkommen.**

Grasfressen ist ein Verhalten, dass nicht durch einen Mangel an bestimmten Nährstoffen wie z. B. Rohfaser bedingt ist. Erbrechen lässt sich durch Aufnahme von Gras und anderen Pflanzen manchmal leichter auslösen, aber längst nicht immer. So kann die Aufnahme von Pflanzen insgesamt als normale Verhaltensweise bezeichnet werden. Wölfe nehmen aus ihren Beutetieren auch den meist faserreichen Darminhalt auf. Möglicherweise schmeckt es dem Hund einfach. Zu unterscheiden ist das plötzliche quasi panische Bedürfnis, Pflanzen oder ersatzweise auch Laub, Teppichfasern oder andere Textilien aufzunehmen, wie es bei der Speiseröhrenentzündung zu beobachten ist. Manche Pflanzen wie z. B. das so genannte Lampenputzergras können allerdings gesundheitsschädlich sein, da sich Pflanzenteile in Mundhöhle und Rachen festsetzen.

Andere Probleme entstehen durch **Fremdstoffe** wie giftige Pflanzen, Holz, Kunststoffe, Münzen und andere Metallgegenstände oder sich in Magen oder Darm festsetzende Steine. Besonders die jungen, aber auch erwachsene Hunde neigen dazu.

Kampfspielchen in frischer Luft fördern den Appetit.

4. Nährstoffe, Mikronährstoffe und Nahrungsergänzungen

Überblick

Die Nahrung besteht aus sehr unterschiedlichen Nährstoffen. Viele davon sind essenziell, d. h. lebensnotwendig und nicht ersetzbar, andere können gegeneinander ausgetauscht werden oder ergänzen sich in ihrer Wirkung. Etwa **40 verschiedene Nährstoffe** gelten als essenziell. Allerdings gibt es bezüglich der benötigten Menge individuelle Unterschiede und in bestimmten Situationen wie z. B. bei Krankheiten wird auch ein sonst nichtessenzieller Nährstoff unentbehrlich. **Sowohl ein Mangel als auch ein Überschuss an einzelnen Nährstoffen kann schaden**.
Nährstoffe werden zum einen gebraucht, um Körpersubstanz aufzubauen und zu erneuern, zum anderen um Energie für den Ablauf der Lebensfunktionen zu gewinnen; im Einzelnen sind das:

- Strukturbestandteile (Proteine, Fette, Kohlenhydrate, Wasser, Mineralstoffe)
- Katalysator oder Bestandteil chemischer Stoffwechselreaktionen (Vitamine, Wasser, Mineralstoffe)
- Transport von Substanzen im Ablauf des Stoffwechsels (Wasser, Mineralstoffe)
- Aufrechterhaltung der Körpertemperatur (Wasser, Mineralstoffe)
- Energielieferanten (Protein, Fette, Kohlenhydrate)
- Einflussnahme mancher Nährstoffe auf Gene

Die Bedeutung der einzelnen Nährstoffe für den Hund ist in den verschiedenen Lebensphasen unterschiedlich. Junge oder alte Hunde, säugende Hündinnen oder passive Begleithunde, sportlich geführte oder kranke Hunde haben einen unterschiedlichen Bedarf an bestimmten Nährstoffen und an Energie. Daneben gibt es auch noch individuelle Unterschiede. Wie erwähnt kann sowohl ein Mangel als auch ein Überschuss der einzelnen Nährstoffe der Gesundheit des Hundes schaden. So kann z. B. eine übermäßige Phosphor-Aufnahme die Entwicklung von Nierenschäden begünstigen und zu viel Calcium und Energie können bei wachsenden Hunden Skeletterkrankungen fördern. Umgekehrt funktioniert das Immunsystem bei einem Mangel an Protein und Energie nicht mehr ausreichend und zahlreiche durch äußere (z. B. Infektionen) oder innere Faktoren (z. B. Tumorzellen) bedingte Erkrankungen können die Folge sein. Im Normalfall, d. h. für einen gesunden Hund ist die jeweils optimale Menge jedes einzelnen Nährstoffs das richtige. Es reicht nicht aus, nur eine Mindestversorgung zu sichern. Zur Krankheitsvorbeugung kann es u. U. günstig sein, bestimmte Nährstoffe zeitweise oder auch ständig in größerer Menge zu geben. Kranke Hunde brauchen sehr oft eine ganz spezielle Nahrungszusammensetzung (Diät), in der einige Nährstoffe reduziert, andere in deutlich erhöhter Menge enthalten sind. Insgesamt gesehen kann man durch eine gesunde und individuell angepasste Ernährung eine optimale Funktion und Leistungsfähigkeit des Körpers und aller seiner Bestandteile erreichen, dem Auftreten von Krankheiten entgegenwirken und bei vorhandener Krankheit die Heilung unterstützen.

Zu den Nährstoffen gehören:

- *Eiweiß* (Protein), bestehend aus Aminosäuren, die zum Teil essenziell sind
- *Fette*, bestehend aus Triglyzeriden und Fettsäuren, die zum Teil essenziell sind
- *Kohlenhydrate*, zu denen die leichtverdaulichen Zucker und Stärke gehören, aber auch

die schwer oder nicht verdaulichen Faserstoffe (Rohfaser, Ballaststoffe); stickstofffreie Extraktstoffe sind die leicht verdaulichen Kohlenhydrate und werden rechnerisch ermittelt
- *Mineralstoffe* einschließlich der Spurenelemente
- *Vitamine*, die, wie der Name schon sagt, in aller Regel essenziell sind
- *Wasser* als eine der wichtigsten Grundlagen alles Lebens

Mineralstoffe, Spurenelemente und Vitamine können zusammen mit weiteren Substanzen als Mikronährstoffe bezeichnet werden, da sie in vergleichsweise sehr niedrigen Mengen nötig und vorhanden sind. Zu den einzelnen Nährstoffgruppen gehören jeweils Inhaltsstoffe mit einander ähnlichen chemischen Eigenschaften, die aber durchaus erhebliche Unterschiede aufweisen, so dass in der Tierernährungswissenschaft entsprechend der Analysenergebnisse von »Roh«-Nährstoffen wie Rohproteinen die Rede ist.
Bei der Beurteilung der Nährstoffe ist wichtig, welcher Anteil durch die Darmwand aufgenommen und damit genutzt werden kann. Man spricht hier von der Verdaulichkeit der Nährstoffe; sie wird in Prozent angegeben. Die Verdaulichkeit wird durch die Zusammensetzung des Futters, seine Behandlung (z. B. Zerkleinern, Erhitzen) und die Fütterungstechnik (z. B. Wassergehalt, Anzahl der Mahlzeiten usw.) beeinflusst, aber auch durch den Hund selbst. Angst und Aufregung führen beispielsweise zu einer schnelleren Passage des Futters im Darm und damit zu einer geringeren Nahrungsausnutzung.

Energiestoffwechsel

Lebewesen, so auch der Hund, benötigen Energie für die Körperfunktionen wie Kreislauf, Atmung, Nahrungsaufnahme und Verdauung, aber auch für die Aufrechterhaltung der Körpertemperatur.
Benötigt wird ein Erhaltungsbedarf für die Grundfunktionen und zusätzliche Energie für die »Extras« wie Aktivität, Wachstum, Fortpflanzung usw.
Biochemische Reaktionen im Körper laufen entweder unter Energiegewinn oder unter Energieverlust ab. Der Hund muss die gesamte benötigte Energie über das Futter aufnehmen. Die aufgenommenen und durch die Verdauung in kleinste Bausteine zerlegten Nährstoffe werden durch die Darmwand absorbiert (aufgenommen). Durch schrittweise Oxidation wird dann aus ihnen Energie gewonnen. Die energieliefernden Nährstoffe sind Fette, Kohlenhydrate und Eiweiß. Dabei stellen Fette und Kohlenhydrate die Hauptenergiequellen dar. Eiweiße werden dann zur Energiegewinnung verwendet (»verbrannt«), wenn die eigentlichen Energiespeicher verbraucht sind. Zur Energiespeicherung dienen das ATP (Adenosintriphosphat) als Speicherform für kurze Zeiträume sowie vor allem das Glykogen (ein Kohlenhydrat) und die Triglyzeride (Fette). Die Energie wird in Kalorien **(übliches Maß ist Kilokalorie)** oder in Joule (übliches Maß ist Kilojoule) gemessen. Der Umrechnungsfaktor beträgt:

1 kcal = 4,186 kJ

Der Energiegehalt der Nährstoffe ist recht unterschiedlich: **Fett hat mit 9,4 kcal pro Gramm einen ungefähr doppelt so hohen Energiegehalt wie Kohlenhydrate (4,15 kcal/g) oder Eiweiße (5,65 kcal/g).**
Bei längerer und stärkerer körperlicher Belastung ist daher ein höherer Fettgehalt günstig. Bei Übergewicht sollte vor allem der Fettgehalt des Futters reduziert werden. Dabei ist es allerdings wichtig, dass alle anderen Nährstoffe weiterhin in den richtigen Relationen in der Ration enthalten sind.
Die **wichtigsten Prozesse der Umwandlung von Nährstoffen in Energie** sind folgende:

- **Kohlenhydrate** werden während der Verdauung in die einfachen Zucker (Monosaccharide) wie Glukose, Galaktose und Fruktose zerlegt. Glukose wird zum Teil sofort in die verschiedenen Gewebe, u. a. auch in das ständig Glukose-bedürftige Gehirn transportiert und dort direkt verbraucht. Eine Speicherung erfolgt nach Umwandlung in Glykogen in der Leber, eine Zwischenspeicherung aber auch in der Muskulatur. Fruktose und Galaktose werden in der Leber zu Glykogen umgewandelt. Überschüssige Kohlenhydrate werden in Form von Fett gespeichert. Wird Energie benötigt, so werden zuerst ATP, Glukose und Glykogen verbraucht. Bei höherem Bedarf werden dann die Fette »verbrannt«. Wenn ein über die aus den Speichermengen zur Verfügung stehenden Mengen hinausgehender Bedarf an Glukose entsteht, so kann diese auch aus Glyzerin (Fette) oder Aminosäuren (Eiweiße) gebildet werden. Dieser Vorgang wird als Glukoneogenese bezeichnet. Kohlenhydrate müssen im normalen Futter von Hunden im Erhaltungsbedarf nicht unbedingt vorhanden sein. Tragende und säugende Hündinnen brauchen allerdings entsprechende Mengen Kohlenhydrate in der Ration.

- **Pflanzliche Faserstoffe** gehören größtenteils zu den Kohlenhydraten. Ihr Anteil an der Energiegewinnung ist nicht besonders hoch. Sie sind aber wichtig für den Transport des Nahrungsbreis im Darm durch die entsprechenden Darmbewegungen (Peristaltik).
- **Fette** sind wie erwähnt besonders energiereich. *Hunde können Fett besonders gut verdauen und resorbieren.* Fett wird immer dann zur Energiegewinnung verwendet, wenn länger dauernde oder größere körperliche Leistungen erbracht werden müssen. Dabei kann das Fett direkt nach der Aufnahme aus dem Darm oder auch aus den mehr oder weniger umfangreichen Fettdepots im Körper verbraucht (»verbrannt«) werden.
- Nur in Ausnahmefällen, d. h. bei längerem Hungern, fehlenden anderen Nährstoffen, schweren Krankheiten oder sehr starker körperlicher Belastung wird auch **Eiweiß** für die Energiegewinnung verbraucht.

Nicht die gesamte vom Körper aufgenommene Energie steht auch zur Verfügung. Von der Bruttoenergie (BE) müssen zunächst ca. 10–25 % abgezogen werden, die über den Kot ausgeschieden werden. Die Differenz ist die verdauliche Energie (vE). Nach Abzug der über den Urin ausgeschiedenen Energie (ca. 5 % der BE) ergibt sich die **umsetzbare Energie** (uE oder ME), mit der im Allgemeinen alle Berechnungen durchgeführt werden. Sie wird teilweise (je nach Umweltbedingungen 25–70 %) zur Aufrechterhaltung der Körpertemperatur benötigt. Für den Erhaltungs- und Leistungsbedarf verbleibt die Nettoenergie. Der **Energiebedarf** des Hundes lässt sich am genauesten in Abhängigkeit von der Körperoberfläche berechnen. Große Hunde benötigen je kg Körpermasse (KM) weniger Energie als kleine Hunde. Die Wärmeverluste sind bei kleinen Hunden relativ höher. Darüber hinaus gibt es nicht unerhebliche Unterschiede im Energiebedarf bei den verschiedenen Hunderassen in Abhängigkeit von Aktivität und Temperament. Entsprechende individuelle Unterschiede kommen hinzu. Für praktische Zwecke werden im Allgemeinen die Bedarfszahlen je kg KM angegeben. Als Anhaltspunkt können die Werte in der folgenden Übersicht gelten:

Tabelle: Durchschnittswerte des täglichen Bedarfs (Erhaltungsbedarf) an umsetzbarer Energie

KM in kg	kcal je kg KM	kcal je Tier
2	112	224
5	88	440
10	74	740
15	67	1005
20	62	1240
25	60	1500
30	57	1710
35	55	1925
40	53	2120
50	50	2500
60	48	2880
80	45	3600

War das alles?

Die Deckung des **Erhaltungsbedarfs** ist für viele Hunde ausreichend. Sie können damit ihr Körpergewicht erhalten ohne Fett anzusetzen und leichte bis mäßige Aktivität entwickeln. Voraussetzung ist auch, dass kein erhöhter Energieverbrauch durch sehr hohe oder niedrige Temperaturen entsteht. Der Erhaltungsbedarf ist ungefähr doppelt so hoch wie der so genannte Grundumsatz (= Ruheumsatz). Der Grundumsatz wird experimentell im »Stoffwechselkäfig« ermittelt. Die Hunde können während der Untersuchung keinerlei Aktivität entwickeln. Die Umgebungstemperatur wird gleichmäßig gehalten. Sämtliche aufgenommenen und ausgeschiedenen Stoffe werden genau analysiert und gemessen. Der Erhaltungsbedarf kann aber selbst bei gleich großen Hunden der gleichen Rasse um bis zu 20 % schwanken. Man sollte deshalb bei der Fütterung nie schematisch vorgehen, sondern durch Wiegen und Beurteilung der körperlichen Verfassung des Hundes kontrollieren, ob die Versorgung mit Energie und Nährstoffen richtig ist.

Eine ganze Reihe von **Veränderungen des Energiebedarfs** sind durch Alter, Rasse, Temperament, Bewegungsintensität, Trächtigkeit, Milchproduktion, Wachstum, Haltungsbedingungen, aber auch durch Krankheiten möglich. Ältere Hunde (je nach Rasse ab ca. 7.–10. Lebensjahr) brauchen im Allgemeinen weniger Kalorien zur Erhaltung, da sie meist weniger aktiv sind, die Muskelmasse verringert und der Körperfettanteil erhöht ist.

Im Freien gehaltene Hunde haben oft einen erhöhten Energiebedarf zur Regulierung ihrer Körpertemperatur. Die optimale Umgebungstemperatur liegt je nach Rasse und Fellart zwischen 10 und 20 Grad Celsius. Bei -25 Grad Celsius wird doppelt so viel Energie verbraucht wie bei +20 Grad Celsius. Krankheiten wie eine Überfunktion der Schilddrüse oder energiezehrende Tumoren bedingen einen erhöhten Energiebedarf. Selbst der Anstieg der Körpertemperatur bei Fieber führt schon zu einem zusätzlichen Energiebedarf von 10 kcal/kg KM.

Körperbewegung hat die entscheidenden Auswirkungen auf den Energieverbrauch und -bedarf. Muskelarbeit bedingt immer zusätzliche Energiemengen, die mit dem Futter gegeben werden müssen. Je nach Dauer und Intensität der Bewegung erhöht sich der Energieverbrauch in unterschiedlichem Maß. Schon das Stehen verbraucht 40 % mehr Energie als das Liegen. Bewegung im Schritt führt dazu, dass zusätzlich ca. 1 kcal (mittelgroße Hunde) pro zurückgelegtem Kilometer verbraucht wird. Beim Galopp verbraucht ein mittelgroßer Hund ca. 1,4 kcal zusätzlich pro Kilometer. Arbeitshunde brauchen ungefähr das Zwei- bis Vierfache des Erhaltungsbedarfs. Extrem hoch ist die Belastung bei Schlittenhunden durch Rennen, Ziehen von Lasten und teilweise extrem kalten Umgebungstemperaturen; hier kann ein achtfach höherer Energiebedarf entstehen. Für die Muskelarbeit werden kurzfristig ATP, Glukose, Glykogen und Fettsäuren in den Zellen verbraucht. Für langfristige Arbeit (Ausdauerleistung) werden Fette aus den Speichern mobilisiert. Bei kurzfristiger Höchstbelastung kann auch eine Energiegewinnung ohne Sauerstoffverbrauch erfolgen, wobei Glukose zu Milchsäure abgebaut wird.

Während der **Trächtigkeit** steigt der Energieverbrauch erst in der zweiten Hälfte dieser Zeit, d. h. ab ca. 30. Tag nach dem Decken. Eine Zuchthündin nimmt während der Tragezeit ca. 20–25 % an Körpermasse zu. Der größte Teil dieser Gewichtszunahme ist durch die Föten und ihr »Zubehör« (Fruchtwasser und Fruchthüllen) verursacht. Darüber hinaus werden Reserven an Eiweiß, Fett und Wasser im Körper der Hündin angelegt. Eine zu frühzeitige zusätzliche Gabe von Futter und damit von Energie kann dazu führen, dass die Hündin zu viel Fett ansetzt und dadurch Geburtsprobleme und eine verminderte Milchleistung entstehen. Andererseits muss rechtzeitig mit der zusätzlichen Versorgung begonnen werden, da viele Hündinnen in der letzten Phase der Trächtigkeit sehr schlecht fressen. Tragende Hündinnen sollten immer einen erheblichen Teil der Energie in Form von Kohlenhydraten erhalten, da sonst, insbesondere

bei gleichzeitig knapper Eiweißversorgung, Entwicklungsstörungen entstehen können.
Während der **Laktation (Säugezeit)** steigt der Energiebedarf noch wesentlich weiter an. Dabei sind die Anzahl der Welpen und die entsprechend produzierte Milchmenge von Bedeutung. Die Milch der Hündin ist reich an Eiweiß und Fett und enthält darüber hinaus viele lebensnotwendige Vitamine, Mineralstoffe und Spurenelemente. Es gibt zahlreiche Unterschiede zur Kuhmilch, so dass diese zur Welpenaufzucht nicht geeignet ist. Die höchste Milchproduktion wird in der dritten und vierten Lebenswoche der Welpen geleistet. Der Energiebedarf erhöht sich je nach Welpenzahl und Größe auf das Zwei- (kleine Rassen) bis Vierfache (große Rassen) des Erhaltungsbedarfs.
Das **Wachstum der Welpen** kann man bezüglich des Bedarfs an Energie und Nährstoffen in mehrere Phasen einteilen. In den ersten Lebenswochen liegt der Erhaltungsbedarf deutlich unter dem von erwachsenen Hunden, da die Welpen sich wenig bewegen, sich gegenseitig wärmen oder von der Mutterhündin gewärmt werden.
Ab dem zweiten Lebensmonat steigt der Energiebedarf der Welpen erheblich an. Hunde wachsen sehr schnell. Dabei gibt es aber erhebliche Unterschiede zwischen den Rassen. Kleine Hunde haben im Alter von drei Monaten bereits die Hälfte ihres späteren Endgewichts erreicht, bei großen Hunden sind es nur 25 %. Nach ca. 12 Monaten haben die Hunde der verschiedenen Rassen 80 % des für die Rasse typischen Endgewichts erreicht. Entsprechend unterschiedlich ist der Erhaltungsbedarf in den einzelnen Altersstufen (s. Tabelle).
Darüber hinaus gibt es auch noch individuelle Unterschiede im Energiebedarf zwischen den einzelnen Welpen und Junghunden einer Rasse. Ungünstige Bedingungen und insbesondere ungenügende Versorgung mit Energie und Nährstoffen während dieser Phase verlangsamen das Wachstum. Optimale Bedingungen dagegen beschleunigen das Wachstum, so dass die genetisch bedingten Möglichkeiten voll ausgeschöpft werden können.
Zu schnelles Wachstum durch zu hohe Energieaufnahme kann aber zu erheblichen gesundheitlichen Problemen führen. Insbesondere kommt es zu Erkrankungen des Skeletts. Die genetisch vorgegebene Größe des Hundes wird allerdings durch die Energiezufuhr während des Wachstums kaum beeinflusst.
Eine **Rationsberechnung zur Deckung des Energiebedarfs** geht von den im Futter vorhandenen Nährstoffen aus.

Beispiel zur Rationsberechnung für einen 35 kg schweren Hund mit normaler leichter Aktivität (Erhaltungsbedarf):

Trockenfutter:
- Feuchtigkeit 8 %
- Eiweiß 25 %
- Fett 10 %
- Rohasche 6,5 % (bei Analysen verbleibender Rest aus Mineralstoffen usw.)
- Rohfaser 2,5 %

Tabelle: Energiebedarf während des Wachstums (als Vielfaches des Erhaltungsbedarfs)

Endgewicht kg	1–10	11–30	31–60	61–90
2. Monat	2,5	2,5	2,5	2,5
3.–4. Monat	2.0	2.0	2.0	2.0
5.–7. Monat	1.5	1.5	1.5	1.6
8.–12. Monat	1.0	1.2	1.3	1.4
12.–18. Monat	1.0	1.0	1.1	1.2

1. Berechnung der Kohlenhydrate als NfE (N = Stickstoff-freie Extraktstoffe) als Differenz:

NfE = 100 - 8 - 25 - 10 - 6,5 - 2,5 = 48 %
(siehe Abschnitt Kohlenhydrate, S. 37–38)

2. Berechnung der umsetzbaren Energie (pro 100 g Futter):

Umsetzbare Energie = Protein + Fett + NfE
= (25 x 5,65 kcal) + (10 x 9,4 kcal) + (48 x 4,15 kcal)
= 141,25 kcal + 94 kcal + 199,2 kcal = 434,45 kcal (in 100 g Futter)

3. Energiebedarf pro Tag des Hundes entsprechend Tabellen:

1925 kcal

4. Berechnung der täglichen Futtermenge:

1925 kcal : 434,45 kcal = 4,43
4,43 x 100 g = 434 g des Trockenfutters als Tagesmenge

Eine optimale Energieversorgung hat wesentlichen Einfluss auf Entwicklung und Gesundheit unserer Hunde. Energieüberschuss führt bei erwachsenen Hunden zu Verfettung mit allen daraus resultierenden Folgen und bei jungen Hunden zur Überlastung und Schädigung des Skeletts. Energiemangel tritt unter heutigen Bedingungen kaum noch durch Fütterungsmängel auf, sondern im Wesentlichen als Folge von Erkrankungen der Verdauungsorgane. Hunde können einen Energiemangel mehrere Wochen bis Monate überleben, wenn sie genügend Flüssigkeit erhalten. Allerdings kommt es dann zum Abbau von Körpereiweiß. Dadurch werden viele Stoffwechselvorgänge und vor allem auch die Tätigkeit des Immunsystems eingeschränkt. Erhöhte Krankheitsanfälligkeit ist die Folge.

Wasser

Ungefähr 56 % der Körpermasse eines erwachsenen Hundes bestehen aus Wasser. Je höher der Fettgehalt des Körpers ist, umso niedriger ist der Wassergehalt. Zu einem kleinen Teil (5–10 % des Bedarfs) wird der Hund durch aus den Stoffwechselprozessen entstehendem Wasser versorgt (ca. 13 ml Wasser pro 100 kcal umsetzbarer Energie). Der Hund muss daher regelmäßig zusätzlich entsprechende Wassermengen aufnehmen.

Merke: Im Gegensatz zum Nahrungsentzug führt Wassermangel innerhalb weniger Tage zum Tod.

Insofern ist es der wichtigste Nährstoff. Wasser hat eine Vielzahl von Funktionen. Es ist Lösungsmittel für Substanzen zum Transport im Körper und nötig für chemische Reaktionen sowie für die Regulation der Körpertemperatur. Es gibt dem Körper Form und Elastizität, ist Hauptbestandteil der Körperflüssigkeiten und hält die Lungenbläschen feucht. Der Wasserhaushalt wird zentral reguliert. Die entsprechenden Signale kommen vor allem aus dem Blut und den sonstigen Körperflüssigkeiten. An der Regulation sind u. a. mehrere Hormone beteiligt. Wasser wird aus dem Körper auf mehreren Wegen abgegeben: Über den Kot ca. 6 ml/kg Körpermasse (KM) täglich, über die Nieren 20–50 ml/kg KM, über Verdunstung (Hecheln) je nach Belastung und Außentemperatur 10–115 ml/kg KM täglich. Säugende Hündinnen geben mit der Milch zwischen 25 und 50 ml/kg KM, bei großen Würfen noch wesentlich mehr Flüssigkeit täglich ab und haben einen entsprechend erhöhten Bedarf.
Die Wasseraufnahme erfolgt über Futter und Trinkwasser. Sie entspricht als Faustregel in ml ungefähr dem Energiebedarf in kcal pro Tag.
Zum Beispiel nimmt ein 35 kg schwerer Hund ca. 1900 kcal und 1900 ml Wasser auf. Allerdings ist

Tabelle: Täglicher Trinkwasserbedarf des Hundes in ml/kg KM (Quelle: Meyer und Zentek, 2001)

	Trockenfutter	Feuchtfutter
Normale Umgebungstemperatur unter 20 Grad C	40–50	5–10
Hohe Umgebungstemperatur über 20 Grad C	50–100	20–50
Erhöhte körperliche Aktivität bei Temperaturen unter 20 Grad	bis 100	bis 50
Erhöhte körperliche Aktivität bei Temperaturen über 20 Grad	bis 150	bis 100

die Wasseraufnahme von zahlreichen Faktoren abhängig, wie von der Umgebungstemperatur, der Nahrungszusammensetzung, der Aktivität des Hundes und eventuell vorliegenden Krankheiten. Höherer Salzgehalt in der Nahrung führt linear zu erhöhter Wasseraufnahme. Wird Trockenfutter (90 % Trockensubstanz) gefüttert, so muss deutlich mehr Trinkwasser gegeben werden. Bei Gabe von Feuchtfutter und gleichzeitig relativ neutralen Außentemperaturen sowie geringer Aktivität wird zeitweise kaum Trinkwasser aufgenommen. Sind die Umgebungstemperaturen höher, so steigt der Trinkwasserverbrauch. Sauberes Trinkwasser sollte immer zur freien Verfügung vorhanden sein. Es ist eine wichtige Voraussetzung für Gesundheit und Leistungsfähigkeit des Hundes.

Eiweiß (Protein)

Eiweiße sind große Moleküle, die aus kettenförmig miteinander verbundenen Aminosäuren aufgebaut sind. Meist sind viele tausende von Aminosäuren in einem Eiweißmolekül enthalten. Neben Kohlenstoff, Wasserstoff und Sauerstoff enthalten die Aminosäuren vor allem auch Stickstoff, manche zusätzlich auch noch Schwefel oder Phosphor. Einfache Proteine bestehen ausschließlich aus Aminosäuren. Mit anderen Substanzen verbunden sind die Glykoproteine (Kohlenhydrate und Eiweiß), die Lipoproteine (Fette und Eiweiß) sowie mineralstoffhaltige Proteine wie das Hämoglobin. Den Eiweißen ähnliche, ebenfalls stickstoffhaltige Substanzen sind z. B. Nukleinsäuren, Purine und Kreatinin. Eine Reihe von Proteinen hat ganz spezielle Funktionen, wie die Muskelproteine oder in Hormonen enthaltene Eiweißstoffe.

Es gibt 25 **Aminosäuren**. Davon sind 12 essenziell (unentbehrlich), d. h. sie können vom Hund nicht selbst aufgebaut werden. Die Reihenfolge der Aminosäuren innerhalb der Eiweißmoleküle ist genetisch festgelegt. Für den Hund essenzielle Aminosäuren sind: Histidin, Lysin, Leuzin, Isoleuzin, Methionin (teilweise durch Zystein ersetzbar), Phenylalanin (teilweise durch Tyrosin ersetzbar), Valin, Threonin, Tryptophan und Arginin. Aminosäuren haben sehr viele und teilweise ganz spezielle Funktionen. Zum Beispiel ist Taurin (für den Hund nur fallweise essenziell) u. a. notwendiger Bestandteil im Gehirn, in der Netzhaut des Auges, in Herz, Muskel, Leber, Blutzellen und Milch. Histidin hat z. B. besondere Bedeutung für die Hautgesundheit. Manche sonst nicht essenziellen Aminosäuren werden bei Erkrankungen des Hundes nicht mehr ausreichend selbst hergestellt, sind dann »fallweise essenziell« und müssen zugeführt werden.

Die **Verdauung der Eiweiße** beginnt im Magen durch Pepsin und Salzsäure und wird im Dünndarm durch die Enzyme der Bauchspeichel-

Die Versorgung mit allen wichtigen Nährstoffen und die schonende klimatische Abhärtung sorgen dafür, dass auch Winterwelpen aktiv und neugierig ihre Umgebung erkunden (Hovawartrüde, sieben Wochen alt).

drüse (Trypsin, Chymotrypsin) fortgesetzt und schließlich in den Zellen der Darmwand mit der Aufspaltung bis zu einzelnen Aminosäuren abgeschlossen.
Im weiteren **Stoffwechsel** erfolgt nach Absorption der Aminosäuren der Zusammenbau zu neuen Proteinen. Diese Prozesse finden vor allem in der Leber, aber auch in den Muskeln, Organen und in der Haut statt. Im Blut zirkulieren vor allem Albumin, Globulin, freie Aminosäuren und Eiweißabbauprodukte.
Die **Eiweißausscheidung** kommt über Kot und Harn, aber auch z. B. über Hautschuppen und Haare zustande. Im Blut ist Harnstoff das wichtigste Eiweißabbauprodukt. Ammoniak ist dort nur bei hochgradigen Störungen im Leberstoffwechsel oder im Dickdarm nachzuweisen. Weiteres, in geringen Mengen im Blut vorkommendes Eiweißabbauprodukt ist das Kreatinin. Harnsäure ist normalerweise nicht oder nur in minimalen Mengen im Blut zu finden. Eine Besonderheit im Nukleinsäurestoffwechsel führt beim Dalmatiner dazu, dass der Harnsäurespiegel erhöht ist. Im Zusammenhang damit besteht bei dieser Hunderasse eine erhöhte Neigung zur Bildung von Harnsteinen und möglicherweise auch zu weiteren Erkrankungen. Die dem Eiweiß ähnlichen Purine werden zu Allantoin abgebaut und ebenfalls über Kot und Harn ausgeschieden. Im Körper findet ein ständiger Abbau und Wiederaufbau von Proteinen statt.
Die **Bedeutung der Proteine** liegt:

- im Aufbau von Geweben, besonders während des Wachstums und der Trächtigkeit
- im Ersatz von Zellen und Geweben
- in der Synthese von Enzymen, Hormonen u. a.
- in der Energieproduktion

Bei der **Bewertung der Proteine im Futter** sind vor allem die Aminosäurenzusammensetzung und die Verdaulichkeit bedeutsam. Fehlen eine oder mehrere Aminosäuren, so hat das einen limitierenden Effekt. Das heißt, auch die ausreichend vorhandenen anderen Aminosäuren können nicht vollständig verwertet werden. Andererseits können sehr hohe Dosen synthetischer Aminosäuren toxisch wirken. Während der Verarbeitung und Lagerung der Futtermittel können durch Quervernetzungen von Aminosäuren, besonders von Lysin, teilweise erhebliche Qualitätsminderungen auftreten. Fertigfutter soll mindestens 18 % (erwachsene Hunde) bzw. 22 % (wachsende Hunde) bezogen auf die Futtertrockensubstanz (FTS) enthalten. In den meisten Fertigfuttermitteln ist bedeutend mehr Eiweiß enthalten als nötig. Um zu vermeiden, dass bei Veränderungen des Energiegehalts eines Futters die Relation zum Nährstoffeiweiß gestört wird, kann man den Eiweißgehalt im Futter in Beziehung zur umsetzbaren Energie ausdrücken. Die Relationen zwischen den verschiedenen Nährstoffen müssen erhalten bleiben. Wird z. B. bei einer Ration für Schlittenhunde der Fettgehalt auf 30 % erhöht, so muss auch der Proteingehalt etwa 30 % erreichen. Eiweiß wird wegen der möglichen Einflüsse auf die Verdaulichkeit durch Be- und Verarbeitung immer als verdauliches Rohprotein angegeben. Für Hunde sind Proteine aus Fleisch oder Soja deutlich hochwertiger als z. B. solche aus Mais.
Es sollte weder ein **Eiweißmangel** noch ein zu großer **Eiweißüberschuss** durch die Fütterung entstehen. Futter mit zu wenig Protein wird von Hunden nicht gern gefressen. Es macht sie wegen der unzureichenden Funktionsfähigkeit des Immunsystems anfälliger für Infektionen. Typisch für Eiweißmangel sind auch ein stumpfes, brüchiges Fell, übermäßige Verhornung und Pigmentverluste in der Haut. Welpen entwickeln sich bei Eiweißmangelfütterung nur unzureichend. Die Fruchtbarkeit von Zuchthunden lässt nach.
Es gibt Nachweise darüber, dass Hündinnen mit bösartigen Gesäugetumoren eine deutlich reduzierte Lebenserwartung haben, wenn die Eiweißversorgung lediglich im Minimalbereich liegt.
Eine Reihe von Aminosäuren hat spezielle Auswirkungen bei Entwicklung und Wachstum von Tumoren. Über die Auswirkungen von Eiweißüberversorgung gibt es unterschiedliche Auffassungen. Insbesondere bei Verfütterung großer Mengen minderwertiger Eiweiße tritt

häufig Durchfall auf. Organschäden an Leber und Niere scheinen bei gesunden Hunden auch bei längerfristiger Eiweißüberversorgung nicht zu entstehen. Allerdings können durchaus Probleme entstehen, wenn ein Hund mit einer noch nicht erkannten Niereninsuffizienz ständig zu viel Eiweiß bekommt. Übermäßige Proteinmengen können scheinbar den Transport von Tryptophan durch die Blut-Hirn-Schranke beeinträchtigen und möglicherweise mit Angst zusammenhängende Aggressivität fördern.
Eine **optimale Eiweißversorgung** ist beim Hund in relativ weiten Bereichen möglich und stark abhängig von den verschiedenen Lebensphasen und sonstigen Faktoren. Der **Erhaltungsbedarf** für einen erwachsenen Hund mit leichter körperlicher Aktivität kann zwischen 15 und 65 %, bezogen auf die umsetzbare Energie, liegen. Bezogen auf das Körpergewicht ergibt sich:

Tabelle: Erhaltungsbedarf für verdauliches Rohprotein (nach Meyer und Zentek, 2001)

kg Körpermasse	g verdauliches Rohprotein/ kg Körpermasse
5	3,3
10	2,8
15	2,5
20	2,4
25	2,2
30	2,1
35	2,1
60	1,8

Körperliche Aktivität bei Sport- und Arbeitshunden verlangt eine höhere Energiezufuhr bei gleichzeitig ausgeglichener Nährstoffversorgung. Ein Verhältnis von 10 g vRP zu 240 kcal sollte eingehalten werden. Damit verbunden ist auch eine hohe Schmackhaftigkeit und entsprechend gute Futteraufnahme.
Während des **Haarwechsels** sollten langhaarige Hunde 20 % mehr Protein erhalten als während der übrigen Zeit. Dabei sind die Aminosäuren Methionin und Zystein besonders wichtig.
Krankheiten können zu einem erheblich erhöhten Proteinbedarf führen.
Während der **Trächtigkeit und Säugezeit** ist der Bedarf an hochwertigen Proteinen deutlich erhöht. Während in der ersten Hälfte der Trächtigkeit der Erhaltungsbedarf ausreicht, steigt der Eiweißbedarf in der zweiten Trächtigkeitshälfte um 40 % (kleine Hunde) bis 70 % (große Hunde) gegenüber dem Erhaltungsbedarf an. Während der Säugezeit wird eine Eiweißversorgung von 10–11g vRP je kg KM und Tag erforderlich, d. h. je nach Welpenzahl und Größe der Hündin die drei- bis fünffache Menge im Vergleich zum Erhaltungsbedarf. Eine solche Versorgung ist nur mit hochwertigen Eiweißen zu erreichen.

Tabelle: Täglich benötigte Mengen an vRP in g für Zuchthündinnen (Meyer und Zentek, 2001)

kg KM	Trächtigkeit 2. Hälfte	Säugezeit unter 4 Welpen
5	23	29
10	41	54
20	73	100
35	118	164
60	187	266

kg KM	Säugezeit 4–6 Welpen	Säugezeit über 6 Welpen
5	44	50
10	84	97
20	160	184
35	260	312
60	447	519

Das Wachstum der Welpen verläuft schnell. Daher sind relativ große Mengen an hochwertigem Protein notwendig. Der höchste Bedarf besteht in den ersten Lebensmonaten. Er reduziert sich allmählich und erreicht gegen Ende des ersten Lebenshalbjahres die Werte für den Erhaltungsbedarf erwachsener Hunde. Unterschiede zwischen den Rassen ergeben sich aus der unterschiedlichen Wachstumsgeschwindigkeit.

Fette (Lipide)

Die Fette bestehen aus Glyzerin und kurz- oder langkettigen Fettsäuren mit unterschiedlichem Sättigungsgrad. **Die Linolsäure ist für den Hund essenziell**. Fett enthält mehr als doppelt so viel Energie wie Eiweiß oder Kohlenhydrate. Als Rohfett werden die bei Raumtemperatur festen Fette und die flüssigen Öle zusammengefasst.

Die **Fettverdauung** beginnt im Magen, findet dann aber hauptsächlich im Dünndarm statt. Die Fette werden u. a. mit Hilfe der Gallensäuren emulgiert. Anschließend werden sie mit Enzymen aus Bauchspeicheldrüse und Darmsaft verdaut und in Monoglyzeride und Fettsäuren aufgespalten. Über die Darmepithelzellen werden sie in die Lymphbahnen und zu einem kleinen Teil in die Leber aufgenommen. Für den Transport von Fetten, aber auch von Cholesterin im Kreislauf bilden sich Konglomerate aus Proteinen und Lipiden, die Lipoproteide. Fette bleiben relativ lange im Magen und verzögern daher dessen Entleerung. Hunde haben eine sehr hohe Verdauungskapazität für Fette und vertragen bis zu 50 % Fettanteil in der Mahlzeit.

Die **Funktionen der Fette** im Körper sind vielfältig. Sie sind z. B. als Phospholipide wichtige Zellbestandteile. Außerdem sind sie bedeutende Energielieferanten, gleichzeitig auch wichtigster Speicherstoff für Energie.

Durch die hohe Energiekonzentration bestimmt der Fettgehalt wesentlich den Gesamtenergiegehalt des Futters.

Hoher Fettgehalt macht das Futter zugleich schmackhafter für den Hund. Die daraus resultierende Gefahr ist Übergewicht durch übermäßig reichlich angelegte Fettdepots. Besonders problematisch ist eine übermäßige Energiezufuhr bei jungen, schnell wachsenden Hunden großer Rassen wegen der möglichen Skelettschäden. Für die Aufnahme der fettlöslichen Vitamine A, D, E und K ist ein Mindestanteil von 1–2 % Fett im Futter erforderlich.

Besondere Bedeutung haben einige ungesättigte Fettsäuren, da sie Einfluss auf Entzündungsvorgänge bzw. die Immunabwehr haben. Die Auswahl der Fettsäuren ist auch von Bedeutung für die Hautgesundheit, aber auch für entzündliche Erkrankungen in Gelenken, Atemwegen und Darm.

Diese Wirkungen beruhen vor allem auf der Beteiligung an der Bildung von Prostaglandinen. Zu unterscheiden sind: Omega-6-Fettsäuren (Immunabwehr und Entzündung fördernd) und Omega-3-Fettsäuren (Immunabwehr und Entzündung hemmend). In der Omega-6-Serie entsteht aus Linolsäure zunächst Gamma-Linolensäure und schließlich Arachidonsäure. In der Omega-3-Serie entstehen aus Alpha-Linolensäure die Eikosapentaensäure (EPA) und die Docosahexaensäure (DHS). Als gesundheitsfördernd sind vor allem die Fette anzusehen, die einen hohen Anteil an Omega-3-Fettsäuren enthalten. Das sind besonders Fischöl (EPA, DHS) und mit niedrigeren Werten auch Leinöl und Flachsöl. Dagegen enthalten Nachtkerzenöl, Distelöl, Borretschöl, Sonnenblumenöl usw. höhere Anteile an Omega-6-Fettsäuren, zu denen aber die für den Hund essenzielle Linolsäure gehört. Olivenöl ist diesbezüglich neutral wirksam, da es vor allem Omega-9-Fettsäuren enthält. Unabhängig davon ist Olivenöl wegen des hohen Gehalts an ungesättigten Fettsäuren ernährungsphysiologisch wertvoll. Arachidonsäure ist in hohem Maß in tierischen Fetten enthalten, besonders viel in Schweineschmalz und in Eigelb. Wichtig ist das Verhältnis zwischen Omega-3- und Omega-6-Fettsäuren, es sollte ungefähr bei 1:3 bis 1:5 liegen. Restlos geklärt ist das optimale Verhältnis bisher nicht. Omega-3-Fettsäuren sind verwendbar, um allergische Reaktionen und Entzündungsvorgänge (gemeinsam mit anderen Stoffen) zu unterdrücken. Omega-6-Fettsäuren unterstützen die Abwehrreaktionen des Immunsystems.

Ein Mangel an Fettsäuren verursacht stumpfes, trockenes Haarkleid oder Haarausfall, Hautverdickungen und schlechte Wundheilung. Aber auch Wachstum und Fruchtbarkeit können negativ beeinflusst werden.
Linolsäure sollte im Erhaltungsbedarf in einer Menge von 150 mg/kg KM täglich im Futter enthalten sein. Eine säugende Hündin hat den dreifachen Bedarf. Hunde können bis zu 10 g Fett/kg KM täglich aufnehmen. Allerdings müssen die Mengen so gestaltet werden, dass der Energiegehalt nicht zu hoch ist und dass die übrigen Nährstoffe in der erforderlichen Menge in der Ration enthalten sind. Trockenalleinfutter enthalten im Allgemeinen ca. 10 % Fett, Feuchtalleinfutter ungefähr 4–5 %.

Kohlenhydrate

Kohlenhydrate sind im Wesentlichen pflanzlicher Herkunft. Grundbaustein sind einfache Zucker (Monosaccharide) wie Glukose, Galaktose und Fruktose. Durch Verbindung von Zuckermolekülen entstehen z. B. Disaccharide wie Milchzucker (Laktose). Pflanzen enthalten relativ viele Oligosaccharide (aus mehreren Molekülen bestehend), vor allem aber langkettige Polysaccharide wie Stärke und Zellulose. Stärke besteht aus Glukosemolekülen. Sie kann durch die Verdauungsenzyme des Hundes aufgespalten werden. Auch Zellulose besteht aus Glukosemolekülen, lässt sich aber nicht durch die Enzyme verdauen, sondern wird im Dickdarm von der dort lebenden Bakterienflora durch Fermentationsvorgänge zerlegt. Auch andere Kohlenhydrate wie z. B. Pektine werden durch diese Bakterien verarbeitet. Rohe ungekochte Stärke wird viel langsamer verdaut als gekochte bzw. gut zerkleinerte. Das gilt besonders für die aus Mais und Knollenfrüchten stammende Stärke. Die Verdauung der Kohlenhydrate findet im Dünndarm statt. Daran beteiligt sind das Enzym Amylase aus der Bauchspeicheldrüse sowie verschiedene Enzyme aus der Dünndarmschleimhaut. Für die Verdauung von Rohrzucker (Saccharose) und Milchzucker (Laktose) sind ebenfalls Dünndarmenzyme zuständig. Ihre Kapazität ist allerdings begrenzt, so dass bei Zufuhr zu großer Mengen Durchfall entstehen kann. Über die Darmschleimhaut werden die Monosaccharide aufgenommen (absorbiert). Glukose wird in der benötigten Menge direkt zu den Organen (insbesondere zum Gehirn, das ständig Glukose benötigt) transportiert. Vor allem in der Leber werden Kohlenhydrate gespeichert, synthetisiert und umgewandelt sowie bei Bedarf für andere Organe freigesetzt. In Form von Glykogen werden Kohlenhydrate vor allem in Leber und Muskulatur gespeichert. Die Regulierung des Blutzuckerspiegels erfolgt durch die Hormone Insulin und Glukagon. Falls nicht genügend Glukose zur Verfügung steht, kann über den Vorgang der so genannten Glukoneogenese in Leber und Nieren aus Eiweiß oder Fett Glukose produziert werden. Hunde im Erhaltungsbedarf kommen infolge dieser Möglichkeit ohne die direkte Aufnahme von Kohlenhydraten aus, nicht aber tragende oder säugende Hündinnen. Umgekehrt können bei Überangebot von Kohlenhydraten diese in Fett umgewandelt und in die entsprechenden Depots eingelagert werden.
Die Bedeutung der Kohlenhydrate liegt zum einen in der Produktion von Energie und Wärme, zum anderen in ihrer Beteiligung an Strukturelementen der Zellen.
Kohlenhydrate mit besonderer Bedeutung sind die Glykosaminoglykane. Sie sind Bestandteil des Bindegewebes der Haut und der Sehnen. Die wichtigsten sind Chondroitinsulfat und Hyaluronsäure. Sie wirken unterstützend bei der Prophylaxe und Therapie von Gelenkerkrankungen und einer Reihe anderer altersbedingter gesundheitlicher Probleme. Kohlenhydrate sind in kommerziell hergestelltem Futter meist im Überschuss enthalten, da hohe Anteile von Getreide und auch von Kartoffeln verarbeitet werden. Durch entsprechende Verarbeitung wird eine hohe Verdaulichkeit erreicht. Feuchtalleinfutter enthalten einen höheren und damit von vornherein leicht verdaulichen Anteil von einfachen Zuckern.

Die **verdaulichen Kohlenhydrate** werden (abgeleitet von der entsprechenden Analysemethode) auch als Stickstoff (N)-freie Extraktstoffe bezeichnet (NfE). Dabei handelt es sich um einen Rechenwert, der sich durch Subtraktion ermitteln lässt:

Trockensubstanz (TS) - Rohprotein (vRP) - Rohfaser (RF) - Rohasche = NfE.

Die **Ballaststoffe** gehören größtenteils ebenfalls zu den Kohlenhydraten, können aber nicht durch die Verdauungsenzyme des Hundes verwertet werden. Sie werden auch als Rohfaser bezeichnet. Zu den Kohlenhydraten aus Pflanzenteilen gehören z. B. Zellulose, Hemizellulose und Pektine. Aus pflanzlichen Bindemitteln stammen z. B. Wegerichextrakt oder Gummiarabikum. Zu den Ballaststoffen gehören aber auch das nicht zu den Kohlenhydraten zählende Lignin (Holzfasern) sowie unverdauliche Keratine aus Haaren und Federn.
Ballaststoffe sind wichtig für den Nahrungstransport im Darm. Sie fördern die Darmperistaltik. Die durch Verdauungsenzyme nicht verwertbaren Kohlenhydrate werden durch Bakterien im Dickdarm verarbeitet (fermentiert). Ein Teil der entstehenden Produkte kann über die Darmwand absorbiert werden. Die hauptsächlich ohne Sauerstoff auskommenden Bakterien und ihre Produkte im Dickdarm sind für die Darmgesundheit wichtig. Sie verringern die Möglichkeit für krankmachende Bakterien, sich im Darm anzusiedeln. Außerdem tragen sie mit dazu bei, dass Entzündungen oder Tumorerkrankungen im Darm sich nicht so häufig entwickeln können. Darüber hinaus wird durch diese Mikroflora im Darm eine Vielzahl von wichtigen Substanzen wie z. B. Biotin und Vitamin K synthetisiert.
Der Mindestanteil an Rohfaser sollte bei 1–1,5 % der Futtertrockensubstanz (FTS) liegen. Mehr als 3 % Rohfaser in der FTS führen dazu, dass die Verdaulichkeit der Ration zurückgeht. Diese Tatsache wird bis zu einem gewissen Grad bei der Zusammenstellung von Diäten für übergewichtige Hunde genutzt. Ein Übermaß oder auch ein plötzlicher Wechsel der Rohfaserbestandteile kann Durchfall und (besonders bei einem hohen Anteil von Oligosacchariden aus eiweißreichen Pflanzen wie Bohnen und Erbsen) Blähungen hervorrufen. Bestimmte Ballaststoffe werden bei einer Reihe von Diäten (siehe Kapitel 6) mit Erfolg eingesetzt.

Mineralstoffe und Spurenelemente

Eine ganze Reihe von Ausgangsfutterstoffen für Hunde ist einseitig zusammengesetzt und muss u. a. mit Mineralstoffen ergänzt werden. Mineralstoffe sind für den Körper lebensnotwendige (essenzielle) anorganische Substanzen.
Sie sind Strukturkomponenten von Organen und Geweben, Bestandteile von Körperflüssigkeiten sowie an vielen Stoffwechselfunktionen beteiligt.
Im Ergebnis von Futtermittelanalysen fallen sie als so genannte Rohasche an. Eine Vielzahl von Kontrollmechanismen ist an Aufnahme, Ausscheidung und Speicherung beteiligt. Zu hohe oder zu geringe Aufnahme kann gravierende Folgen für die Gesundheit des Hundes haben. Die Bedarfswerte werden von vielen Faktoren beeinflusst. Beispielsweise kann die benötigte Menge bei kurzzeitiger therapeutischer Anwendung erheblich höher liegen als unter Normalbedingungen. Die Bearbeitung der Futterstoffe kann die Verfügbarkeit von Mineralstoffen beeinträchtigen. Alter, Wachstum, Trächtigkeit und individuelle Unterschiede können Einfluss haben. Außerdem gibt es zahlreiche Wechselwirkungen zwischen den verschiedenen Mineralstoffen und Einflüsse durch andere Substanzen wie z. B. Vitamine. Unterschieden werden wegen der unterschiedlichen im Körper vorhandenen und benötigten Mengen die Makromineralien Kalzium, Phosphor, Magnesium, Natrium, Kalium, Chlor und die Spurenelemente Eisen, Kupfer, Zink, Mangan, Kobalt, Jod, Selen, Fluor und einige weitere. Zwischen beiden Gruppen gibt es ansonsten keine grundsätzlichen Unterschiede.

Kalzium (Ca) und Phosphor (P)

Der größte Teil des Kalziums (rund 98 %) liegt im Skelett. Beim Phosphor sind es rund 80 %. Die beiden Elemente sind Hauptbestandteile des Knochens. Außerdem haben sie zahlreiche Aufgaben im Stoffwechselgeschehen. Kalzium bewirkt z. B. als Botenstoff innerhalb der Zelle, dass diese auf eintreffende hormonelle oder nervöse Impulse reagieren kann. Es ist für solche Vorgänge wie die Kontraktion der Muskeln, die Blutgerinnung und die Durchlässigkeit kapillarer Blutgefäße unentbehrlich. Auch in der Immunabwehr einschließlich der Verhinderung von Tumorbildung spielt es eine wichtige Rolle.

Phosphor ist Bestandteil von Zellmembranen, von Nukleinsäuren und vielen Eiweißen und hat eine zentrale Funktion im Energiestoffwechsel der Zellen. Kalzium wird unter Beteiligung von Vitamin D und Parathormon (Nebenschilddrüse) aus dem Darm aufgenommen oder bei Bedarf aus den Knochen freigesetzt. Dagegen wird durch das Hormon Kalzitonin der Einbau in die Knochen gesteigert. Dabei sinkt der Kalziumgehalt im Blutserum. Diese Regelvorgänge funktionieren sehr gut, solange nicht eine extreme Über- oder Unterversorgung über das Futter erfolgt. Zu Kalziummangel (und Phosphorüberschuss) kommt es bei einseitiger Ernährung mit Fleisch, Schlachtabfällen, Getreide oder Reis. Kalziumüberschuss entsteht besonders während des Wachstums durch zu hohe zusätzliche Mineralstoffgaben. Auch ein Mangel an Vitamin D kann zu ernsthaften gesundheitlichen Störungen führen. Der Kalziumspiegel im Blut sinkt bei säugenden Hündinnen (insbesondere der kleinen Rassen) bei unzureichender Zufuhr relativ schnell ab. Durch Wechselwirkung im Stoffwechsel kann auch ein Mangel an Magnesium zu einer Hypokalzämie (zu wenig Kalzium im Blut) und entsprechenden Symptomen wie Krämpfen oder Bewusstlosigkeit (so genannte Eklampsie) führen.

Auch bei Erkrankungen z. B. der Nieren oder der Bauchspeicheldrüse sinkt der Blut-Kalzium-Spiegel ab. Eine niedrige Kalziumversorgung über das Futter führt zu einer Überfunktion der Nebenschilddrüse mit Anstieg des Parathormons. Als Folge wird verstärkt Kalzium aus den Knochen freigesetzt. Die in der Vergangenheit bei Mangel an Kalzium und Vitamin D aufgetretene Rachitis kommt heute praktisch nicht mehr vor. Zu hohe Vitamin-D-Gaben führen ebenso wie ein zu hoher Gehalt an Kalzium besonders bei gleichzeitigem Phosphormangel im Futter dazu, dass der Kalziumgehalt im Blut ansteigt.

Besonders bei jungen wachsenden Hunden kann eine Kalzium-Überversorgung zu erheblichen Schäden am Skelett führen (siehe Kapitel 6, S. 97–103).

Die Ausscheidung von Kalzium über die Nieren ist normalerweise niedrig, kann aber – gesteuert durch Parathormon und Kalzitonin – bei hoher Zufuhr durch die Nahrung erheblich ansteigen.

Der Phosphorgehalt im Blutserum wird je nach Bedarf durch Veränderungen der Aufnahme aus dem Darm und Veränderungen der Ausscheidungen durch die Nieren reguliert. Dabei bestehen enge Zusammenhänge mit der Regulation des Kalziumspiegels.

Zu hohe Phosphormengen im Futter können vorhandene Nierenerkrankungen erheblich verschlimmern.

Das gilt auch, wenn diese Erkrankungen subklinisch vorhanden, d. h. noch nicht erkannt worden sind.

Kalzium ist in großer Menge z. B. in knochenhaltigen Fleischmehlen, Fischmehlen sowie in Milch und nur in geringer Menge in Getreide enthalten. Phosphor ist in hoher Menge in Fleisch, Eiern und Milch enthalten. In Getreide kommt Phosphor als Phytat vor und kann in dieser Form vom Hund nur zu einem relativ geringen Teil verwertet werden. Das Verhältnis der beiden Mineralstoffe zueinander ist genauso wichtig wie der optimale Gehalt beider Stoffe im Futter; es sollte 1,2–1,4 : 1,0 betragen (Ca : P).

Der Bedarf an Kalzium und Phosphor verändert sich mit dem Alter. Während des Wachstums sollten 1,2 % bis maximal 1,6 % Kalzium und 0,9–1,2 % Phosphor in der FTS enthalten sein. Für den Erhaltungsbedarf des erwachsenen Hundes werden 0,9 % bis maximal 1,8 %

Kalzium und 0,7–1,0 % Phosphor empfohlen. Bei ausgewachsenen Hunden im Erhaltungsbedarf ergeben sich daraus ca. 100 mg Kalzium und 75 mg Phosphor pro kg KM täglich. Zuchthündinnen in der 2. Hälfte der Trächtigkeit benötigen rund 60 % mehr und während der Säugezeit das zwei- bis fünffache der angegebenen Mengen. Welpen benötigen je nach Alter und Rasse unterschiedliche Mengen: Im ersten Lebensmonat werden zwischen 420 mg/kg KM (kleine Rassen) und 470 mg/kg KM (große Rassen) Kalzium benötigt. Bei den kleinen Hunderassen sinkt der Kalziumbedarf im 2.Lebenshalbjahr auf die Bedarfswerte erwachsener Hunde ab, bei den großen Hunderassen werden diese Werte etwas später erreicht. Sport- und Gebrauchshunde mit intensiver körperlicher Arbeit zeigen keine verstärkte Kalzium- und Phosphorausscheidung. Bei Verfütterung von sehr viel fettreichem Fleisch kann sich der Bedarf an Kalzium aber unter Umständen auf maximal 2 % der FTS erhöhen. Auch hier muss das optimale Verhältnis zwischen Kalzium und Phosphor auf jeden Fall gewahrt bleiben.

Magnesium

Magnesium ist sowohl Knochenbestandteil als auch Bestandteil zahlreicher Enzyme im gesamten Stoffwechsel. Eine besondere Rolle spielt es auch in der neuromuskulären Aktivität (Impulsübertragung von Nerven auf Muskeln). Magnesium wird je nach Zusammensetzung des Futters zu 20–70 % absorbiert; hohe Anteile an Kalzium oder Phytinsäure reduzieren die absorbierte Menge. Überschüssiges Magnesium wird über die Niere ausgeschieden.

Ein Magnesiummangel führt zu Muskelschwäche, Krämpfen, Appetitlosigkeit, Erbrechen und Verkalkungen an Aorta und Herz. Betroffen sind vor allem wachsende Hunde, wenn die Rationszusammensetzung nicht stimmt. Krankheiten wie die Schilddrüsenüberfunktion oder eine Unterfunktion der Nebenschilddrüse können einen Magnesiummangel verursachen. Medikamente wie Diuretika (wasserausschwemmend) fördern die Ausscheidung von Magnesium. Eine Magnesium-Überversorgung führt zu Durchfall, kann die Bildung bestimmter Harnsteine (siehe Kapitel 6, S. 94-97) fördern und kann bei sehr großen Mengen zu narkoseähnlichen Lähmungen führen. Die meisten Futtermittel enthalten ausreichend Magnesium. Fett- und zuckerreiche Rationen sowie Mehlprodukte enthalten aber relativ wenig Magnesium. Knochen- u. Fleischmehle und unbehandelte Getreidekörner sind reich an Magnesium. Der tägliche Bedarf an Magnesium für erwachsene Hunde liegt bei 10–12 mg/kg KM, bei Welpen in den ersten sechs Lebensmonaten bei rund 25 mg, im zweiten Lebenshalbjahr bei 15–17 mg/kg KM. Hündinnen in der zweiten Trächtigkeitshälfte benötigen rund 15 mg/kg KM und in der Säugezeit je nach Anzahl der Welpen 20–30 mg/kg KM. Im Allgemeinen reicht ein Gehalt von 0,05–0,1 g Magnesium/kg FTS aus. Hunde mit besonders hoher Muskelleistung, wie Rennhunde oder Schlittenhunde, haben einen erhöhten Bedarf bis zu 0,25% Magnesium in der FTS.

Kalium (K)

Kalium ist an der Aufrechterhaltung des osmotischen Gleichgewichts im Körper gemeinsam mit Natrium und Chlor ganz wesentlich beteiligt. Darüber hinaus spielt es eine wichtige Rolle bei der Übertragung von Nervenimpulsen, bei den Muskelkontraktionen und in zahlreichen für den Stoffwechsel wichtigen Enzymen.

Kalium wird über den Dünndarm aufgenommen, im Körper nur in kleinen Mengen gespeichert und über die Nieren ausgeschieden. Polierter Reis und Fett enthalten relativ wenig Kalium. Dagegen ist in Sojaschrot sowie in Getreidekörnern und -schalen relativ viel Kalium enthalten. Die Regulation erfolgt über die Hormone der Nebennierenrinde. Ein Kaliummangel kann durch zu geringen Gehalt im Futter, aber auch durch vermehrten Stress und Arbeit sowie durch häufiges Erbrechen oder Durchfall entstehen. Auch eine langzeitige Kortisonbehandlung kann zu Kaliummangel beitragen. Ein erhöhter Eiweißgehalt im Futter führt zu einem erhöhten

Das Arbeitsgebiet des Border Collies ist bei jedem Wetter draußen bei den Herden und beim Schäfer; nur richtig ernährte Hunde sind zu solchen tagtäglichen Parforceleistungen fähig.

Kaliumbedarf. Kaliummangel kann zu massiven gesundheitlichen Problemen führen. Bei Welpen verringert sich das Wachstum und es können Lähmungserscheinungen auftreten.

Bei erwachsenen Hunden können Leistungsschwäche sowie Erkrankungen von Herz und Niere die Folge sein.

Eine übermäßige Kaliumaufnahme führt kaum zu Problemen. Die Kaliumaufnahme sollte bei Hunden im Erhaltungsbedarf ca. 55 mg/kg KM täglich betragen. Tragende Hündinnen sollten ca. 65 mg/kg KM und säugende Hündinnen 90–140 mg/kg KM täglich aufnehmen. Welpen sollten in den ersten Lebensmonaten ca. 130 mg/kg KM erhalten. Im Futter sollte ein Kaliumgehalt von ca. 0,6 % in der FTS enthalten sein.

Natrium (Na) und Chlorid (Cl)

Besonders im Blut, aber auch im Skelett sind Natrium und Chlorid enthalten. Sie sind vor allem an der Aufrechterhaltung des osmotischen Drucks und auch des Blutdrucks beteiligt. Außerdem spielen Natrium und Chlorid eine wichtige Rolle bei der Übertragung von Nervenimpulsen und der Muskeltätigkeit. Die Regulation im Körper erfolgt durch Hormone aus der Nebennierenrinde und der Hirnanhangsdrüse (Hypophyse). Die Aufnahme erfolgt aus dem Darm (Chlorid vorwiegend aus dem Dünndarm, Natrium vorwiegend aus dem Dickdarm) und die Ausscheidung hauptsächlich über die Nieren. Ein Mangel an Natrium und Chlorid führt zu Störungen des Wasserhaushalts (z. B. Blutverlust). Chronisches Erbrechen führt zu einem erhöhten Chloridbedarf, länger anhaltender Durchfall zu Natriummangel. Nierenerkrankungen, Diabetes mellitus, Nebennierenunterfunktionen und harntreibende Medikamente führen zu Verlusten an Natrium und Chlorid bzw. zu einem erhöhten Bedarf. Bei Mangel wird das Wachstum reduziert, das Blutvolumen wird geringer und es kommt zu trockener Haut und Haarausfall. Erschöpfung, Kreislaufstörungen, Schluckstörungen und Lecksucht können auftreten.

Körperliche Arbeit führt nicht zu einem erhöhten Bedarf, da Hunde im Gegensatz zum Menschen kaum schwitzen.

Ein Überschuss an Natrium und Chlorid ist im Futter in Form von Kochsalz meist enthalten. Auch in der Nahrung vom Menschen ist meist das Vier- bis Fünfzehnfache des Bedarfs enthalten. Wenn genügend gutes Trinkwasser zur Verfügung steht, treten im Allgemeinen keine Probleme auf. Bei Aufnahme größerer Mengen hochkonzentrierter Pökellake, gesalzenen Fisch- oder Fleischprodukten oder auch von Meerwasser können allerdings akute Probleme (Gehirnödem und Krämpfe) auftreten.

Viel Natrium und Chlorid ist in Fisch, Eiern, Molke und Soja enthalten. Der empfohlene Gehalt im Futter liegt bei ca. 12 g/kg FTS. Für den Erhaltungsbedarf werden 50 mg/kg KM Natrium und 75 mg/kg KM Chlorid täglich empfohlen. Für Zuchthündinnen und Welpen in den ersten Lebensmonaten kann mit einem etwa anderthalben bis zweifachen Bedarf gerechnet werden.

Spurenelemente

Alle Spurenelemente sind lebensnotwendig. Für eine Reihe von ihnen sind die ungefähren Bedarfwerte für den Hund bekannt. Für weitere Spurenelemente kann man sich an den Bedarfswerten anderer Tierarten orientieren. Spurenelemente sind an einer ungeheuren Vielzahl von Vorgängen im Körper beteiligt.

Besonders hervorzuheben ist ihr Einfluss auf die Immunabwehr und als Antioxidanz gegen freie Radikale (siehe Kapitel 6, S. 107–110).

Wichtig ist nicht nur die absolute im Futter vorhandene Menge, sondern auch ihre Verfügbarkeit für den Hund. Sie ist bei den verschiedenen Bindungsformen der Spurenelemente unterschiedlich. Zum Beispiel sind Spurenelemente aus Sulfaten und Chloriden besser verwertbar als solche aus Karbonaten und Oxiden.

Eisen (Fe)

Eisen spielt eine zentrale Rolle bei der Sauerstoffübertragung im Körper. Vor allem im Hämoglobin (in den roten Blutkörperchen) und im Myoglobin (in der Muskulatur), aber auch in am Sauerstofftransport beteiligten Enzymen ist es von großer Bedeutung. Eisen wird im Dünndarm aus der Nahrung aufgenommen. Dabei wird sowohl Eisen aus tierischen Futtermitteln als auch aus pflanzlichen Futtermitteln aufgenommen und verwertet. In Leber, Knochenmark und Lymphknoten kann Eisen als Ferritin oder Hämosiderin gespeichert werden. Eisen wird nur begrenzt ausgeschieden. Die Ausscheidung erfolgt über Haare, Krallen und Schweiß. Der tägliche Bedarf an Eisen liegt für erwachsene Hunde bei ca. 1,4 mg/kg KM. Dabei ist der bei körperlicher Arbeit etwas erhöhte Bedarf bereits berücksichtigt. Während der Säugezeit benötigt die Hündin ca. 2,4 mg/kg KM täglich. Am höchsten ist der Bedarf mit 6,8 mg/kg KM gegen Ende der Trächtigkeit. Saugwelpen benötigen ca.3mg/kg KM am Tag. Daraus ergeben sich Bedarfswerte von ca. 60–100 mg/kg FTS, für hochtragende Hündinnen 320 mg/kg FTS. In den meisten Fertigfuttermitteln werden diese Werte erreicht oder bei weitem überschritten. Bei einseitiger Fütterung mit fettreichen Futtermitteln sowie Milchprodukten und poliertem Reis können jedoch Mangelerscheinungen auftreten.

Welpen erhalten mit der Muttermilch relativ wenig Eisen und sind auf die Aufnahme durch Zufütterung angewiesen.

Auch durch verstärkte Blutverluste (z. B. Hakenwurmbefall der Welpen, blutige Durchfälle, blutende Tumoren älterer Hunde) können Eisenmangelzustände auftreten. Eisenmangel führt zu Anämie (Blutarmut), verringertem Wachstum, erhöhter Anfälligkeit für Infektionen, Fortpflanzungsstörungen und Pigmentverlust der Haare. Wird ein sehr großer Überschuss an Eisen gegeben, so können Appetitlosigkeit, Gewichtsverlust und Nierenerkrankungen die Folge sein.

Kupfer (Cu)

Kupfer ist in einer Reihe von Enzymsystemen von Bedeutung und hat damit Auswirkungen auf den Energiestoffwechsel, die Hämoglobinsynthese (Blutfarbstoff), das Bindegewebe und die Pigmentbildung in den Haaren. Kupfer wird im Dünndarm resorbiert. Die Leber ist das zentrale Organ für den Kupferstoffwechsel. Die Ausscheidung von Kupfer erfolgt vor allem mit der Gallenflüssigkeit über den Darm. Die Verwertung von Kupfer kann gestört werden, wenn große Mengen vor allem an Kalzium und Zink, aber auch an Eisen, Molybdän, Kadmium oder Sulfaten gleichzeitig aufgenommen werden. Die Verwertbarkeit der verschiedenen kupferhaltigen Verbindungen aus dem Futter ist unterschiedlich. Zum Beispiel wird Kupfer aus rohem Rindfleisch nur schlecht verwertet. Besonders beim Bedlington-Terrier, aber auch beim West-Highland-White-Terrier, Dobermann, Deutschen Schäferhund und Cocker Spaniel kommt eine erblich bedingte Kupfer-Speicherkrankheit vor.

Mit zunehmendem Alter der Hunde wird immer mehr Kupfer in die Leber eingelagert, so dass sich schließlich eine schwere Lebererkrankung entwickelt. Bei genetisch gesunden Hunden entsteht ein solcher Leberschaden auch bei überhöhtem Kupfergehalt in der Nahrung nicht. Der Kupferbedarf erwachsener Hunde liegt bei ca. 0,1 mg/kg KM am Tag. Er ist bei langhaarigen Hunden während des Haarwechsels größer. Auch bei überhöhtem Gehalt an Kalzium und Zink wird mehr Kupfer im Futter benötigt. Tragende Hündinnen benötigen ca. 0,15 mg/kg KM am Tag, säugende Hündinnen dagegen 0,65 mg/kg KM und wachsende Welpen ca. 0,15–0,50 mg/kg KM am Tag. Daraus ergeben sich Bedarfszahlen von 4–8 mg im Erhaltungsbedarf, bis zu 25 mg für säugende Hündinnen und von 15 mg für wachsende Welpen jeweils bezogen auf 1 kg FTS.

Kupfermangel führt zu Anämie, Wachstumsstörungen, Aufhellen und Grauwerden der Haare und Störungen der Knorpelbildung. Kupfermangel kann unter anderem infolge einseitiger Fleischfütterung auftreten.

Selen (Se)

Selen ist essenzieller Bestandteil der Glutathionperoxidase, welche **Zellen vor oxidativer Schädigung durch freie Radikale schützt**. Dabei wirkt es eng mit Vitamin E zusammen. Selen hat außerdem Einfluss auf den Stoffwechsel von Jod und damit auf die Funktion der Schilddrüse. Die Resorption von Selen erfolgt aus dem Dünndarm, die Ausscheidung über Harn und Kot. Der Selenbedarf des Hundes liegt bei ca. 2,5–5,0 mcg/kg KM und Tag. Bei einem hohen Gehalt der Futterration an mehrfach ungesättigten Fettsäuren kann der Selenbedarf höher liegen und bis zu 20 mcg/kg KM und Tag ansteigen. Das entspricht 100–200 mcg/kg FTS. Bei Mengen von 400 mcg/kg FTS können bereits Schäden auftreten. Relativ viel Selen ist in Fisch, Ei und Leber enthalten. Selen aus Futtermitteln tierischer Herkunft kann besser gespeichert werden. Die Gehaltswerte in Futterpflanzen und entsprechend im Tier schwanken je nach Bodenbeschaffenheit. Häufig sind die Böden arm an Selen. Selenmangel kann daher auch auftreten, wenn vor allem selbst hergestellte Futterrationen mit Fleisch und Getreide gegeben werden.

Besonders bei neugeborenen Welpen können Lebensschwäche, ungenügende Immunabwehr und Muskelrückbildung als Folge auftreten.

Überdosierungen von Selen können entstehen, wenn über längere Zeit Futtermittel mit 5–10 mg/kg FTS gegeben werden. Erbrechen, Krämpfe, Atemnot und bei höheren Mengen Leberzirrhose und Tod können die Folge sein.

Zink (Zn)

Es ist Bestandteil einer Vielzahl von Enzymen im Stoffwechsel von Proteinen, Nukleinsäuren, Kohlenhydraten und Fetten.

Zink ist besonders bedeutsam für die Haut, aber auch für Immunabwehr, Wundheilung, Wachstum und Fortpflanzung.
Es wird aus dem Darm resorbiert. Ein großer Teil der Stoffwechselreaktionen, an denen Zink beteiligt ist, findet in der Leber statt. Eine Speicherung von Zink erfolgt im Wesentlichen nur in den Knochen. Zink wird mit dem Kot ausgeschieden. Zu einem Zink-Mangel kann es kommen, wenn in der Nahrung Kupfer oder Kalzium oder auch die aus Getreide stammende Phytinsäure in großer Menge enthalten sind. Auch bei einer Unterfunktion der Bauchspeicheldrüse wird Zink schlechter verwertet. Bei Zinkmangel ist die Haut trocken, borkig und rissig und es kommt zu Pigmentaufhellung und Haarausfall. Auch ein subklinischer Zinkmangel (d. h. ohne erkennbare Anzeichen) kann bereits die Immunabwehrreaktionen reduzieren.
Ein Zink-Überschuss ist selten. Allerdings hat ein hoher Zinkgehalt des Futters negative Auswirkungen auf die Verwertung von Kupfer und Eisen. Zink-Vergiftungen können durch Aufnahme von zinkhaltigen Münzen und dergleichen entstehen. Die erkrankten Hunde sind apathisch, fressen nicht und entwickeln eine Anämie.
Der Zinkbedarf für erwachsene Hunde liegt bei ca. 1 mg/kg KM am Tag. Einen erhöhten Bedarf haben langhaarige Hunde während des Haarwechsels. Auch bei hohem Anteil von Getreide oder an Kalzium im Futter sowie bei Störungen der Bauchspeicheldrüsenfunktion besteht ein erhöhter Zinkbedarf. Nach Operationen können etwas höhere Zinkgaben günstig für die Wundheilung sein. Während der Trächtigkeit liegt der Zinkbedarf bei 1,3 und während der Säugezeit bei 3,2 mg/kg KM am Tag. Welpen sollten 2-4 mg/kg KM täglich erhalten. Zulagen von 1–2 mg Zink/kg KM am Tag haben bereits positive Effekte auf den Zustand der Haut und das Haarwachstum. Im Trockenfutter sollte entsprechend 60 mg, bei erhöhtem Bedarf 100 mg/kg FTS enthalten sein.

Mangan (Mn)

Mangan ist essenzieller Bestandteil einer Reihe von Enzymen, die besonders im Fett- und Kohlenhydratstoffwechsel Bedeutung haben. Mangan wird aus dem Dünndarm resorbiert und u. a. über Gallen- und Bauchspeicheldrüsensaft ausgeschieden. Es ist in fast allen Futtermitteln ausreichend enthalten. Lediglich Milch, Eiprodukte und Lunge sind arm an Mangan. Ein Mangel an Mangan ist selten, kann aber, wenn er auftritt, negative Auswirkungen auf die Fruchtbarkeit und das Skelett haben. Hunde benötigen ca. 10 mcg/kg KM am Tag. Das entspricht 3–5 mg/kg FTS. Wenn sehr hohe Mengen gegeben werden, kann u. U. die Resorption von Eisen beeinträchtigt werden. Relativ viel Mangan ist z. B. in Ballaststoffen enthalten.

Kobalt (Co)

Kobalt ist das Zentralatom im Vitamin B 12 und daher unentbehrlich. Vitamin B 12 wird durch Mikroorganismen im Darm des Hundes synthetisiert. Daher kann sich eine gute Versorgung mit Kobalt günstig auswirken. Es werden 5–10 mcg/kg KM täglich benötigt. Das entspricht einem Gehalt von 350–700 mcg/kg FTS. Bei Gaben von 1 mg/kg KM können toxische Erscheinungen auftreten.

Jod (J)

Jod ist Bestandteil der Schilddrüsenhormone. Daher hat es eine zentrale Bedeutung für den gesamten Stoffwechsel, die Thermoregulation, Fortpflanzung, Kreislauf, Muskelfunktionen, Wachstum und Reifung der Gewebe, Nervenfunktion sowie Haut und Haare.
Enge Wechselbeziehungen bestehen zwischen Schilddrüse und anderen Hormondrüsen, insbesondere der Hirnanhangsdrüse und der Geschlechtsorgane. Jod wird über den Darm resorbiert und vorwiegend über die Nieren ausgeschieden. Der tägliche Jodbedarf des erwachsenen Hundes liegt bei 15 mcg, steigt aber bei wachsenden, säugenden und Hunden mit höherer Aktivität auf ca. 25 mcg/kg KM täglich an. Auch bei älteren Hunden sollte besonders auf die Deckung des Jodbedarfs geachtet werden. Im Futter sollten 450–1200 mcg/kg FTS enthalten sein. Viele Futtermittel enthalten zu wenig

Jod. Das gilt besonders für Fleisch, Schlachtabfälle und bestimmte Getreideprodukte. Eine Unterversorgung mit Jod führt dazu, dass sich die Schilddrüse vergrößert (Kropfbildung) und dass zu wenig Schilddrüsenhormon gebildet wird. Das führt zu Lethargie, Leistungsabfall, Wachstumsstörungen, Fruchtbarkeitsproblemen, Hauterkrankungen und Bildung von Ödemen.
Ähnliche Symptome (allerdings ohne Kropfbildung) treten beim Hund aber vor allem bei der relativ häufigen Schilddrüsenunterfunktion auf. Diese ist zumindest teilweise genetisch bedingt und wird nicht durch Jodmangel verursacht.
Ein Jodüberschuss kann dazu führen, dass weniger Schilddrüsenhormon produziert wird und hat damit ähnliche Folgen wie ein Jodmangel.

Fluor (F)

Fluor ist nur in Spuren im Körper vorhanden und erforderlich. In hohen Mengen wirkt es toxisch und führt zu Knochenerkrankungen, Zahnverfärbung und bei tragenden Hündinnen zu Aborten.

Weitere lebensnotwendige Spurenelemente

Das sind Molybdän, Bor, Chrom, Nickel, Vanadium, Arsen, Blei, Lithium, Silizium und Zinn.

Vitamine

Vitamine (Stoffe für das Leben) sind unentbehrliche organische Reglerstoffe. Sie werden in sehr kleinen Mengen wirksam und sind an über 100.000 Stoffwechselschritten beteiligt.
Sie haben damit Einfluss auf eine große Zahl lebenswichtiger Funktionen wie auf enzymatische Reaktionen, die DNA-Synthese, die Freisetzung von Energie aus den Nährstoffen, die Knochenentwicklung, die Erhaltung der Zellmembranen, die Blutgerinnung, das Abfangen von freien Radikalen und die Übertragung von Nervenimpulsen.

Es gibt zwei Gruppen von Vitaminen:

- die fettlöslichen Vitamine A, D, E und K
- die wasserlöslichen Vitamine der B-Gruppe und das Vitamin C

Die fettlöslichen Vitamine werden in höherem Maß gespeichert, müssen nicht unbedingt täglich zugeführt werden und können leicht überdosiert werden. Das gilt besonders für die Vitamine A und D. Die wasserlöslichen B-Vitamine werden kaum gespeichert und schnell ausgeschieden. Dadurch kommt es häufiger zu einem Mangel.
Ein Teil dieser Vitamine wird durch die Mikroorganismen im Darm synthetisiert, andere müssen mit dem Futter aufgenommen werden. Vitamin C ist unter normalen Umständen für den Hund nicht essenziell, da er es selbst synthetisieren kann. Eine andere Situation, d. h. ein zusätzlicher Bedarf kann bei erhöhter Leistungsbeanspruchung oder bei Erkrankungen eintreten.
Für die Vitamine gibt es wie für andere Stoffe eine biologische Dosis-Wirkungskurve. Für jedes einzelne Vitamin besteht bezüglich der Dosierung ein Bereich mit Mangelversorgung, einer mit exakter Bedarfsdeckung und einer mit Überversorgung.
Überversorgung mit Vitaminen kann teilweise zu Schädigungen führen, kann aber bei bestimmten Vitaminen auch positive Effekte haben.
Wachsende Hunde und tragende oder säugende Hündinnen haben einen erhöhten Vitaminbedarf, sind aber auch anfälliger für Schäden durch Überdosierungen. Ältere Hunde haben einen erhöhten Bedarf an Vitaminen im Vergleich zu Hunden im mittleren Alter. Bei einer Reihe von Krankheiten verändert sich der Vitaminbedarf ebenfalls erheblich. Grundsätzlich führen Störungen im Verdauungskanal mit Schädigung der Darmflora zu erhöhtem Vitaminbedarf, weil ein Teil der Eigensynthese ausfällt und die Resorption gestört ist. Diabetes oder Niereninsuffizienz bedingen durch die erhöhte Ausscheidung einen höheren Bedarf. Arzneimittelgaben können den

Vitaminbedarf ebenfalls verändern. Beispielsweise führen harntreibende Medikamente zu einem erhöhten Bedarf an B-Vitaminen. Antibiotika können die Darmflora schädigen, wodurch ein erhöhter Bedarf an Vitamin K verursacht wird. Es gibt zahlreiche Zusammenhänge und Wechselwirkungen zwischen den verschiedenen Vitaminen, aber auch mit anderen Nährstoffen. Zum Beispiel sind Wechselwirkungen von Kobalamin mit Folsäure und Cholin mit Methionin bekannt. Vitamin B6 und Vitamin B12 optimieren sich gegenseitig bei der Resorption, ebenso Folsäure und Thiamin. Riboflavin beeinflusst die Verwertung von B6 und Niazin. Niazin hat wiederum Einfluss auf die Verwertung von Vitamin B6. Vitamin C »schützt« das Vitamin B6. Vitamin E »schützt« das Vitamin A.

Die Verfügbarkeit der Vitamine ist ein Problem sowohl in der Ernährung des Menschen als auch in der des Hundes. Bodenbeschaffenheit, Ernteverfahren, Transport, Lagerung und Verarbeitung wirken sich auf den Vitamingehalt der Nahrungsmittel aus, so dass die enthaltenen Mengen häufig nicht mehr ausreichend sind. Bei selbst zusammengestellten Futterrationen wird die Optimierung daher schwierig, ist aber möglich. Kommerziellen Futtermitteln werden immer Vitamine zugesetzt, schon deshalb, weil ein großer Teil der Vitamine in den Ausgangsprodukten bei der Verarbeitung zerstört wird. Der Gehalt an Vitaminen wird entsprechend den verbliebenen Anteilen aus den Ausgangsstoffen ergänzt und optimiert. Verwendet werden hierbei synthetisch hergestellte Vitamine, die aber in gleicher Weise vom Körper genutzt werden können wie die natürlich gebildeten Vitamine. Zusätze von Multivitaminpräparaten sind daher bei der Fütterung von Fertigfuttermitteln meist unnötig. Sie können sogar schaden, wenn einzelne Vitamine (besonders A und D) dadurch überdosiert werden. Gezielte zusätzliche Gaben von einzelnen Vitaminen können aber je nach Stoffwechsellage sinnvoll sein. Das gilt insbesondere für ältere Hunde und für eine Reihe von Krankheiten, aber auch bei besonderer Leistungsbeanspruchung. Voraussetzung ist eine genaue Analyse.

Fettlösliche Vitamine

Vitamin A

Es gibt mehrere Stoffe mit Vitamin A-Wirksamkeit. Am stärksten wirksam ist das Vitamin A 1. Vitamin A wirkt vor allem auf die Epithelien (oberste Zellschicht von Haut und Schleimhäuten), auf die Eiweißsynthese, das Knochenwachstum und den Sehvorgang. Durch seine Beteiligung an der Synthese der so genannten Mukopolysaccharide (Schleimstoffe und Baustoffanteil in Haut und Schleimhäuten) hat es **erheblichen Anteil an der Infektionsabwehr**. Das ist wichtig für die Haut, aber auch für die Schleimhaut im Verdauungskanal, im Atmungsapparat sowie in den Harn- und Geschlechtsorganen. Ohne Vitamin A würden die Schleimhäute austrocknen und verhornen.

Vitamin A kann im Rahmen seiner Immunabwehr-Funktion dazu beitragen, Krebszellen zu Normalzellen umzuprogrammieren.

Die A-Vitamine werden im Darm unter Beteiligung der Gallensalze in Form von Retinol absorbiert. Sie werden dann über die Blutbahn in die verschiedenen Gewebe transportiert und in Leber und Nieren in relativ großer Menge gespeichert. Die Ausscheidung erfolgt über die Nieren.

Pflanzenenthalten kein Vitamin A, aber für den Hund verwertbare Vorstufen: die Karotinoide. Besonders viel davon ist in Mohrrüben. Aber auch Feldsalat, Grünkohl, Spinat und rote Paprika enthalten beträchtliche Mengen Karotinoide. Leicht verwertbares Vitamin A ist besonders in Leber, aber auch in Vollmilch und Eiern enthalten.

Der Vitamin-A-Bedarf liegt für den erwachsenen Hund im Erhaltungsstoffwechsel bei etwa 75–100 IE (Internationale Einheiten), für Welpen sowie tragende und säugende Hündinnen bei ca. 250 IE/kg KM täglich. Daraus ergeben sich Bedarfswerte von 4000–15.000 IE/kg FTS. Bei Erkrankungen des Hundes, insbesondere bei Störungen im Magen-Darmkanal sowie der Erkrankungen der Bauchspeicheldrüse oder der Nieren entsteht ebenfalls ein erhöhter Bedarf.

Auch bei erhöhter Leistungsbeanspruchung sowie im Alter sollte die Versorgung eher im oberen Bereich der angegebenen Mengen liegen. Bei bestimmten Hauterkrankungen können synthetische Retinoide für die Therapie eingesetzt werden.

Überdosierungen sind in jedem Fall zu vermeiden.

Sie können erhebliche Gesundheitsstörungen verursachen wie den Abbau von Knochensubstanz mit nachfolgenden Knochenbrüchen, Skelettmissbildungen, geringes Wachstum und Übererregbarkeit. Allerdings vertragen Hunde relativ hohe Mengen an Vitamin A. Bei Gaben von 300.000 IE/kg KM kam es aber zu erheblichen Gesundheitsschäden. Solche Dosierungen können durch einseitige Fütterung von Leber, z. B. täglich 100 g/kg KM durchaus erreicht werden. In der Praxis entstehen Überdosierungen aber eher durch unkritische Zugabe hoher Mengen von Vitaminpräparaten zum Futter.

Ein Vitamin-A-Mangel kann insbesondere bei erwachsenen Hunden bei ungeeigneter Fütterung entstehen. Folgen sind vermindertes Wachstum, Störungen im Knochenwachstum, Störungen des Seh- und Hörvermögens, Bindehautentzündungen, Hornhauttrübung sowie erhöhte Anfälligkeit für Infektionen, Parasiten und möglicherweise auch Tumorbildung. Rüden mit Vitamin-A-Unterversorgung produzieren kein ausreichendes Sperma mehr. Gedeckte Hündinnen werfen entweder gar keine oder lebensschwache oder missgebildete Welpen.

Vitamin D (Calziferol)

Es gibt eine Reihe von Vitamin-D-wirksamen Substanzen. Die wichtigsten sind das Vitamin D3 (Cholekalziferol aus von Tieren stammenden Futterstoffen) und das in Pflanzen enthaltene Vitamin D2 (Ergokalziferol). Beide sind beim Hund gleichermaßen wirksam. Eine Bildung von Vitamin D3 unter UV-Lichteinwirkung aus einer Vorstufe findet beim Menschen statt. Das scheint beim Hund nicht möglich zu sein. Vitamin D fördert die Kalzium- und Phosphor-Resorption aus dem Darm. Gemeinsam mit dem Parathormon aus der Schilddrüse und dem Kalzitonin aus der Schilddrüse hat es Einfluss auf weitere Vorgänge des **Kalzium- und Phosphorstoffwechsels** einschließlich der Knochen. Darüber hinaus ist Vitamin D **an der Immunabwehr beteiligt** und hat damit u. a. **Auswirkungen auf Infektions- und Tumorabwehr**.

Vitamin D wird bei Anwesenheit von Gallensalzen aus dem Darm resorbiert und in Leber, Nieren, Herz, Aorta und Fettgewebe gespeichert. In Leber und Nieren werden wirksame Formen des Vitamin D synthetisiert.

Reich an Vitamin D sind Leber, Milch und Fische. Die meisten anderen Nahrungsmittel enthalten nur sehr wenig Vitamin D.

Der Vitamin-D-Bedarf des Hundes wird durch den Gehalt des Futters an Kalzium und Phosphor beeinflusst. Erwachsene Hunde im Erhaltungsbedarf benötigen 10 IE Vitamin D/kg KM und Tag. Während der Trächtigkeit und der Säugezeit sowie bei wachsenden Welpen liegt der Bedarf bei ca. 20 IE/kg KM täglich. Bei Nierenerkrankungen oder Störungen der Galleproduktion entsteht ein etwas höherer Bedarf. Pro kg FTS sollten 350–1000 IE (= ca. 20 mcg) Vitamin D enthalten sein.

Ein Vitamin-D-Mangel kommt heutzutage nur noch selten vor. Es kommt zu Rachitis (Knochenverbiegungen bei Junghunden) bzw. Osteomalazie (Knochenerweichung bei erwachsenen Hunden).

Eine Überdosierung von Vitamin D führt zu einem Anstieg von Kalzium und Phosphor im Blut, Gefäßverkalkungen und zu Kalkeinlagerungen in die Nieren und andere Weichteile.

Mengen wie die langfristige Gabe von 10.000 IE täglich bzw. die einmalige Gabe von 200.000 IE/kg KM können solche Folgen haben. Wenn Vitamin D therapeutisch eingesetzt wird, dann einmalig mit der Dosierung 200 mcg/kg KM (1 mcg = 40 IE).

Vitamin E

Mehrere chemisch ähnliche Stoffe werden zur Vitamin-E-Gruppe gezählt. Die biologisch aktivste Form ist das Alpha-Tokopherol.

Gleich wird sich die hungrige Welpenschar auf die Futterschüssel stürzen!

Vitamin E wirkt im Körper, aber auch in Futtermitteln als Anitoxidanz.
Gemeinsam mit Selen, Vitamin C, Karatinoiden, schwefelhaltigen Aminosäuren und weiteren Substanzen schützt es Zellen sowie empfindliche andere Nährstoffe vor der Zerstörung durch freie Radikale (aggressive kleine Elektronenteilchen). Vitamin E fängt das freie Radikal ab, das ansonsten die empfindlichen ungesättigten Fettsäuren der Zellmembranen (Einhüllungen der Zelle und ihrer Bestandteile) zerstören würde. Wie ein Blitzableiter leitet Vitamin E das freie Radikal dann weiter an Vitamin C. Anschließend wird das freie Radikal an Vitamin C gebunden und mit diesem ausgeschieden. Ungefähr 10.000 Radikale pro Zelle werden täglich auf diese Weise unschädlich gemacht.
Das hat erhebliche Bedeutung für das Funktionieren der Zellen, Gewebe und Organe, aber auch z. B. bei der Verhinderung der Tumorbildung. Vitamin E hat darüber hinaus Bedeutung bei einer Reihe von Stoffwechselvorgängen, u. a. bei der Synthese langkettiger Fettsäuren sowie von DNS und Vitamin C.
Für die Resorption von Vitamin E aus dem Darm muss Fett vorhanden sein. Nur relativ kleine Mengen von Vitamin E können in der Leber und im Körperfett gespeichert werden, so dass eine tägliche Versorgung mit Vitamin E notwendig ist. Viel natürliches Vitamin E ist in pflanzlichen Ölen, Getreidekörnern und grünen Blättern enthalten. Futtermittel tierischer Herkunft enthalten nur wenig Vitamin E.
Der Bedarf an Vitamin E steigt mit der aufgenommenen Menge an mehrfach ungesättigten Fettsäuren, oxidierenden Substanzen, Vitamin A, Karatinoiden und Spurenelementen. Er verringert sich bei steigenden Mengen von Selen und schwefelhaltigen Aminosäuren. Pro Gramm ungesättigter Fettsäuren sollten mindestens 0,6 mg Vitamin E im Futter enthalten sein.
Für den Erhaltungsbedarf werden als Durchschnittswert mindestens 1 mg, für tragende und säugende Hündinnen 1–2 mg/kg KM und Tag benötigt. Bei wachsenden Welpen werden ähnliche Mengen gebraucht. Daraus ergeben sich Normwerte von 40–100 mg/kg FTS. Einen erhöhten Bedarf haben Hunde, wenn sie ranzige Fette gefressen haben oder wenn Gallefluss-Störungen bestehen. Auch bei Herzmuskelerkrankungen steigt der Vitamin-E-Bedarf. Sport- und Gebrauchshunde brauchen je nach Leistungsbeanspruchung mehr Vitamin E. Bei Rennhunden werden bis zu 3 mg/kg KM und Tag empfohlen. Bei der Therapie von durch Vitamin-E-Mangel bedingten Erkrankungen werden Mengen von 20–40 mg/kg KM durch Injektionen oder Eingeben einmalig im Abstand von jeweils zwei Wochen verabreicht. Das Risiko von Nebenwirkungen ist gering. Mehrere Monate lang verabreichte tägliche Mengen von 11 mg Vitamin E/kg KM haben bei Hunden keine schädlichen Nebenwirkungen gezeigt.
Im Gegensatz zu den Vitaminen A und D können **Mengen an Vitamin E, die deutlich über dem Mindestbedarf liegen, durchaus positive gesundheitliche Effekte haben**.
Ein Mangel an Vitamin E führt zu Wachstumsstörungen, Muskel- und Skeletterkrankungen, Hauterkrankungen und Immunschwäche. Nicht restlos geklärt ist, ob extrem hohe Dosen bedenkliche schädliche Nebenwirkungen haben können. Möglich sind aber Effekte wie eine verlängerte Blutgerinnungszeit.

Vitamin K
Natürliches Vitamin K kommt als Vitamin K1 (Phylloquinon) und Vitamin K2 (Menaquinon) vor allem in Grünfutter, Grünmehl, Fisch und Leber vor. Ein synthetisches Vitamin K3 ist das Menadion.
Vitamin K hat Bedeutung für die Blutgerinnung und den Knochenstoffwechsel. Ein Großteil der vom Hund benötigten Mengen wird selbst (von den Bakterien der Darmflora) synthetisiert. Da diese Synthese bei jungen Welpen noch nicht stattfindet, werden für sie Mengen von 20 mcg/kg KM täglich empfohlen. Für tragende und säugende Hündinnen werden 40, für Hunde im Erhaltungsbedarf 10 mcg/kg KM täglich empfohlen. Ein höherer Bedarf kommt bei Störungen im Darm und bei Gerinnungsstörungen zustande.

Nach Aufnahme von Vitamin-K-Gegenstoffen wie Kumarin (Rattengift) müssen – zeitlich begrenzt – hohe Mengen Vitamin K zur Therapie verabreicht werden. Schäden durch zu hohe Mengen an natürlichem Vitamin K sind nicht bekannt, wohl aber an Anämie und Leberschäden durch zu hohe Mengen an synthetischem Vitamin K3.

Wasserlösliche Vitamine

In diesem Abschnitt werden die **B-Vitamine** und das **Vitamin C** beschrieben. Viele wichtige Stoffwechselvorgänge werden von mehreren Vitaminen des B-Komplexes gemeinsam beeinflusst. Viele B-Vitamin-Wirkungen überlappen sich. Darüber hinaus gibt es zahlreiche Wechselwirkungen zwischen den einzelnen B-Vitaminen. Wenn ein Mangel an B-Vitaminen auftritt, dann ist das häufig ein komplexes Geschehen. Viel seltener kommt es zu Mangelerscheinungen durch das Fehlen einzelner B-Vitamine. Daher ist die Behandlung meist auch umfassend und es werden gleichzeitig mehrere B-Vitamine eingesetzt.
Die Vitamine des B-Komplexes werden (mit Ausnahme von Vitamin B12) kaum gespeichert, sondern überflüssige Mengen werden schnell wieder ausgeschieden. Eine optimale Bedarfsdeckung mit der Nahrung ist also täglich nötig.
Dabei sollten nicht nur Mindestmengen gegeben werden, um alle gesundheitlichen Vorteile der kompletten Vitamin-B-Versorgung zu nutzen. Relativ unbedenklich können hohe Mengen verabreicht werden. Zu berücksichtigen ist allerdings auch, dass ein Teil der B-Vitamine durch die Darmflora synthetisiert wird. Die B-Vitamine nehmen eine zentrale Rolle im Energiestoffwechsel ein. Sie sind an der Umwandlung von Kohlenhydraten in Glukose (Blutzucker) und Glykogen (Speicherform der Kohlenhydrate in Leber und Muskel) beteiligt, aber auch an der Erzeugung von schnell verfügbarer Energie (ATP) und an der Fettverbrennung und -speicherung. Auch im Nervenstoffwechsel haben die B-Vitamine eine überragende Bedeutung, u. a. bei der Produktion verschiedener Botenstoffe wie z. B. Serotonin, Melatonin, Noradrenalin, Dopamin und Acetylcholin. Auch am Aufbau und Abbau von Genen (DNA) und Eiweißstoffen für Zellwachstum und Zellerneuerung sind die B-Vitamine wesentlich beteiligt. Für die Hautgesundheit sind u. a. Niazin und Pantothensäure gemeinsam mit Inositol, Cholin und der Aminosäure Histidin als Komplex wichtig.

Vitamin B1 (Thiamin)

Vitamin B1 nimmt eine zentrale Rolle im Stoffwechsel ein. Es ist u. a. an der Aufspaltung der Kohlenhydrate in Glukose beteiligt. Das Gehirn verbraucht ca. 20 % der gesamten hergestellten Energie. Es nimmt die Energie aber nur in Form von Glukose auf. Vitamin B1 ist außerdem an der Leitung von Nervenimpulsen und am exakten Zusammenspiel zwischen Nerven und Muskeln beteiligt. Es ist auch für den Erhalt des Nervenleitstoffs Acetylcholin zuständig und hat damit **Einfluss auf die Lernfähigkeit und das Gedächtnis**.
Hunde resorbieren das Vitamin B1 über den Darm. Es kann nur in kleinen Mengen im Herzen, der Muskulatur und den Nieren gespeichert werden. Überschüssige Mengen werden schnell über Niere und Darm ausgeschieden. Relativ viel Vitamin B1 ist in Hefe, Schweinefleisch sowie in den Schalen der Getreidekörner enthalten. Geschälter Reis enthält kein Vitamin B1 mehr, so dass Menschen in der Vergangenheit bei entsprechender Ernährung an Beri-Beri (Erkrankung der Nerven, des Gehirns und des Herzens) erkrankten.
Der Bedarf des Hundes an Vitamin B1 wird u. a. durch einen hohen Kohlenhydratanteil im Futter vergrößert. Auch Welpen, säugende Hündinnen sowie Hunde mit viel körperlicher Arbeit haben einen erhöhten Bedarf von ca. 60 mcg/kg KM am Tag. Als Erhaltungsbedarf können 20 mcg/kg KM am Tag ausreichen. Daraus ergibt sich ein Gehalt von 20–30 mg/kg FTS als Norm. Mangel an Vitamin B1 entsteht in Rationen mit viel Fett und Mehl, durch Kochen, bei Darmerkrankungen, bei Schilddrüsenüberfunktion sowie bei Verfütterung von großen Mengen rohem

Fisch (enthält ein das Vitamin B1 zerstörendes Enzym). Als Folgen treten auf: Gewichtsverlust, **Kotfressen**, unsicherer Gang, Lähmungen, **zentralnervöse Erscheinungen** (Sternguckerkrankheit) sowie **Kreislaufstörungen** durch verlangsamte Herztätigkeit. Im Endstadium erfolgt eine nicht mehr rückgängig zu machende **Gehirnerweichung**. Therapeutisch können bei leichteren Erkrankungen 0,5–2 mg, bei schweren bis zu 4 mg Vitamin B1/kg KM verabreicht werden. Auch solche hohen Mengen werden ohne negative Folgen vertragen.

Vitamin B2 (Riboflavin)

Vitamin B2 ist vor allem an der Energieproduktion in den Zellen (Endprodukt ATP) beteiligt. Es ist wichtig für den Kohlenhydrat-, Eiweiß- und Fettstoffwechsel und damit **an der Fettverbrennung beteiligt**. Außerdem erhält es die Schutzschicht, welche die Nerven umhüllt und trägt mit zum Schutz vor freien Radikalen bei. Vitamin B2 ist hitzestabil, aber empfindlich gegenüber Licht. Wenn es im Überschuss gegeben wird, wird es schlechter resorbiert. Vitamin B2 wird kaum gespeichert. Milchprodukte, Leber, Lunge, Hefe und grüne Pflanzen enthalten viel, Getreidekörner relativ wenig Vitamin B2.

Erwachsene Hunde sollten etwa 50, säugende Hündinnen und Welpen ca. 250 mcg/kg KM am Tag erhalten. Entsprechend sollten im Futter 30–50 mg/kg FTS enthalten sein.

Ein Vitamin-B2-Mangel hat **Appetitlosigkeit, Schleimhautentzündungen, Wachstumsverzögerungen, Krämpfe, Hautentzündungen und Hornhauttrübung zur Folge**.

Bei anhaltendem Mangel kommt es zum Tod nach Leberverfettung und Herzrhythmusstörungen. Therapeutisch werden Mengen von 0,2–1,0 mg, nach Vergiftung mit Schachtelhalm sogar 10 mg/kg KM verabreicht.

Vitamin B3 (Nikotinsäure, Niacin)

Das Vitamin B3 ist am Stoffwechsel von Eiweiß, Fett und Kohlenhydraten und an der Energiegewinnung maßgeblich beteiligt. Außerdem ist es für Aufbau und Resorption von Eiweißstrukturen in den Zellen zuständig. Vitamin B3 kann aus der Aminosäure (Eiweißbaustein) Tryptophan im Körper hergestellt werden, sofern Vitamin B6 und Eisen ausreichend vorhanden sind. Aus Tryptophan werden aber auch verschiedene Hormone hergestellt, die Einfluss auf das Verhalten haben können.

Viel Vitamin B3 ist in Fleisch, Schlachtabfällen und Hefe, aber auch in Getreide enthalten. Das Vitamin B3 im Getreide ist jedoch für den Hund nur zur Hälfte verwertbar.

Erwachsene Hunde benötigen ca. 200, wachsende Welpen und säugende Hündinnen ca. 450 mcg/kg KM am Tag. Im Futter sollten entsprechend 8–20 mg/kg FTS enthalten sein. Mangelerscheinungen sind z. B. bei einseitiger Verfütterung von Mais möglich. Insbesondere treten entzündliche Veränderungen der Haut und der Schleimhäute (Lippen, Rachen, Zunge, Darm) auf. Da die Zunge dann purpurrot verfärbt ist, wird die Erkrankung auch als »black tongue« bezeichnet. Als Folge der **Schleimhautentzündungen** entstehen Durchfälle. Außerdem treten **nervöse Ausfallserscheinungen** auf. Die Aufnahme großer Mengen von Vitamin B3 hat für den Hund keine negativen Folgen. Therapeutisch werden 0,2–3 mg/kg KM empfohlen.

Vitamin B5 (Pantothensäure)

Pantothensäure ist in vielen Futtermitteln ausreichend vorhanden. Auch dieses Vitamin spielt in zahlreichen Stoffwechselvorgängen eine wichtige Rolle, insbesondere im Energiestoffwechsel. Ausgewachsene Hunde benötigen ca. 200, Welpen sowie tragende und säugende Hündinnen ca. 400 mcg/kg KM. Daraus ergibt sich ein notwendiger Gehalt von 8–19 mg/kg FTS. Ein Mangel tritt praktisch kaum auf. Unter experimentellen Bedingungen kam es zu **Appetitlosigkeit, verringertem Wachstum, Hauterkrankungen, Erbrechen, Durchfall und neurologischen Symptomen**.

Überschüssige Mengen werden über die Nieren ausgeschieden. Therapeutisch können 20–40 mg/kg KM angewendet werden.

Vitamin B6 (Pyridoxin)

Vitamin B6 ist für eine Vielzahl enzymatischer Reaktionen insbesondere im Aminosäuren- und Eiweißstoffwechsel wichtig. Damit im Zusammenhang ist Vitamin B6 von Bedeutung für Aufbau und Regeneration von Zellen und Geweben, Eiweißeinbau in die Muskeln, Aufbau von Vitamin B3 aus Tryptophan, Aufbau von Nervenbotenstoffen und Aufbau des Immunsystems. Auch Vitamin B6 wird im Körper kaum gespeichert, so dass ein täglicher Bedarf besteht. Dieser liegt für erwachsene Hunde bei ca. 20, für Welpen und Zuchthündinnen bei ca. 60 mcg/kg KM. Entsprechend sollten im Futter ca. 2–3-mg/kg FTS enthalten sein. Ein erhöhter Bedarf ergibt sich bei Fütterung von Rationen, die wenig essenzielle Fettsäuren oder sehr viel Eiweiß enthalten. Die meisten Futtermittel enthalten ausreichend Vitamin B6. Besonders viel Vitamin B6 ist in Fisch, Geflügelfleisch und Bananen enthalten. Mangelerscheinungen sind beim Hund selten und zeigen sich, wenn sie dennoch auftreten u. a. durch **Appetitverlust, verringertes Wachstum, Anämie und epileptiforme Krämpfe**.

Therapeutisch werden bei Mangelerscheinungen 2–5 mg/kg KM verabreicht. Bei sehr hohen Gaben von mehr als 200 mg/kg KM und Tag können neurologische Störungen auftreten.

Vitamin B8 (Biotin, Vitamin H)

Biotin ist an zahlreichen Funktionen beteiligt, so z. B. am Energiestoffwechsel, der Bildung von Hormonen, der Produktion von Zellen des Immunsystems und dem Aufbau von Fettsäuren. **Besondere Bedeutung hat es für die Gesunderhaltung von Haut und Haaren**.

Die Hälfte des Bedarfs wird durch die Produktion der Darmflora gedeckt, die andere Hälfte durch Aufnahme mit der Nahrung. Der Bedarf für erwachsene Hunde liegt bei ca. 2, bei Welpen und Zuchthündinnen bei ca. 4 mcg/kg KM und Tag. Im Futter sollten entsprechend 80–200 mcg/kg FTS enthalten sein. Viel Biotin findet sich in Hefe, Leber und Milch. Bei Darmerkrankungen wächst der Biotinbedarf wegen des Ausfalls der Synthese durch die Darmflora an. Werden rohe Eier in größerer Menge verfüttert, so kann das darin enthaltene Avidin so viel Biotin im Darm binden, dass es zu Mangelerscheinungen kommt. Biotinmangel führt zu übermäßiger Verhornung der Haut und starker Schuppenbildung, Ergrauen oder Ausfall der Haare und schließlich zu Hautentzündungen. Schäden durch zu große Biotinmengen treten nicht auf. Therapeutisch werden 0,5 mg/kg KM eingesetzt.

Vitamin B9 (Folsäure, Folat)

Vitamine dieser Gruppe werden teilweise auch als Vitamin B10 oder Vitamin B11 klassifiziert. Im Stoffwechsel gibt es enge Wechselbeziehungen mit dem Vitamin B12. Folsäure ist u. a. am DNS-Aufbau beteiligt, wichtig für Wachstum, Entwicklung, Blutbildung, Schleimhauterneuerung und die Bildung von Hormonen. Das Vitamin wird im Dünndarm aus den Verbindungen in den Futtermitteln freigesetzt. Außerdem synthetisiert die Darmflora erhebliche Mengen an Folsäure. Hefe, Leber, Eigelb und grünes Gemüse enthalten relativ viel Vitamin B9. Allerdings ist es empfindlich und wird bei der Verarbeitung in größerer Menge zerstört, so dass nachfolgend Futterzusätze nötig sind. Der Bedarf liegt für erwachsene Hunde bei ca. 4 mcg/kg KM, bei Welpen und Zuchthündinnen doppelt so hoch. Entsprechend sollten im Futter 150–400 mcg/kg FTS enthalten sein. Ein Folsäuremangel kann u. a. durch Darmerkrankungen entstehen, teilweise ausgelöst durch Medikamentengaben. Als Folgen können insbesondere **Hauterkrankungen, Probleme bei der Blutbildung und Wachstumsstörungen** bei Welpen auftreten. Therapeutisch werden 1–2 mg Folsäure/kg KM gegeben. Höhere Mengen verursachen keine Schäden.

Vitamin B12 (Kobalamin)

Vitamin B12 ist aktiv bei der Zellteilung und von Bedeutung insbesondere für die Blutbildung und das Immunsystem. Es gibt enge Wechselbeziehungen zu Folsäure, aber auch zu der Aminosäure Methionin. Zur Aufnahme aus der Nahrung muss Vitamin B12 im Magen und im Dünndarm durch entsprechende Verdauungsvorgänge freigesetzt werden. Die Resorption erfolgt am Dünndarmende. Vitamin B12 kommt nur in tierischen Futtermitteln vor, besonders viel in der Leber. Der Bedarf liegt bei 0,5–1 mcg/kg KM. Im Futter sollten 40–50 mcg/kg FTS enthalten sein. Erkrankungen im Magen oder Darm sowie der Bauchspeicheldrüse können den Bedarf deutlich erhöhen. Beim Riesenschnauzer kommt eine erblich bedingte Resorptionsstörung für Vitamin B12 vor. Mangelerscheinungen zeigen sich in Appetitverlust und in **Veränderungen des Blutbilds, insbesondere einer Anämie**. Therapeutisch werden 1,5–3 mcg/kg KM eingesetzt.

Vitamin C (Askorbinsäure)

Vitamin C ist an rund 15.000 Stoffwechselvorgängen beteiligt. **Eine seiner wichtigen Wirkungen ist die als Anitoxidanz.** Gemeinsam mit Vitamin E, Spurenelementen (besonders Selen, Kupfer, Zink und Mangan), Karatinoiden und Taurin wirkt Vitamin C gegen oxidativen Stress, d. h. Angriffe der freien Radikale auf die Zellen werden abgewehrt – **bis hin zur Reduzierung der Tumorbildung**. Darüber hinaus ist Vitamin C an der Produktion von Hormonen, Nervenbotenstoffen, Bindegewebsbestandteilen usw. beteiligt. Es ist aktiv in der Fettverbrennung, da es u. a. an der Bildung von Karnitin beteiligt ist. Es fördert die Eisenaufnahme im Körper, aktiviert Folsäure und ist an der Schadstoffausscheidung beteiligt. Hunde können Vitamin C in Leber und Nieren in ausreichenden Mengen synthetisieren. Menschen können das nicht. Insofern ist Vitamin C für den Hund kein echtes Vitamin in der engeren Wortbedeutung.

Mangelzustände können möglicherweise bei schnell wachsenden Welpen, nach größeren Verletzungen oder Operationen, bei Infektionskrankheiten oder intensiver Arbeit auftreten. Dann ist eine zusätzliche Gabe von ca. 60–80 mg/kg KM und Tag sinnvoll und nützlich. Aus der Humanmedizin gibt es Berichte, dass höhere Gaben von Vitamin C (ca. 1000 mg/Tag) zahlreiche gesundheitliche Vorteile haben.

Sekundäre Pflanzenstoffe

Sekundäre Pflanzenstoffe sind in vielen pflanzlichen Futtermitteln enthalten und werden z. T. gezielt konzentriert eingesetzt. Es gibt einige Tausend dieser Substanzen.

Karatinoide

Karatinoide sind eine Gruppe roter und orangefarbener Farbstoffe. Es gibt viele hundert solcher Pflanzenstoffe. Sie kommen besonders in den Früchten vor und sind entsprechend auch in den Geweben von Tieren zu finden, die diese Pflanzen fressen. Eine Reihe von Karatinoiden wie Beta-Karotin und 50 weitere können in Vitamin A umgewandelt werden, sind also Provitamine. Unabhängig von dieser Eigenschaft sind Karatinoide vor allem auch **hochwirksame Antioxidanzien**, fangen also freie Radikale ab und schützen so den Körper. Sehr effektiv ist dabei das Zusammenwirken mit weiteren Antioxidanzien wie Vitamin C, Vitamin E und Selen. Wichtige Karatinoide sind Lutein und Zeaxanthin (Linse und Netzhaut im Auge), Lykopin, Alpha- und Betakarotin sowie Cathaxanthin. Lykopin (gleich Lykopen) ist u. a. in Tomaten enthalten und besonders stark wirksam.

Flavanole (Polyphenole, Flavonoide)

Flavanole haben sehr gute antioxidative, blutdrucksenkende, entzündungshemmende und stark Krebs hemmende Wirkungen.

Weitere sekundäre Pflanzenstoffe

Ähnliche Wirkungen wie die Flavanole haben auch die zu den Glukosinolaten gehörenden Indole in Kohlpflanzen und die Polysulfide in Zwiebelgewächsen. Knoblauchextrakte haben eine gewisse Wirksamkeit gegen Infektionserreger und Insekten, reichen aber in den meisten Fällen nicht aus. Ginseng hat Einfluss auf die Blutbildung und das Zentralnervensystem sowie auf die Magen-/Darmtätigkeit.

Muschelextrakte, Knorpelschutzstoffe

Bestimmten Futtermitteln (z. B. Royal Canin Vet Size Breed) werden Glukosamin (Vorstufe der Glykosaminoglykane = GAG) und Chondroitinsulfat zugesetzt. Beide Stoffe sind wichtige Bestandteile des Gelenkknorpels. Durch den Zusatz dieser Substanzen werden einerseits **Bausteine für die Gelenkknorpelerhaltung geliefert, andererseits wird der Knorpelabbau** gehemmt. Auf diese Weise können bei den dafür genetisch veranlagten Hunden Gelenkprobleme teilweise vermieden werden. Zumindest können Ausprägung und Schwere der Gelenkschäden reduziert werden. Die Wirkstoffe sind auch in Nahrungsergänzungen in konzentrierter Form enthalten.

Weitere Mikronährstoffe

Cholin

Cholin wird in der Leber selbst hergestellt und ist insofern kein echtes Vitamin. Es ist Bestandteil von Phosphatiden, die wesentliche Anteile der Zellmembranen darstellen. Es bestehen enge Wechselwirkungen mit Vitamin B12 und Folsäure, aber auch mit den Aminosäuren Methionin und Histidin. Im Futter ist das Cholin vor allem als Lezithin enthalten. Besonders in Fisch, Leber, Soja und Hefe gibt es reichlich Cholin. Im Mais sind nur kleine Mengen enthalten. Erwachsene Hunde benötigen ca. 25 mg/kg KM, Welpen das Doppelte. Im Futter sollten ca. 1,5 g/kg FTS enthalten sein. Mangelerscheinungen können z. B. bei schnellem Wachstum oder hohem Fettanteil des Futters auftreten. Sie äußern sich vor allem in Wachstumsstörungen und Leberverfettung. Therapeutisch wird Cholin in Mengen von 250 mcg/kg KM gegeben.

Karnitin

Karnitin ist ein Aminosäurenabkömmling aus Methionin und Lysin. Es wird im Körper (in der Leber) selbst synthetisiert. Besondere Bedeutung hat Karnitin für die Funktion der Herz- und Skelettmuskulatur. Es ist vor allem in Futtermitteln tierischer Herkunft enthalten. Bei einseitiger pflanzlicher Ernährung kann es zum Mangel kommen. Bei hohen körperlichen Leistungen sind 1,5–3 mg/kg KM täglich günstig. Bei Herzerkrankungen werden 50–100 mg/kg KM und Tag verabreicht.

5. Futtermittel

Grundsätzliches

Ernährungsfaktoren sind ganz entscheidend für Gesundheit und Krankheitsvorsorge, für Leistungsfähigkeit und für Lebensdauer. Durch optimale Ernährung können Gesundheit und Leistungsfähigkeit in hohem Maß gefördert werden. Es sind mit Sicherheit noch längst nicht alle diesbezüglichen Möglichkeiten erforscht. Und selbst das, was durch Optimierung der Ernährung bereits möglich ist, wird noch nicht immer in der Praxis angewendet.
Die **Nährstoffzusammensetzung** bestimmt die Qualität des Futters. Fehlerhafte Versorgung mit Nährstoffen kann gravierende Folgen für den Hund haben. Solche Schäden entstehen vor allem durch Nährstoffüberschuss oder durch einseitige Ernährung. Ein Nährstoffmangel kann ebenfalls zu Schäden führen. Dabei gibt es je nach physiologischer und gesundheitlicher Situation des Hundes sehr unterschiedliche Notwendigkeiten der Nährstoffversorgung. So kann ein für den erwachsenen Hund ausreichender Gehalt an einem bestimmten Nährstoff für einen wachsenden Welpen durchaus zu niedrig sein. Futtermittel sollten ein für die jeweilige Lebenssituation des Hundes gültiges Optimum in der Nährstoffzusammensetzung enthalten. Gesundheitsförderung und Erhaltung der Leistungsfähigkeit können weder durch minimale noch durch extrem hohe Versorgung mit den einzelnen Nährstoffen erreicht werden.
Nicht alle Nährstoffe haben dabei die gleiche Bedeutung, sondern je nach Alter, Leistungsanforderungen, Vorliegen von gesundheitlichen Schäden usw. gibt es bestimmte Schlüsselfaktoren, die in höherer oder niedrigerer Menge im jeweiligen Futter enthalten sein müssen.
Außer den Nährstoffen sind weitere Faktoren ganz wesentlich für die optimale Ernährung. Das sind insbesondere die **Verdaulichkeit** des Futters, die Struktur der Futterbestandteile, die Schmackhaftigkeit, die Verträglichkeit, der Einfluss auf den pH-Wert des Urins und weitere. Schlecht verdauliche Nährstoffe decken den Bedarf des Hundes nicht, weil er sie nicht ausreichend verwerten kann. Darüber hinaus führen sie häufig zu Störungen in Magen und Darm. Energiegehalt, Nährstoffgehalt und Verdaulichkeit bestimmen die **Fütterungskosten** direkt.
Ein billiges Futter ist letzten Endes häufig nicht wirklich billig, wenn man die Kosten bezogen auf die enthaltenen Kalorien oder Nährstoffe vergleicht.
Die **Futterbeurteilung** ist durch eine Laboranalyse möglich. Dabei werden bestimmt: Wasser, Rohprotein, Rohfett, Rohfaser, Rohasche und als Rechenwert die stickstofffreien Extraktstoffe (NfE – entspricht den löslichen Kohlenhydraten). Eine zweite – in der Praxis übliche – Möglichkeit ist die Berechnung der Nährstoffgehalte aus den an der Ration beteiligten Einzelfuttermitteln mit Hilfe der entsprechenden Tabellen. Dabei werden die Nährstoffe in Prozent der Futtertrockensubstanz (FTS) angegeben. Dadurch werden Futtermittel untereinander vergleichbar, die einen völlig unterschiedlichen Gehalt an Wasser haben. Möglich sind auch Angaben über den Nährstoffgehalt, die sich auf die enthaltene Energie beziehen (Nährstoffmenge je kcal umsetzbare Energie). Als Bedarfswerte für den Hund werden meist die Nährstoffmengen in g/kg KM (Körpermasse) angegeben. Bei Fertigfuttermitteln kann die Zusammensetzung weitgehend auf dem Etikett abgelesen oder vom Hersteller detailliert abgefragt werden.
Häufiger **Wechsel des Futters** führt zum Verwöhnen. Gut schmeckendes, neu eingekauftes Futter wird zunächst in größerer Menge aufgenommen. Nach kurzer Zeit wird die Futteraufnahme wieder auf Normalmaß reduziert. Wenn

der Hund einen häufigen Futterwechsel gewöhnt ist, kann es durchaus passieren, dass er immer weniger frisst, bis ihm wiederum ein neues Futter vorgesetzt wird. Im Allgemeinen sollte ein bewährtes Futter nicht gewechselt werden. Wird dies z. B. wegen einer Diät doch einmal nötig, so sollte der Wechsel schrittweise über mindestens 3 bis 5 Tage erfolgen. Welpen sollten allerdings durchaus unterschiedliche Futtermittel bekommen, um eine einseitige Prägung zu vermeiden.
Hunde können mit **selbst zubereiteten Futterrationen** (= Ernährung mit Einzelfuttermitteln) oder mit **Fertigfuttermitteln** (= Mischfuttermittel = kommerzielle Futtermittel) ernährt werden. Ungefähr 60–70% der in Deutschland gehaltenen Hunde erhalten Fertigfuttermittel. Sie sind ausgewogen in der Nährstoffzusammensetzung und praktischer zu handhaben. Letztlich sind sie auch preisgünstiger. Wichtig ist es, bei den Fertigfuttermitteln auf die Qualität zu achten. In Deutschland bieten gegenwärtig rund 100 Hersteller solche Fertigfuttermittel an. Viele davon haben eine gute Qualität. In diesem Buch werden nur die Produkte einiger weniger Hersteller erwähnt. Diese Marktführer verfügen über eine breite Palette von Futtermitteln für den jeweiligen Bedarf und über die notwendigen Forschungsmöglichkeiten zur ständigen Optimierung ihrer Produkte. Bedenken mancher Hundebesitzer gegenüber künstlichen Zusätzen sind zwar verständlich. Allerdings werden in Fertigfuttermitteln für Hunde die gleichen Zusätze verarbeitet wie in Lebensmitteln für Menschen. Näheres dazu wird am Ende dieses Kapitels ausgeführt.
Offenbar sind Schäden durch verdorbene Lebensmittel oder Futtermittel aber riskanter als durch den Zusatz notwendiger Konservierungsstoffe.
Selbst zubereitete Futterrationen sind meist unausgewogen in ihren Nährstoffgehalten. Fast immer enthalten sie zu wenig Mineralstoffe, Vitamine und Spurenelemente, so dass Zusätze notwendig werden. Wenn die Zutaten häufiger gewechselt werden, so wird die Nährstoffversorgung entsprechend unausgeglichener. Auch gesundheitliche Schäden des Hundes infolge Bakterienanreicherung oder erhöhtem Gehalt an Toxinen können nicht ausgeschlossen werden.

Herstellung, Konservierung und Lagerung von Futtermitteln

Futtermittel tierischer Herkunft müssen immer gekocht werden, um Infektionserreger und Parasiten sicher abzutöten.
Eine zweite Möglichkeit ist das Tiefgefrieren. Dabei werden die meisten Erreger abgetötet, aber nicht alle. Durch das Kochen wird auch die Schmackhaftigkeit von Schlachtabfällen, Fleisch usw. erhöht. Die Verdaulichkeit wird nicht wesentlich verbessert. Große Stücke sollten vor der Verfütterung zerkleinert werden. Schlingt der Hund große Stücke hastig hinunter, so können sie in der Speiseröhre stecken bleiben.
Wird beim Abreißen von Teilen sehr häufig »leer geschluckt«, so gelangt sehr viel Luft in den Magen. Das kann Magenaufblähung und Magendrehung auslösen.
Futtermittel pflanzlicher Herkunft müssen zerkleinert und gekocht werden. Dadurch wird die sonst relativ geringe Verdaulichkeit entscheidend erhöht. Die entsprechenden Pflanzen werden fein geschnitten, Getreidekörner gequetscht oder geschrotet. Erst durch das Kochen oder ähnliche Vorgänge wird die pflanzliche Stärke so verändert, dass sie von den Verdauungsenzymen des Hundes zerlegt werden kann.
Die **Lagerung** von Schlachtabfällen ist über einige Tage im Kühlschrank möglich oder auch unter Wasser. Für eine längere Lagerung müssen solche Futtermittel tiefgefrostet werden. Durch Trocknung und anschließende Lagerung in entsprechend trockenen Räumen lässt sich die Haltbarkeit von Futtermitteln deutlich verlängern. Der Wassergehalt muss bei Trockenmilchprodukten unter 5–7 %, bei Futtermitteln tierischer Herkunft unter 10 % und bei Futtermitteln pflanzlicher Herkunft unter 13–14 % liegen.
Trockenfertigfutter: Zunächst wird das Rohmaterial zerkleinert. Der nächste Arbeitsschritt

ist die Extrusion (Garen bei hohen Temperaturen unter Zusatz von Wasserdampf). Danach wird die erhitzte Futtermasse geschnitten und getrocknet. Anschließend werden die Futterteile mit Vitaminzusätzen, Mitteln zur Geschmacksverbesserung usw. beschichtet. Anschließend wird das Futter gekühlt und verpackt. Durch diese Verarbeitungsvorgänge wird die Verdaulichkeit des Rohmaterials erheblich verbessert, Mikroorganismen werden abgetötet und der Geschmack wird verbessert. Gleichzeitig werden Stoffe zerstört, die sonst die Verdauung und Verwertung von Nährstoffen einschränken könnten.

Feuchtfertigfutter werden in Dosen, Schalen oder Folienbeuteln produziert. Auch hier werden die Rohmaterialien zunächst zerkleinert. Anschließend werden sie als homogene Masse oder in kleinen Stücken oder auch nach (erneuter) Strukturierung in die Behälter gefüllt und bei 120 Grad C über einen Zeitraum von drei Minuten sterilisiert. Als Zusatz werden vor allem Geliermittel verwendet. Die durch das Erhitzen zerstörten Vitamine werden durch entsprechenden Zusatz ersetzt. Feuchtfertigfutter ist nahezu unbegrenzt haltbar.

Halbfeuchte Fertigfutter werden aus ähnlichen Ausgangsstoffen wie Trockenfertigfutter hergestellt. Durch Zusatz von Wasser (15–20 %) lässt sich das Futter gut verarbeiten und kann plastisch geformt werden. Solche Futtermittel werden als Ringe, Würfel, Stücke usw. in Klarsichtfolie verpackt. Sie werden gern gefressen. Der höhere Wassergehalt bedingt aber auch, dass als Schutz gegen Verderb eine höhere Menge an Konservierungsmitteln zugesetzt werden muss. Dennoch bleibt die Haltbarkeit begrenzt.

Schmackhaftigkeit und Beliebtheit des Futters

Die wilden Vorfahren unserer Hunde hatten als Jagdergebnis ein Futter von eher gleich bleibendem Geschmack. Geruch und Geschmack sind die für den Hund wichtigsten Eigenschaften des Futters. Auch die Konsistenz hat eine gewisse Bedeutung. Die Farbe spielt für unsere nur mit eingeschränktem Farbsehen begabten Hunde eine untergeordnete Rolle. Hunde können zusätzlich bestimmte Aminosäuren und Fettsäuren sowie einige Zucker wahrnehmen. Von Tieren stammende Futtermittel werden deutlich besser akzeptiert als pflanzliche Futtermittel. Dabei sind Schweine- und Rindfleisch besonders beliebt, aber auch Eier, Milch, Geflügel und Fisch von guter Qualität werden gern gefressen. Gekochtes und gebratenes Fleisch wird im Allgemeinen besser genommen als rohes. Ein hoher Fettgehalt verbessert die Schmackhaftigkeit. Zerkleinertes und etwas angewärmtes Futter gefällt dem Hund am besten. Pflanzliche Futtermittel werden besser akzeptiert, wenn sie süß schmecken. Von den Fertigfuttermitteln nehmen Hunde lieber feuchte oder halbfeuchte Futtermittel. Trockenfertigfutter wird bei guter Herstellung und ausreichend hohem Fettgehalt auch gern genommen, sollte aber aus verschiedenen Gründen eingeweicht gefüttert werden. Zu hohe Mengen an bitter schmeckenden Stoffen sowie ein zu hoher Gehalt an Rohfaser oder Rohasche verschlechtern die Schmackhaftigkeit. Natürlich gibt es auch individuelle Vorlieben oder Abneigungen der einzelnen Hunde gegenüber den verschiedensten Futtermitteln. Möglich ist auch eine verstärkte Abneigung (Aversion) gegen Futter, mit welchem eine schlechte Erfahrung verknüpft wird. Das kann z. B. ein sehr unangenehmer Geschmack (Pfeffer) sein. Bekannt ist aber auch, dass Hunde u. U. ein Futter meiden, welches sie kurz vor einer Erkrankung aufgenommen haben.

Einzelfuttermittel

Futtermittel **tierischer Herkunft** haben einen sehr hohen Gehalt an Eiweiß und je nach Beschaffenheit auch an Fett. Kohlenhydrate sind nur in kleinen Mengen (Glykogen) in Muskelfleisch und Leber enthalten, Rohfaser gar nicht. Milchprodukte enthalten Milchzucker, der von

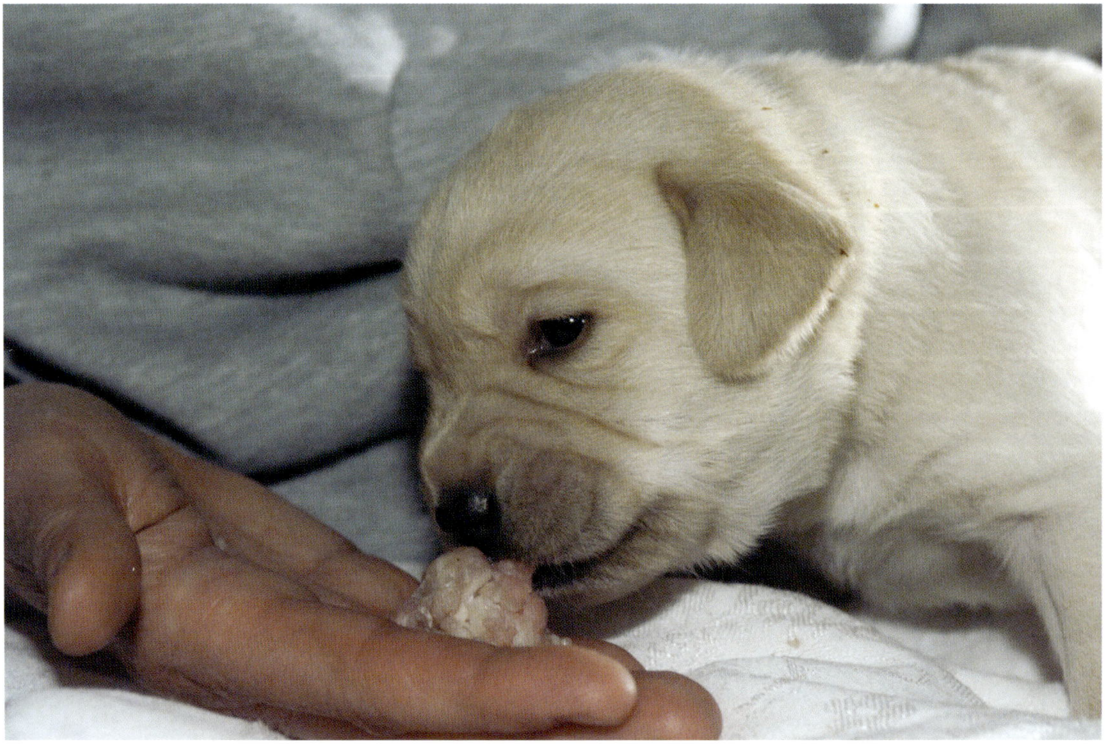

Die Aufzucht gesunder, junger Hunde fordert nicht nur das Muttertier, sondern auch den Züchter. Dieser Labradorwelpe macht zum ersten Mal Bekanntschaft mit einem Häppchen Fleisch.

erwachsenen Hunden nur in begrenzter Menge verdaut werden kann. Kalzium, Phosphor und Magnesium sind bei entsprechendem Knochenanteil reichlich enthalten.

In Fleisch und Schlachtabfällen ohne Knochenanteil ist ein hoher Phosphorgehalt typisch. Fettlösliche Vitamine kommen vor allem in Milchprodukten und Leber vor. Wasserlösliche Vitamine sind in Futtermitteln tierischer Herkunft in relativ hohen Mengen enthalten. Die Verdaulichkeit von Fleisch, Innereien und Schlachtabfällen ist sehr gut. Sehr bindegewebsreiche Schlachtabfälle sind etwas schwerer verdaulich. Keratinhaltige Futterstoffe wie Haare, Federn und Haut sind schwer oder nicht verdaulich.

Eine übermäßige Verfütterung von Knochen kann zu schwerwiegenden gesundheitlichen Problemen führen.

Futtermittel tierischer Herkunft werden von Hunden im Allgemeinen sehr gern gefressen. Die Akzeptanz steigt mit dem Fettgehalt. Roh verabreichte Futtermittel tierischer Herkunft können zahlreiche Infektionserreger und Parasiten enthalten. Deshalb sollten diese Futtermittel immer gekocht werden.

Fleisch

Fleisch enthält vor allem Eiweiß, aber auch unterschiedliche Mengen Fett. Der durchschnittliche Wassergehalt liegt bei 70 %. Der Fettgehalt schwankt stark je nach Auswahl der Fleischstücke, Ernährungszustand und Alter des geschlachteten Tieres sowie Tierart zwischen 2 % und 30 % der Futteroriginalsubstanz (FOS). Im Allgemeinen sind Geflügel-, Kaninchen- und Pferdefleisch relativ fettarm. Je nach Fettgehalt

enthält das Fleisch 1000 bis zu 5000 kcal/kg FOS. Der Eiweißgehalt schwankt entsprechend stark zwischen 10 % und 25 % der FOS und erreicht bei sehr fettreichen Fleischstücken nicht die notwendigen Gehaltszahlen. Das Protein im Fleisch hat eine optimale Aminosäurenzusammensetzung. Der Gehalt an den Vitaminen A und D ist niedrig. Wasserlösliche Vitamine sind in größerer Menge vorhanden. Die Mineralstoffe Kalzium, Natrium, Jod, Kupfer und Mangan sind nur in geringer Menge enthalten. Der Phosphorgehalt ist dagegen sehr hoch.
Fleisch enthält nur sehr geringe Mengen an Kohlenhydraten. Pferdefleisch hat einen höheren Gehalt an Kohlenhydraten in Form von Glykogen, ist aber trotzdem gut verträglich. **Hunde können nicht ohne gesundheitliche Schäden allein mit Fleisch gefüttert werden**. Neben den erwähnten Defiziten an Vitaminen und Mineralstoffen ist auch der fehlende Rohfasergehalt nachteilig. Bei alleiniger Fleischfütterung setzen die Hunde deshalb schmierigen, übel riechenden Kot ab. Nach längerer einseitiger Fleischfütterung kommt es u. a. zu Skeletterkrankungen und Schilddrüsenfunktionsstörungen. Die Verdaulichkeit von Fleisch ist mit rund 98 % sehr hoch.

Vormägen (Pansen u. a.) und Mägen

Hunde fressen sehr gern Vormägen vom Rind, insbesondere, wenn diese noch Mageninhaltsreste enthalten. Angeboten werden aber vor allem gereinigte und zum Teil konservierte Produkte. Die Eiweißqualität ist nicht ganz so hoch wie bei Fleisch. Auch hier ist der Gehalt an Kalzium und an fettlöslichen Vitaminen gering. Die Verdaulichkeit liegt bei 92–98 %, der Wassergehalt bei rund 80 %. Ein kg frischer Pansen enthält ungefähr 1210 kcal umsetzbare Energie. Der Eiweißgehalt liegt bei ca. 12 % und der Fettgehalt bei rund 7 %. Schweinemägen sind energiereicher. Sie enthalten ca. 15 % Protein und ca. 15 % Fett. Auch Vormägen und Mägen sind nicht für die alleinige Verfütterung geeignet.

Leber und Niere

Leber und Niere enthalten viel Eiweiß (15–20 %) und wenig Fett (5–7 %). Der Energiegehalt ist entsprechend mit 1000–1500 kcal umsetzbare Energie je kg FOS nicht sonderlich hoch. Der Gehalt an Kalzium ist niedrig, Phosphor dagegen ist reichlich enthalten.
Leber enthält hohe Mengen an Vitamin A, Kupfer und Eisen.
Die Vitamine B2, B12 und Biotin kommen in Leber und Niere reichlich vor. Die Verdaulichkeit beider Organe ist sehr hoch. Größere Mengen an Leber wirken leicht abführend. Leber kann in Mengen von 1–2 g/kg KM täglich gefüttert werden. Höhere Mengen sollten vermieden werden. Einseitige Verfütterung ist schädlich.

Blut

Blut enthält viel Eiweiß, Natrium und alle Vitamine. Meist wird es in Form von Blutmehl in der Futterration eingesetzt. Blut ist hochverdaulich. Frisches Blut besteht zu gut 80 % aus Wasser. Es enthält in der FOS ungefähr 800 kcal/kg, rund 20 % Eiweiß und nur 0,1 % Fett.

Wurstwaren und Speck

Speck enthält mit rund 90 % der FOS viel Fett und dient vor allem als Energielieferant. Ein kg Rückenspeck enthält ca. 8000 kcal. Auch als Lebensmittel für Menschen hergestellte Wurstwaren enthalten meist relativ viel Fett (30–40 %) und nur ca. 10 % Protein. Der Gehalt an Vitaminen und Mineralstoffen ist niedrig. Solche Produkte sollten nur einen kleinen Teil der Ration ausmachen. Bei Verfütterung von Wurst müssen die Kunststoffhüllen und eventuell vorhandene Metallklammern entfernt werden.

Bindegewebsreiche Schlachtabfälle

Hierzu gehören Lunge, Euter, Milz, Därme, Ohren, Sehnen, Knorpel usw. Diese Futtermittel sind eiweißreich, aber nicht besonders gut verdaulich (ca. 85 %). Der Phosphorgehalt ist hoch, der Kalziumgehalt niedrig. Vitamine und Mineralstoffe sind nur in geringen Mengen enthalten. Milz enthält relativ viel Eisen. Infolge

der schlechten Verdaulichkeit gelangt ein Teil des Proteins bis in den Dickdarm und wird dort durch die Darmflora abgebaut.
Die Folgen sind weicher, schmieriger, oft schwarz gefärbter Stuhl und verstärkte Gasbildung.
Bei höheren Anteilen in der Ration (über 16–20 g FOS/kg KM und Tag) können Veränderungen in der Darmflora eintreten. Vor allem kann der Anteil toxinbildender Klostridien zunehmen.

Tiermehle

Sie werden durch Zerkleinerung, Erhitzung und Trocknung aus Schlachtabfällen und Tierkörpern hergestellt. Tiermehle enthalten ca. 40–60 % Eiweiß und ca. 5–10 % Fett sowie relativ viele Mineralstoffe. Die Verdaulichkeit liegt je nach Zusammensetzung zwischen 60 und 90 %. Auch Federmehle sind durch entsprechende Vorbehandlung zu ca. 70 % verdaulich. Der Anteil von Tiermehlen in der Ration sollte nicht wesentlich über 10 % liegen. Gesundheitliche Risiken für den Hund (BSE usw.) sind bisher nicht festgestellt worden.

Milch und Milchprodukte

Hunde trinken im Allgemeinen gern Milch. **Die tägliche Menge sollte aber nicht höher als 20 ml/kg KM sein**, da Hunde Milchzucker nur in begrenzter Menge verdauen können und sich sonst Durchfall entwickelt. Kuhmilch enthält viel hochwertiges Protein und hat einen hohen Gehalt an Vitaminen und Mineralstoffen. Spurenelemente sind dagegen nur in geringeren Mengen enthalten. Kondensmilch (viel Milchzucker und Fett) sollte maximal in einer Menge von 10 ml/kg KM und Tag gegeben werden. Quark und Käse enthalten weniger Milchzucker und können in höheren Mengen verfüttert werden. Frische Milch ist verdaulicher und wird auch lieber genommen als Trockenmilchprodukte.

Eier und Eiprodukte

Eier enthalten vor allem Protein und Fett, sind im gekochten Zustand gut verdaulich und werden gern gefressen. Auch der Gehalt an essenziellen Fettsäuren, Vitaminen und Spurenelementen ist hoch. Kalzium ist nur minimal enthalten, dafür aber in der Eierschale reichlich vorhanden.
Größere Mengen an rohen Eiern sollten nicht verfüttert werden, da ein im Eiklar enthaltener Trypsinhemmstoff die Eiweißverdauung stört. Das dort ebenfalls vorhandene Avidin bindet das Vitamin Biotin, so dass entsprechende Mangelerscheinungen sehr schnell auftreten können. Durch Kochen werden beide Stoffe inaktiviert.

Knochen

Sie enthalten vor allem Kalzium und Phosphor sowie Bindegewebe und Fett. Auch Magnesium, Natrium und Zink sind in relativ hohen Mengen enthalten. Knochen können daher zur Ergänzung des Mineralstoffgehalts in der Ration in einer Menge von 1 g pro kg KM täglich eingesetzt werden. Daneben haben sie auch einen günstigen Effekt auf die Zahnreinigung.
Mehr als 10 g/kg KM täglich sollten keinesfalls gefüttert werden, da lebensbedrohliche Verstopfungen (Knochenkot) auftreten können.
Dabei gibt es offenbar individuelle Unterschiede bezüglich der Verträglichkeit. Manche Hunde vertragen selbst kleine Mengen an Knochen nur schlecht. Knochen von Geflügel und Wild sollten gar nicht verfüttert werden, da sie stark splittern und Verletzungen verursachen können. Für die Zahnreinigung sollten Knochen gegeben werden, die so groß sind, dass sie nicht gefressen werden können.

Fisch und Fischprodukte

Hunde mögen im Allgemeinen Fisch. Größere Gräten müssen entfernt werden.
Fisch darf nur gekocht verfüttert werden, da Bakterien und Parasiten sonst gefährliche Gesundheitsprobleme verursachen könnten. Auch die das Vitamin B1 zerstörende Thiaminasen werden durch Kochen inaktiviert. Ganze Fische oder die daraus hergestellten Produkte sind ein vollwertiges Futter. Besonders wichtig ist auch der hohe Gehalt an essenziellen Fettsäuren. Nachteilig ist der Geruch des Hundes bei der Verfütterung hoher Anteile von Fisch.

Futtermittel pflanzlicher Herkunft

Diese gewinnen bei der Herstellung von Fertigfuttermitteln eine immer größere Bedeutung. Sie enthalten im Gegensatz zu tierischen Produkten auch Faserstoffe, die Akzeptanz und Verdaulichkeit negativ beeinflussen können. Trockenprodukte können bei falscher Lagerung durch Feuchtigkeitsaufnahme infolge von Pilz- oder Bakterienbefall verderben und gesundheitsschädlich sein.

Getreidekörner

Verwendet werden Weizen, Gerste, Roggen, Hafer, Reis, Hirse und Mais. Sie enthalten viel Stärke und wenig Rohfaser. Der Rohproteingehalt ist mit ca. 10 % relativ gering. Der Fettgehalt liegt bei 1–2 %. Die Aminosäurenzusammensetzung ist längst nicht so günstig wie bei den Futtermitteln tierischer Herkunft. Der Energiegehalt liegt bei ca. 3300 kcal/kg FOS. Ursache ist der hohe Gehalt an Stärke. Es sind relativ große Mengen an wasserlöslichen Vitaminen und an Vitamin E enthalten. Kalzium, Natrium und Spurenelemente sind in geringer, Phosphor in mittlerer Menge enthalten. Getreidekörner werden nach entsprechender Bearbeitung gern gefressen.

Erhitzen und Zerkleinerung sind Voraussetzung dafür, dass die enthaltene Stärke in hohem Maß verdaulich wird.

Allerdings führt die Verarbeitung auch zu Verlusten an B-Vitaminen und Rohfaser. Am meisten verwendet werden Getreideflocken. Besonders Haferflocken mit ihrem hohen Anteil an ungesättigten Fettsäuren sind gut verdaulich und werden gern gefressen. Bei der Verfütterung von Getreide in selbst zubereiteten Rationen sollten die Körner gekocht werden. Ungeschälter Reis ist gesundheitlich günstiger als polierter Reis. Mais enthält einen höheren Fettanteil als andere Getreidearten.

Brot, Nudeln, Getreidemehl

Diese Produkte enthalten nicht mehr die wertvollen Bestandteile der Getreideschalen und sind damit einseitiger zusammengesetzt als Getreidekörner. Die Verdaulichkeit von Brot liegt bei ca. 70 %, für Nudeln etwas höher. Frisches Brot sollte wegen der möglichen Fehlgärungen nicht gefüttert werden.

Getreideprodukte

Weizenkeime enthalten viel Vitamin E, B-Vitamine und ungesättigte Fettsäuren. Weizenkleie enthält 10–12 % Rohfaser und ist nur zu 65 % verdaulich. Kleiezusätze sind zur Anregung der Darmperistaltik und zur Reduzierung des Energiegehalts in der Ration gut geeignet, sollten aber nicht mehr als 5 % der FTS ausmachen. Mais- und Weizenkleber enthalten viel Eiweiß (60–70 %) und sind zu 90 % verdaulich. Sie können bis zu 20 % der Ration ausmachen, enthalten aber nicht alle notwendigen Aminosäuren.

Erbsen und Bohnen

Sie enthalten viel Eiweiß (25 %). Der Anteil der Kohlenhydrate ist hoch (rund 50 %), besteht aber neben Stärke auch aus weitgehend unverdaulichen Mehrfachzuckern, die erst im Dickdarm durch die Darmflora zerlegt werden. Dadurch können Verdauungsstörungen entstehen, die sich in weichem Kot und verstärkter Gasbildung zeigen. Der Rohfasergehalt ist hoch (ca. 5 %). Mineralstoffe und Vitamine liegen ähnlich wie bei Getreidekörnern. Enthalten sind aber auch verschiedene Schad- und Bitterstoffe, die durch Kochen inaktiviert werden. Kochen erhöht auch deutlich die Verdaulichkeit.

Erbsen und Bohnen können bis zu 5 % in der Ration enthalten sein.

Sojabohnen, Leinsamen

Diese Pflanzenteile sind fettreich. In Futtermitteln eingesetzt werden vor allem Produkte aus Soja. **Sojaflocken** enthalten rund 40 % Eiweiß und 20 % Fett, wenig Stärke und einen Anteil an schwer verdaulichen Mehrfachzuckern.

Sojaeiweiß hat eine günstigere Aminosäurenzusammensetzung als Getreideeiweiß.

Bei weiterer Verarbeitung fällt das **Sojaextraktionsschrot** an, das weniger schwer verdauliche Mehrfachzucker beinhaltet. Sojaprodukte enthalten wenig Kalzium und viel Phosphor (als Phytinsäure), keine fettlöslichen Vitamine und einen mittleren Gehalt an B-Vitaminen. **Leinsamen** haben viel Fett (40 %) und Eiweiß (20 %). Die Eiweißqualität ist nicht so hoch wie die von Sojaprodukten. Der Anteil an ungesättigten Fettsäuren ist hoch (40–60 % Linolensäure, je 20–30 % Öl- und Linolsäure). Leinsamen enthält relativ viel Selen sowie blausäurehaltige Glykoside. Außerdem enthält er eine das Vitamin B6 inaktivierende Substanz. Leinsamen müssen zerkleinert und gequetscht werden, um diese Stoffe unschädlich zu machen. Eine weitere Besonderheit ist, dass Leinsamen einen hohen Anteil an Schleimstoffen enthalten. Diese können im Darm große Wassermengen binden und die Darmschleimhaut mit einem schützenden Film überziehen, was bei Darmerkrankungen genutzt werden kann.

Futterhefen

Sie enthalten 50–60 % Eiweiß mit hoher biologischer Wertigkeit. Außerdem sind in Hefen größere Mengen an B-Vitaminen enthalten, besonders das Vitamin B1, aber nur sehr wenig Vitamin B12. Futterhefe kann in Rationen in Mengen von 2–3 % der FTS enthalten sein. Sie sollte nicht an Hunde mit Neigung zur Bildung von Harnsäuresteinen verfüttert werden.

Kartoffeln

Die meisten Hunde fressen Kartoffeln gern. Sie enthalten viel Stärke, ausreichend B-Vitamine, viel Kalium, aber wenig andere Mineralstoffe, wenig Eiweiß, fast kein Fett und keine fettlöslichen Vitamine. Kartoffeln müssen gekocht werden, um die Stärke verdaulich zu machen.

Möhren

Sie bestehen vor allem aus Kohlenhydraten (Pektine und Zucker). Sie enthalten sehr viel Betakarotin (Provitamin A), werden gern gefressen und können auch roh gegeben werden. Mehr als 15 g/kg KM und Tag sollten nicht verfüttert werden.

Gemüse

Zerkleinertes und gekochtes Gemüse kann an Hunde verfüttert werden. Zum Einsatz kommen Tomaten, Spinat, Kohl, aber auch Petersilie, Schnittlauch usw. Durch Gemüse (Anteil bis zu 5 % der FTS) wird u. a. der Rohfaseranteil der Ration erhöht. Zur Deckung des Vitaminbedarfs reicht es nicht aus.

Obst

Obst kann in kleinen Mengen an Hunde verfüttert werden. Mehr als 10 g/kg KM täglich sollten nicht gegeben werden, da sonst weicher Kot oder Durchfall die Folge sein kann.

Leckerbissen

Hunde erhalten Leckerbissen, weil sie es hervorragend verstehen, sie einzufordern. Da Futter für Hunde auch ein wichtiger Faktor im Zusammenleben ist, wird die Mensch-Hundbeziehung in gewisser Weise gefördert.

Viele dieser Leckerbissen enthalten allerdings viel Energie und wenig Nährstoffe.

Das gilt besonders für Bonbons und andere Süßigkeiten, aber auch für viele der von der Industrie hergestellten »Leckerli«.

Gewichtszunahme ist eine der unerwünschten Folgen.

Schokolade enthält viel Theobromin, das nach längerer Verfütterung Vergiftungserscheinungen verursacht. Scheinbar gibt es aber auch Hunde, die bereits auf einmalige Gabe (oder Nehmen!) von Schokolade Vergiftungserscheinungen zeigen.

Die Verfütterung von Lebensmitteln »vom Tisch« kann je nach Zusammensetzung dieser Extraportionen zu gesundheitlichen Problemen führen. Sie sollten jedenfalls nicht mehr als 10 % der täglichen Gesamtfuttermenge ausmachen. Eine Alternative ist es – wenn der Hund es nun einmal gewohnt ist – ihm etwas Trockenfutter zu geben, während die Familie ihre Mahlzeit zu sich nimmt.

Mischfuttermittel – Alleinfutter

Allgemeines

Alleinfutter sollen bei ausschließlicher Verfütterung alle Nahrungsbedürfnisse des Hundes erfüllen. Hauptinhaltsstoffe sind Getreide als Hauptenergiequelle und von Tieren stammende Produkte (darunter häufig Nebenprodukte wie Tiermehl, die für den Menschen ungeeignet sind). Außerdem ist eine Mindestmenge an Ballaststoffen enthalten und es werden Mineralstoffe, Vitamine und weitere Zusatzstoffe hinzugefügt. Zu unterscheiden sind:

- Trockenfutter: Wassergehalt 3–11 %, Haltbarkeit ca. 12–18 Monate
- Feuchtfutter (= Nassfutter): Wassergehalt 60–70 %, Haltbarkeit mindestens 24 Monate
- Halbfeuchtfutter: Wassergehalt 15–30 %, Haltbarkeit ca. 12 Monate

Den auf die Futtertrockensubstanz (FTS) bezogen höchsten Nährstoffgehalt haben die Feuchtfutter.
Da aber Trockenfutter infolge des niedrigen Wassergehalts fünffach höher konzentriert ist, erhält der Hund viel schneller zu hohe Mengen an Nährstoffen und vor allem an Energie. Hunde ziehen häufig Feuchtfutter dem Trockenfutter vor. Aus Kostengründen und wegen der einfacheren Handhabung wird für große Hunde aber dennoch Trockenfutter eingesetzt. Es empfiehlt sich aus verschiedenen Gründen, das Trockenfutter eingeweicht zu füttern (u. a. Reduzierung des Risikos der Magendrehung, Futtermengenbegrenzung bei Übergewicht). Die Mehrheit der Hunde wird mit Alleinfutter versorgt (Deutschland ca. 60–70 %, USA ca. 90 %). Wenn Alleinfutter gegeben wird, sollen keine zusätzlichen Mineralstoff- und Vitaminmischungen eingesetzt werden. Wenn dem Alleinfutter frische Futtermittel hinzugefügt werden, so muss die Menge des Alleinfutters entsprechend verringert werden. Ist der Anteil der hinzugefügten frischen Futtermittel höher als 10 % der Ration, so muss die Ausgewogenheit aller Nährstoffe überprüft werden. Nur in diesen (abgesehen von diätetischen) Fällen können Ergänzungsfuttermittel mit Vitaminen und Mineralstoffen für den entsprechenden Anteil zugefügt werden.

Trockenalleinfutter

Trockenalleinfutter bestehen zu etwa 50 % aus Getreide, vor allem Mais, Weizen und Hafer. Hinzu kommen pflanzliche Eiweißträger wie insbesondere Sojaprodukte und von Tieren stammende Erzeugnisse (Tiermehl, Knochenmehl) sowie Fette und Öle, Gemüse, Hefe, Mineralstoffe und Vitamine. Trockenfutter werden in verschiedenen Formen (z. B. Pellets, Kroketten) oder Gemischen (Flocken und Pellets) produziert. Bei der Herstellung treten Verluste an einigen Nährstoffen, insbesondere an Vitaminen auf. Zum Ausgleich und zur Komplettierung des Nährstoffgehalts werden Vitamine, Eiweißhydrolysate und Fette aufgesprüht. Sie verbessern gleichzeitig die Schmackhaftigkeit. Die Verdaulichkeit von Trockenalleinfutter guter Qualität liegt bei ungefähr 90 %, bei schlechteren Produkten unter 80 %. Die dadurch nötige größere Futtermenge hebt den scheinbaren Vorteil des niedrigeren Preises auf. **Der Energiegehalt liegt im Durchschnitt bei ca. 3400 kcal/kg FTS**. Bezogen auf die Futteroriginalsubstanz (FOS) mit einem Wassergehalt von rund 10 % sollte der **Rohfasergehalt bei ca. 2 % und der Rohaschegehalt bei 7–8 %** liegen. Die üblichen Werte sind außerdem: **Rohprotein von 20–27 %, Rohfett bei 5–10 %, NfE (lösliche Kohlenhydrate) ca. 46%.**
Futtermittel für Welpen, Arbeitshunde sowie tragende oder säugende Hündinnen müssen anders zusammengesetzt sein (siehe Kapitel 7, S. 133–150), ebenso die Diäten (siehe Kapitel 6, S. 69–132). Die Akzeptanz guter Trockenalleinfutter ist durch die optimale Verarbeitung, den höheren Fettgehalt und den Einsatz von Geschmacksverbesserern allgemein sehr gut. Allerdings können Trockenalleinfutter bei Gabe zu großer Rationen auch am schnellsten zu Übergewicht führen.

Auch Aufenthalte an der frischen Luft tragen dazu bei, das Immunsystem zu stärken und sorgen das ganze Jahr über für Gesundheit und Wohlbefinden. Diese Hovawarthündin (6 Jahre) genießt das Wachen in der Wiese – auch die geistige Anregung hält den Hund vital!

Feuchtalleinfutter

Sie werden in Dosen, Schalen oder Folienbeuteln gehandelt und enthalten rund 80 % Wasser. Dabei können 1–2 % Unterschied im Wassergehalt schon wesentliche Auswirkungen auf den Futterwert haben. Ausgangsstoffe sind Innereien und von Tieren stammende andere Gewebe, in geringen Mengen Muskelfleisch sowie eine Reihe pflanzlicher Stoffe mit Eiweiß- und Stärkeanteilen. Zugesetzt werden allgemein auch Geliermittel. Der Energiegehalt der FOS liegt bei knapp einem Drittel des im Trockenalleinfutter vorhandenen. Vergleicht man aber die Futtertrockensubstanz, so ergibt sich ein höherer Rohaschegehalt, ein Rohproteingehalt von ca. 40 % und ein Rohfettgehalt von ca. 22 %. Auf die Originalsubstanz bezogen enthalten Feuchtalleinfutter ca. 6–8 % Rohprotein, 1–4 % Rohfett, 1–2 % Rohasche und 0,3–0,6 % Rohfaser.

Der Gehalt an schnell verfügbaren einfachen Kohlenhydraten (Zucker) ist deutlich höher als z. B. im Trockenalleinfutter.

Die Verdaulichkeit liegt bei über 90 %. In der Praxis sind relativ oft überhöhte Mengen an Eiweiß und Mineralstoffen im Feuchtalleinfutter enthalten.

Halbfeuchte Alleinfutter

Sie haben einen Wassergehalt von 15–30 % und werden gern gefressen. Allerdings ist ein **höherer Zusatz von Konservierungsstoffen** notwendig. Die Ausgangsprodukte sind die gleichen wie für Trockenalleinfutter. Häufig ist relativ viel Sojaeiweiß enthalten. Diese Futtermittel werden in Klarsichtfolien verpackt angeboten, oft auch in Wurstform.

Ergänzungsfuttermittel

Sie werden eingesetzt, wenn ganz oder teilweise selbst hergestellte Rationen gefüttert werden und sind geeignet, diese zu komplettieren. Es gibt **kohlenhydratreiche** Ergänzungsfutter mit wenig Rohprotein als Zusatz bei der Verfütterung von Fleisch und Schlachtabfällen. Daneben werden in geringerem Maße auch **eiweißreiche** in Form von getrockneten oder in Dosen konservierten Schlachtabfällen hergestellt. Sie enthalten meist keine zusätzlichen Vitamine und Mineralstoffe.

Zur Ergänzung von selbst hergestellten Futtterrationen werden zahlreiche **Vitamin- und Mineralstoffpräparate** angeboten. Der Einsatz solcher Mischungen ist bei Fütterung eines guten Alleinfutters unnötig und kann sogar zu Gesundheitsschäden führen. Alleinfutter enthalten meist schon sehr reichlich Vitamine und Mineralstoffe.

Bei selbst hergestellten Rationen dagegen fehlen häufig Kalzium, Vitamin A und die B-Vitamine, die entsprechend ergänzt werden müssen. Bestimmte Vitamin- und Mineralstoffmischungen können auch bei der Behandlung bei einer Reihe von Krankheiten im Rahmen der dann eingesetzten Diät nützlich sein. Für manche Spezialfragen insbesondere im Rahmen von Diäten kann auch die Ergänzung mit **einzelnen Mineralstoffen oder Vitaminen** angebracht sein. Kalziumkarbonat (kohlensaurer Futterkalk) ist gut zur Kalziumergänzung geeignet und ist z. B. der Baustoff für Eierschalen. Natrium kann in Form von Kochsalz ergänzt werden. Algenmehl ist reich an Spurenelementen. Zur Vitamin-D-Ergänzung werden synthetische Produkte, aber auch Leber und Milch eingesetzt. Vitamin E ist besonders reichlich in Weizenkeimöl enthalten, B-Vitamine gibt es reichlich in Hefe. Auch spezielle Aminosäurenpräparate und Fettsäurenpräparate werden eingesetzt.

Zusatzstoffe und Konservierungsmittel

Generell werden die gleichen Zusätze wie in der Lebensmittelproduktion verwendet.

Vitamine, Mineralstoffe und Spurenelemente werden dem Futter in den Mengen zugesetzt, die zur Komplettierung der Nährstoffzusammensetzung notwendig sind.

Antioxidanzien

Sie verhindern vor allem, dass die im Futter enthaltenen Fette oxidiert und damit ranzig werden. Eingesetzt werden die natürlichen Antioxidanzien Vitamin E (Tokopherole) und Vitamin C, aber auch die viel wirksameren synthetisch hergestellten Substanzen wie Ethoxiquin, Butylhydroxitoluol (BHT) und -anisol (BHA) sowie Propylgallat u. a.

Vereinzelt gibt es Berichte, dass BHA und BHT beim Menschen Unverträglichkeitsreaktionen ausgelöst haben sollen. Die daher geäußerten Bedenken, dass solche Stoffe gesundheitsschädlich sein könnten, sind in entsprechenden Experimenten bisher nicht bestätigt worden.

Geschmackskorrigenzien

Das sind appetitanregende Substanzen und Aromastoffe wie die Aminosäure Lysin, Vanillin, Anis, Fenchel, Glutamat, Fleischextrakte, Eiweißhydrolysate, Lebermehl und Käsepulver. Eine Prägung, d. h. Abhängigkeit des Hundes von solchen Mitteln (»Lockstoffe«) ist bisher nicht nachgewiesen worden. Vereinzelt gibt es Berichte über vermutete Unverträglichkeitsreaktionen gegenüber Natriumglutamat beim Menschen.

Konservierungsmittel

Konservierungsmittel hemmen das Wachstum von Bakterien und Schimmelpilzen im Futter. Sie werden vor allem in halbfeuchtem Futter, weniger in Trockenfutter eingesetzt. Verwendet werden Propionsäure und ihre Salze, Sorbate, Natriumsulfit, Natriumnitrit, Ameisensäure, Zitronensäure u. a.

In relativ großer Menge (bis zu 5,3 % der FTS) wird Propylenglykol verwendet. Es wird im Körper des Hundes vollständig abgebaut und liefert gleichzeitig Energie. In Experimenten wurde Hunden die doppelte Menge gefüttert, ohne dass nachteilige Wirkungen aufgetreten sind. Beim Menschen soll die Substanz allerdings vereinzelt Unverträglichkeitsreaktionen hervorgerufen haben. Auch Natriumnitrit kann beim Menschen Unverträglichkeitsreaktionen verursachen.

Färbende Stoffe

Sie werden im Hundefutter eingesetzt, um das Futter für den Hundebesitzer attraktiver zu machen. Dem Hund selbst ist die Farbe egal, da er weitgehend farbenblind ist. Eingesetzt werden Karatinoide (aus Früchten), Zuckercouleur, aber auch synthetisch hergestellte Lebensmittelfarben wie z. B. Tartrazin, Sunset Yellow, Allura red, Brillantblau, Indigotin u. a. Einige dieser Farbstoffe sollen beim Menschen vereinzelt Unverträglichkeitsreaktionen ausgelöst haben.

Säureregulatoren

Säureregulatoren wie Ammoniumchlorid, Kalziumkarbonat, Salzsäure und Schwefelsäure dienen vor allem dazu, den Harn-pH zu beeinflussen.

Emulgatoren, Stabilisatoren, Verdickungsmittel, Geliermittel

Diese binden Wasser und beeinflussen Aussehen und Beschaffenheit der Futtermittel. Wird zu viel Geliermittel eingesetzt, so kann das weichen Kot verursachen. Eingesetzt werden Algenprodukte, Guargummi, Gummi arabicum, Pektine, Zellulosepulver, Glyzerin und seine Verbindungen, Propandiol u. a. Für einzelne Substanzen dieser Gruppe wird über Unverträglichkeitsreaktionen beim Menschen berichtet, z. B. für Seegrasextrakte und Guargummi.

Bindemittel

Diese dienen der Konsistenzerhaltung des Futters. Zum Einsatz kommen z. B. Tone, Kaolinit und Zitronensäure.

Schädliche Auswirkungen

Bisher ist nicht nachgewiesen worden, dass diese Zusatzstoffe negative Auswirkungen auf die Gesundheit des Hundes haben. Beim Menschen gibt es wie angeführt vereinzelte Fälle, in denen der Verdacht besteht, dass Zusatzstoffe Unverträglichkeitsreaktionen ausgelöst haben könnten. Ein Zusammenhang mit den auch beim Hund zunehmenden allergischen Erkrankungen ist bisher nicht nachgewiesen worden.

Ein solcher Zusammenhang ist auch recht unwahrscheinlich, da die große Mehrzahl dieser Zusatzstoffe chemisch sehr einfach aufgebaut ist und keine Allergie auslösenden Fähigkeiten besitzt. Vollständig ausgeschlossen werden können solche Reaktionen bei entsprechend veranlagten Hunden aber nicht.

Insofern gilt es abzuwägen, ob der Hundebesitzer die zahlreichen Vorteile der Fertigfuttermittel nutzen will und dafür eventuelle Nebenwirkungen in Kauf nimmt.

Für die große Mehrheit der Hunde dürften die Vorteile ganz eindeutig überwiegen. Für Allergiker sind eine Reihe von Besonderheiten zu beachten (siehe Kapitel 6, S. 114–121).

Rechtsfragen, Deklarationen

Alle Futtermittel müssen den folgenden Grundsätzen des Futtermittelrechts entsprechen:

- Sie dürfen nicht verdorben sein.
- Unerwünschte Stoffe dürfen nur in begrenzten Mengen enthalten sein.
- Futtermittel dürfen nicht irreführend gekennzeichnet sein.
- Sie dürfen nicht als Mittel gegen Krankheiten gekennzeichnet werden, sofern es sich nicht um Diätfuttermittel oder um solche handelt, die einen zu Krankheiten führenden Nährstoffmangel beseitigen.
- Mischfuttermittel dürfen nur amtlich zugelassene Zusatzstoffe enthalten.
- Mischfuttermittel müssen den Vorschriften entsprechend gekennzeichnet sein (Deklaration). Dabei sind sowohl die Futtermittelgruppen als auch die Zusatzstoffe vorgeschrieben, die angegeben werden müssen bzw. dürfen.
- Mischfuttermittel werden in geschlossenen Packungen geliefert.

Die **gesetzlichen Bestimmungen** sind innerhalb der Europäischen Union weitgehend harmonisiert. In Deutschland gilt das Futtermittelgesetz mit entsprechenden Verordnungen, in Österreich das Futtermittelgesetz und in der Schweiz als Nichtmitglied der EU die »Richtlinien für die Herstellung und den Vertrieb von Fertignahrung für Heimtiere«.

Der Kennzeichnung dienen die **Futtermitteletiketten.** Sie bestehen aus der Produktaufmachung und der futtermittelrechtlich vorgeschriebenen Deklaration. Beide müssen deutlich voneinander getrennt sein.

Zur Produktaufmachung gehören der Markenname, der Produktname (kann u. a. auf Einzelfuttermittel wie Rindfleisch hinweisen, wenn dieses prozentual am meisten enthalten ist), die Bezeichnung (geeignet für Tierart, Altersgruppe) sowie weitere dem Produktimage dienende Angaben (z. B. Beurteilung durch Stiftung Warentest oder dergleichen).

Die **Deklaration** beinhaltet:

- die Bezeichnung des Produkts (Verwendungszweck, z. B. Alleinfutter oder Ergänzungsfuttermittel; Tierart und gegebenenfalls Altersgruppe, für die das Futter bestimmt ist)
- die Gehalte an Inhaltsstoffen (z. B. Rohprotein, Rohfett usw.)
- die Zusammensetzung aus Einzelfuttermitteln (z. B. Rindfleisch, Getreide usw.)
- das Nettogewicht
- die Mindesthaltbarkeit und Bezugsnummer
- Hinweise für die sachgerechte Verwendung
- Name und Anschrift des Herstellers bzw. des Verantwortlichen

Als **Inhaltsstoffe** werden Rohprotein, Rohfett, Rohfaser und Rohasche in der Futteroriginalsubstanz (FOS) angegeben. Feuchtigkeit (Wasser) muss angegeben werden, sofern der Gehalt über 14 % liegt. Weitere freiwillige Angaben sind zulässig. Der Energiegehalt darf (außer bei Diätfutter) nicht deklariert werden.

Einzelfuttermittel werden in abnehmender Reihenfolge der Gewichtsanteile angegeben. Dabei ist genau definiert, was zu den jeweiligen Bezeichnungen gehört. So umfasst z. B. der Gruppenbegriff »Fleisch und tierische Nebenerzeugnisse« die fleischigen Anteile von ge-

schlachteten, warmblütigen Landtieren, frisch oder nach entsprechender Behandlung, sowie alle Produkte und Nebenerzeugnisse, die bei der Verarbeitung des Tierkörpers anfallen.
Von den **Zusatzstoffen** mit Nährstoffcharakter müssen die Vitamine A, D und E sowie das Spurenelement Kupfer deklariert werden, wenn sie dem Futter zugesetzt wurden. Es muss dann der Gesamtgehalt im Futter angegeben werden. Weitere Zusatzstoffe können freiwillig aufgeführt werden. Von den **Zusatzstoffen ohne Nährstoffcharakter** müssen Antioxidanzien, Konservierungsstoffe und Farbstoffe angegeben werden.

Für **Diätfuttermittel** gelten einige Besonderheiten. »Sie sind Mischfuttermittel, die sich durch ihre Zusammensetzung oder Herstellungsweise sowohl von gängigen Futtermitteln als auch von Fütterungsarzneimitteln deutlich unterscheiden und die dazu bestimmt sind, besondere ernährungsphysiologische Bedürfnisse zu decken«. Für Diätfuttermittel dürfen die Krankheiten angegeben werden, bei deren Behandlung sie eingesetzt werden. Außerdem gibt es eine erweiterte Deklarationspflicht. So müssen bestimmte Inhaltsstoffe, die für den Diätzweck entscheidend sind, konkret angegeben werden (z. B. Natriumgehalt einer Herzdiät, Phosphorgehalt einer Nierendiät usw.).

Sobald sich die Augen geöffnet haben, wird mit der engeren Umwelt Kontakt aufgenommen. Dabei kann es auch mal etwas rauer zugehen.

6. Einfluss der Ernährung auf Gesundheit und Krankheit

Einführung

Nahrung kann je nach ihrer Zusammensetzung und Beschaffenheit:

- durch Mangel einzelner oder mehrerer Nährstoffe den Hund krank machen
- durch Überschuss einzelner oder mehrerer Nährstoffe den Hund krank machen
- bei optimaler Nährstoffzusammensetzung Gesundheit, Leistungsfähigkeit und Lebensdauer positiv beeinflussen
- spezifische Effekte zur Verbesserung der Gesundheit oder Steigerung der Leistungsfähigkeit erzielen.

Längst nicht immer ist es für diese Ziele ausreichend, wenn alle Nährstoffe nur in der jeweils nötigen Minimalmenge zugeführt werden, sondern es gibt für alle Nährstoffe Optimalwerte. Ein einziger zu niedrig dosierter Nährstoff kann limitierend auf den Effekt weiterer, ausreichend vorhandener Nährstoffe wirken, so dass die Ernährung insgesamt unzureichend ist. Entscheidend ist also die Ausgewogenheit der Nahrungszusammensetzung. Dabei gibt es bezüglich des Bedarfs an den einzelnen Nährstoffen erblich bedingte individuelle Unterschiede. Noch größer werden diese Unterschiede, wenn spezielle Leistungen erbracht werden sollen, wie von Schlittenhunden, tragenden und säugenden Hündinnen oder wachsenden Welpen. Ganz spezifische Anforderungen sind an die Ernährung zu stellen, wenn der Hund krank ist. In vielen Fällen kann die Ernährung dann dazu beitragen, den Gesundheitszustand wieder zu bessern, in einigen Fällen ist sie sogar der wichtigste Faktor dabei. Beachtenswert ist auch, dass eine optimale Ernährung erhebliche Auswirkungen auf das Immunsystem hat. Damit können wesentliche gesundheitliche Effekte erzielt werden. Sie sind nicht direkt messbar – weil ja eben nichts passiert, der Hund nicht krank wird. Ein besonderer Aspekt bei der Betrachtung der Zusammenhänge zwischen Gesundheit und Ernährung ist auch, dass eine Reihe von Erkrankungen im Anfangsstadium nicht bemerkt wird. Auch zu einem solchem Zeitpunkt würde eine gezielte spezifische Ernährung positive Auswirkungen haben. Diese Fakten sprechen für regelmäßige Gesundheitskontrollen. Dazu gehören neben der äußerlichen (klinischen) Untersuchung auch Laboruntersuchungen sowie bildgebende Verfahren wie Röntgen oder Ultraschall. Zumindest für Risikopatienten (ältere Hunde, stark belastete Hunde) empfehlen sich solche regelmäßigen Untersuchungen.

Wird ein Hund einmal jährlich untersucht, so ist das mit einem Gesundheitscheck beim Menschen im Abstand von jeweils 7 Jahren vergleichbar.

Für jeden besonderen Zustand des Körpers, d. h. insbesondere für Krankheiten, gibt es Ernährungsfaktoren mit besonderer Bedeutung, die so genannten Schlüsselfaktoren. Das wird beim Einsatz von Diätfuttermitteln berücksichtigt. Gut wirksame und optimal zusammengesetzte Diätfuttermittel werden von der Industrie für den Einsatz beim Vorliegen verschiedenster Krankheiten angeboten. Aber auch manchmal vom Hund lieber genommene Eigenmischungen können eingesetzt werden.

In den folgenden Abschnitten werden einerseits die Auswirkungen der einzelnen Ernährungsfaktoren auf die Gesundheit dargestellt. Andererseits werden die besonderen Anforderungen an die Nahrung bei Krankheiten und speziellen Situationen im Leben des Hundes beschrieben. Die Einteilung erfolgt zum einen nach den einzelnen Organsystemen, zum anderen aber auch nach Symptomen, Symptomenkomplexen sowie Ursachenkomplexen.

Appetitlosigkeit, Abmagerung

Eine Vielzahl von medizinischen Problemen kann zu Appetitlosigkeit und nachfolgender Abmagerung führen. Dazu gehören eine Reihe von Organerkrankungen, Entzündungen, Verletzungen und Tumoren. Besonders, wenn chronische Erkrankungen die Ursache sind, entwickelt sich daraus eine sehr sensible Stoffwechselsituation. Kommt ein weiterer Belastungsfaktor hinzu, so kann sich der Zustand des Hundes plötzlich verschlechtern und ein schneller Tod ist möglich. Ursachen für Appetitlosigkeit können aber auch psychische Belastungen sein, wie Angst, lange Abwesenheit des Besitzers, Klinikaufenthalt oder bei Rüden die Nähe läufiger Hündinnen. Auch hohe Außentemperaturen und körperliche Belastungen können (vorübergehend) zu Appetitlosigkeit führen. Nur selten ist die Beschaffenheit des Futters oder ein schwerwiegender Mangel an Proteinen, Mineralstoffen oder Vitaminen die Ursache für die verminderte oder fehlende Futteraufnahme. Ursache kann auch eine schmerzhafte Erkrankung in der Mundhöhle oder im Verdauungskanal sein. In solchen Fällen kann die Appetitlosigkeit nur beseitigt werden, wenn die Ursache gefunden und entsprechend behandelt wird. Ist dagegen der Hund bei erhaltenem oder sogar gesteigertem Appetit abgemagert, so sind die Ursachen meist im Bereich der parasitären oder hormonellen Erkrankungen zu finden.

Gesunde Hunde können über viele Wochen ohne Nahrungsaufnahme überleben, sofern ausreichend Flüssigkeit (ca. 60 ml/kg KM und Tag) aufgenommen wird. Der Hund greift dann auf körpereigene Reserven zurück. Veränderungen im Stoffwechsel beginnen, wenn 48 Stunden lang gar keine Nahrung oder 3 Tage lang nur 50 % der notwendigen Nährstoffmengen aufgenommen wurden. Am 3. Tag des Hungerns stellt der Stoffwechsel sozusagen auf Sparflamme um. Am 5. Tag erfolgt ein Wechsel hin zum Verbrauch von Fettsäuren. Bedeutsam ist beim Hungern vor allem der Abbau von Muskelmasse. Kritisch wird die Situation, wenn der Proteinverlust des Körpers 25–30 % übersteigt. Weitere Folgen einer Mangelernährung sind z. B. Störungen der Wundheilung und Anfälligkeit für Infektionen infolge der ungenügenden Versorgung des Immunsystems. Veränderungen (meist Verzögerungen) treten auch beim Abbau von Medikamenten auf.

Schlüsselfaktoren beim Vorgehen gegen Appetitlosigkeit und Abmagerungen sind Wasser, Elektrolyte, Energie, Proteine und die Vitamine des B-Komplexes.

Ein abgemagerter geschwächter und zugleich dehydrierter (an Flüssigkeitsmangel leidender, »ausgetrockneter«) Hund erhält zunächst intravenös Elektrolytlösungen mit Glukose. Das angebotene Futter sollte frisch zubereitet und angewärmt gegeben werden. Manchmal nützt es auch, wenn der Hund aus der Hand gefüttert wird. Allerdings gewöhnen sich manche Hunde sehr schnell daran und nehmen dann kein Futter mehr aus dem Napf. Das Futter muss besonders schmackhaft sein, was durch einen hohen Gehalt an Fleisch und Fett sowie einen geringen Rohfasergehalt erreichbar ist. Besonders geeignet ist Welpenfutter. Wenn der Patient eine kommerzielle Diät ablehnt, müssen schmackhafte selbst hergestellte Rationen angeboten werden.

Medikamentell wird die Grundkrankheit behandelt und bei Bedarf werden Schmerzmittel verabreicht. Vitamine des B-Komplexes werden bei kranken Hunden häufig nicht mehr ausreichend selbst synthetisiert. Außerdem haben diese Vitamine eine günstige Wirkung auf den Stoffwechsel und den Appetit. Sie sollen deshalb täglich verabreicht werden. Für kurze Zeit können Medikamente zur Appetitsteigerung (Benzodiazepine, Kortikosteroide, Megestrolazetat) verabreicht werden, sofern keine medizinischen Gründe dagegen sprechen. Wenn diese Maßnahmen nicht

dazu führen, dass der Hund wieder frisst, wird eine Zwangsfütterung notwendig. Sie wird meist mit Hilfe einer Magensonde, bei längerer Dauer über eine Nasenschlundsonde, in Ausnahmefällen über eine Darmsonde durchgeführt.
Sondennahrung ist als Fertignahrung erhältlich, kann aber auch durch Pürieren von Nassfutter oder aus Einzelfuttermitteln hergestellt werden. Wichtig ist eine hohe Energie- und Nährstoffdichte sowie eine gute Fließfähigkeit. Ist auch die Sondennahrung nicht mehr Erfolg versprechend, so bleibt die parenterale (»am Darm vorbei«, über den Blutkreislauf) Ernährung durch intravenöse Infusionen.

Fieber, Rekonvaleszenz nach Operationen

Fieberhaft erhöhte Temperaturen von 1 Grad Celsius führen zu einer Zunahme des Energiebedarfs von etwa 10 kcal/kg KM. Die Normaltemperatur des Hundes liegt bei ca. 38,5 Grad Celsius. Sowohl bei fieberhaften Erkrankungen sowie auch nach Verletzungen einschließlich Operationen ist das Immunsystem sehr stark belastet. Dementsprechend muss die Ernährung darauf ausgerichtet sein, die Widerstandskraft gegenüber Infektionserregern zu stärken.
Schlüsselfaktoren sind Wasser, Energie und Eiweiß, darunter speziell die Aminosäuren Methionin, Tryptophan, Phenylalanin, Arginin und Glutamin, Vitamin A, Zink, Selen, Vitamin E, Vitamin B6, Pantothensäure und Folsäure. Essenzielle Fettsäuren sollten im ausgeglichenen Verhältnis zwischen Omega-3- und Omega-6-Fettsäuren gegeben werden. Ein Überschuss an Omega-3-Fettsäuren würde das Immunsystem unterdrücken und die Wundheilung stören. Wichtig ist auch ein ausreichender Gehalt an den Mineralstoffen Natrium, Kalium und Magnesium.
Die diätetischen Maßnahmen sind je nach Situation unterschiedlich. Bei **fieberhaften Erkrankungen,** die nicht länger als 5 Tage dauern, sind die Verluste an Energie und Eiweiß noch nicht so erheblich, dass ein sofortiger Ersatz nötig wäre. Diese Hunde erhalten ein sehr schmackhaftes Futter in suppiger Form. Der Rohfaseranteil sollte nur minimal sein. Bei länger dauernden fieberhaften Erkrankungen ist es notwendig, Energie, Eiweiß und die anderen oben erwähnten Ernährungsfaktoren in deutlich höherem Maß anzubieten. Gefüttert werden Rationen mit 30 % hochwertigem Eiweiß, 50 % leicht verdaulichen Kohlenhydraten und 10 % Fett. Die oben erwähnten Vitamine werden in der dreifachen Dosis gegeben. Das Verhältnis zwischen Protein und Energie sollte bei 6 g Protein/100 kcal liegen.
Operationen stellen eine erhebliche Belastung für den Körper dar. Sofern der Operationstermin planbar ist, sollten vorher keine schwer verdaulichen Futtermittel gegeben werden. Ein bis zwei Tage vor der Operation wird nichts mehr gefüttert, aber bis zu drei Stunden vor dem Termin darf der Hund noch trinken. Nach Operationen ist häufig die Ausscheidungsfunktion der Nieren reduziert. Deshalb werden schon während und teilweise auch nach der Operation intravenös Wasser, Glukose und Elektrolyte gegeben. In den ersten Tagen nach der Operation wird verstärkt Eiweiß abgebaut (katabole Stoffwechsellage), dabei vor allem Muskeleiweiß. Zusätzlich wird Fett abgebaut. Um diese Verluste auszugleichen, werden Rationen mit mittlerem Eiweißgehalt, aber einem hohen Anteil an leichtverdaulichen Kohlenhydraten (Reis, Haferflocken) und Vitaminen eingesetzt. Ab ungefähr dem 6. Tag nach der Operation beginnt der Eiweißaufbau (anabole Stoffwechsellage). Jetzt ist ein hoher Eiweißgehalt mit zusätzlichen Gaben von Zink, Eisen, Vitamin A, Vitamin E und den B-Vitaminen angezeigt.
Aus dem Sortiment der verfügbaren Fertigfuttermittel können z. B. eingesetzt werden: Hill´s Prescription p/d und a/d.
Aber auch Eigenmischungen sind möglich – z. B. nach folgendem **Rezept** (pro kg FOS): 500 g fettarmes Fleisch + 300 g polierter Reis + 100 g Maiskeimöl + 50 g Weizenkleie + 40 g Vitamin-Mineralstoffmischung Vitakalk (Hersteller: MFE »Marienfelde«).

Übergewicht, Verfettung (Adipositas)

Wenn ein Hund mehr als 10 % Körpermasse gegenüber dem Durchschnitt der gleichgroßen und anatomisch ähnlich gebauten Hunde seiner Rasse hat, wird er als übergewichtig bezeichnet. Beträgt diese Zahl 20 %, so spricht man von Verfettung, Fettsucht oder Fettleibigkeit. Bei zu dicken Hunden liegt der Körperfettgehalt bei 30–40 % des Körpergewichts, bei normalgewichtigen Hunden bei 10–20 %. Im medizinischen Sinne wird von Adipositas gesprochen, wenn durch exzessive Ansammlung von Körperfett Gesundheitsstörungen oder Krankheiten entstehen.

Ungefähr 20 % aller Hunde, im höheren Alter sogar ca. 40 % sind übergewichtig oder sogar adipös. Dabei scheinen reinrassige Hunde häufiger betroffen zu sein. Bestimmte Rassen neigen besonders stark zu Übergewicht wie Labrador Retriever, Cairn Terrier, Cocker Spaniel, Langhaardackel, Basset, Beagle und King Charles Spaniel. Dagegen sind Hunde der folgenden Rassen (mit Ausnahmen) seltener übergewichtig: Deutscher Schäferhund, Greyhound, Yorkshire Terrier, Dobermann, Bull Terrier, Whippet und Pekinese.

Die **Ursachen** sind zwar vielfältig und liegen wie bei allen Eigenschaften und Krankheiten z. T. in den Erbanlagen, zum anderen Teil in den Umweltbedingungen begründet.

Grundsätzlich verfetten Hunde, wie Menschen, immer dann, wenn sie über längere Zeit mehr Energie aufnehmen als sie verbrauchen.

Risikofaktor Nummer 1 für die Verfettung des Hundes ist der Mensch in Person des Hundehalters und des Fütterers. Oft ist ihm gar nicht klar, dass sein Hund übergewichtig ist. Das gilt besonders häufig dann, wenn auch der Besitzer unter Übergewicht leidet. Der Zustand wird dann als normal und/oder unabänderlich angesehen. Besonders wichtig sind in diesem Zusammenhang die typischen sozialen Aspekte der Nahrungsaufnahme beim Hund. Als Rudeltier respektiert

Hochgradiges Übergewicht (Adipositas).

er eine Rangfolge bei der Aufteilung der Beute. Im Kreis der menschlichen Familie hat deshalb vom Besitzer gegebenes Futter (Leckerbissen, Beteiligung an den Mahlzeiten der Familie usw.) für den Hund eine besonders starke symbolische Bedeutung. Deshalb wird ein am Esstisch anwesender Hund auch immer betteln (gleichgültig ob er Hunger hat oder nicht), sofern nicht ganz klare Regeln eingeführt wurden, die ihm das verbieten.
Besonders schmackhafte und energiereiche (d. h. fettreiche) Futtermittel steigern die Gefahr des Übergewichts. Von solchem Futter wird auch eine größere Menge gefressen.
Wichtig ist es auch, nicht die Futtermenge ausschließlich nach den Empfehlungen des Herstellers einzurichten. Diese stellen Durchschnittswerte dar und liegen für den einzelnen Hund häufig viel zu hoch.
Zwischenmahlzeiten (Leckerbissen) können bei entsprechender Zusammensetzung erhebliche Mengen an zusätzlichen Kalorien beinhalten, was in der Rationsgestaltung zu berücksichtigen ist.

Auch die Fütterungsfrequenz kann einen gewissen Einfluss haben. Häufigere kleinere Mahlzeiten führen (bei gleich bleibender Tagesgesamtfuttermenge) zu einem etwas höheren Energieverbrauch.
Wird das Futter öfter gewechselt und ist auch das neue Futter schmackhaft, so nehmen Hunde über eine Reihe von Tagen deutlich mehr davon auf. Dieser Effekt verliert sich zwar bald wieder, aber inzwischen hat der Hund wieder zusätzliche Energieeinheiten aufgenommen.
Werden selbst gemischte Rationen gefüttert, so kommt es häufiger zu einer Überversorgung mit Energie als bei der Verfütterung gleich bleibend zusammengesetzter Fertigfuttermittel.
Eine weitere mögliche Ursache für Übergewicht sind Krankheiten der Bewegungsorgane und die dadurch eingeschränkte Aktivität. Viele alte Hunde werden inaktiv und in der Folge auch dick.

Übergewicht nach Kastration.

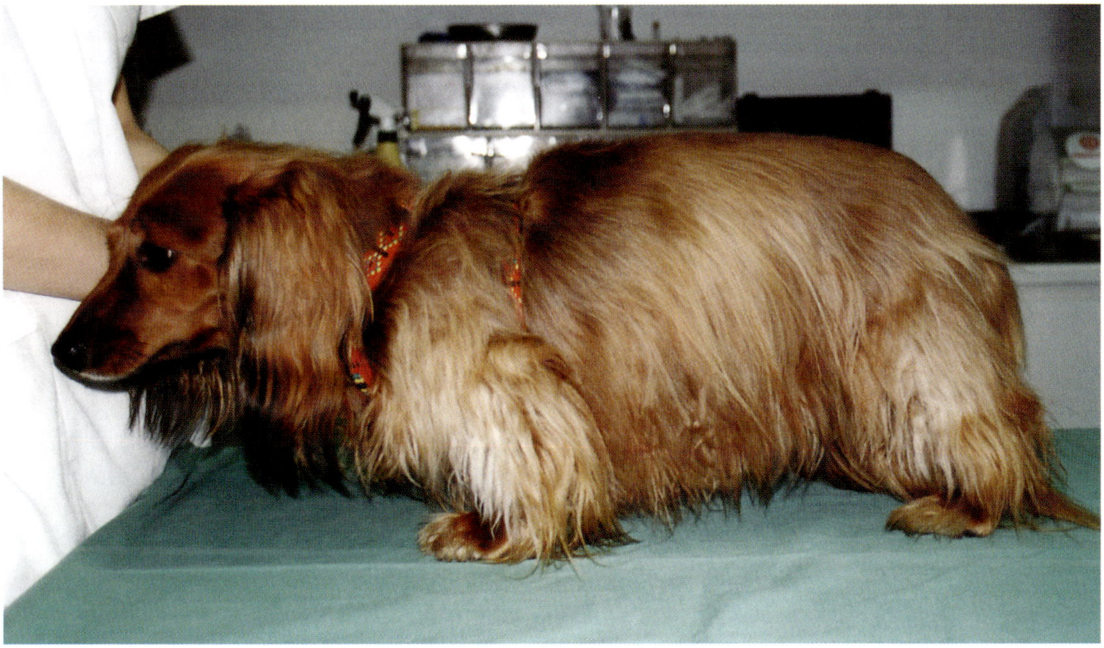

Hormonelle Veränderungen nach Kastration können erheblich dazu beitragen, dass ein Hund übergewichtig wird. Aber auch hormonell bedingte Krankheiten, insbesondere die Hypothyreose (Schilddrüsenunterfunktion) und das Cushing-Syndrom (Überfunktion der Nebennierenrinde) führen zu Übergewicht.

Adipositas kann sich sowohl durch eine Zunahme der Fettspeicherzellen als auch durch vermehrte Einlagerung von Fett in die Zellen entwickeln. Beim übergewichtigen Hund scheint vor allem Letzteres zu geschehen. Das Übergewicht entwickelt sich beim Hund in zwei Phasen: Zunächst werden bei ständiger Energieüberversorgung Fettreserven aufgebaut. Wenn das Fettansatzvermögen erschöpft ist, kann die Futteraufnahme völlig normal sein, ohne dass der Hund abnimmt. Ursachen dafür sind die verminderte Aktivität und die verstärkte Hautisolation (d. h. weniger Energieverlust durch Wärmeabgabe). Vor allem aber ist in diesem Zusammenhang von Bedeutung, dass zur Erhaltung von Fettgewebe viel weniger Energie gebraucht wird als zu seinem Aufbau und als zur Erhaltung von fettfreier Körpermasse (z. B. Muskulatur).

Übergewicht benötigt zu seiner Erhaltung nur sehr wenig Energie.

Die Beurteilung, ob ein Hund übergewichtig ist, kann auf verschiedene Weise geschehen. Wissenschaftlich exakte Methoden sind z. B. Hautfaltenmessung, Bestimmung der Körperdichte, Untersuchungen mit dem Ultraschallgerät, bioelektrische Analysen und Zweistrahl-Röntgentechnik. Für praktische Zwecke kann einfach geprüft werden, »wie viel Speck der Hund auf den Rippen hat«. Ist die Fettschicht unter der Haut so dünn, dass die Rippen ganz leicht tastbar und sogar sichtbar sind, so ist der Hund untergewichtig. Sind die Rippen unter einer geringen Fettschicht gut tastbar, so kann von einem Idealgewicht ausgegangen werden. Wenn die Rippen unter einem mäßigen bis dicken Fettpolster nur schwer zu ertasten sind, so ist der Hund übergewichtig oder fettleibig. Die zweite wichtige (und objektivere) Methode ist die Kontrolle des Körpergewichts. Durch regelmäßiges Wiegen kann u. a. ermittelt werden, ob ein übergewichtiger Hund im Ergebnis einer entsprechenden Diät auch tatsächlich abnimmt. Ein Problem kann es sein, das anzustrebende Idealgewicht zu ermitteln. Angaben über Durchschnittsgewichte bei anderen Hunden der gleichen Rasse sind da wenig hilfreich, weil je nach Körpergröße, Körperbreite und anatomischen Details erhebliche Unterschiede auftreten können. Günstig ist es da, wenn ein Gewicht aus früheren, normalgewichtigen Zeiten bekannt ist.

Übergewicht kann ganz erhebliche negative Folgen haben. Chronisch verlaufende degenerative **Erkrankungen der Gelenke** entstehen vor allem durch die ständige viel zu hohe Gewichtsbelastung.

Infolge der auftretenden Schmerzen bewegt der Hund sich weniger. Es wird weniger Energie verbraucht und das Übergewicht wird noch größer – ein Teufelskreis entsteht.

Zur Durchblutung der zusätzlich vorhandenen Fettmassen muss das Blutvolumen und das Herzminutenvolumen erhöht werden. Geringere Reserven, höhere Leistungsbelastung des Herzens und schließlich **Herzerkrankungen** sind die Folge. Auch der Blutdruck steigt an mit möglichen weiteren Nachfolgeschäden.

Durch fettbedingte Einengungen im Bereich der Atemwege können sich chronische Atembeschwerden entwickeln.

Eine recht häufige Konsequenz anhaltenden Übergewichts beim Hund (wie beim Menschen) ist eine Erkrankung an **Diabetes mellitus (Zuckerkrankheit)**.

Auch Lebererkrankungen treten vermehrt auf.

Übergewichtige Hunde vertragen hohe Außentemperaturen weniger gut. Sie sind empfindlicher bei notwendig werdenden Narkosen, so dass sich das entsprechende Risiko erhöht.

Das Immunsystem wird in seiner Funktionsfähigkeit beeinträchtigt, so dass **Wundheilungsstörungen** häufiger sind und die Hunde **anfälliger für Infektionskrankheiten** werden.

Wahrscheinlich im Zusammenhang damit **steigt die Anfälligkeit für Krebserkrankungen bei übergewichtigen Hunden deutlich an**.

Übergewichtige Hunde erreichen nicht mehr alle Bereiche ihres Körpers und sind dadurch nicht mehr zu ausreichender Körperpflege in der Lage. Unter anderem dadurch neigen sie verstärkt zu **Hauterkrankungen**.

Behandlung der Adipositas

Bei der Behandlung der Adipositas stehen Veränderungen der Ernährung, d. h. eine entsprechende Diät, absolut im Vordergrund. Vor allem die mit dem Futter zugeführte Energie muss reduziert werden. Bei übergewichtigen Hündinnen muss diese Energierestriktion noch stärker als bei Rüden sein, da sie weniger schnell abnehmen. Schlüsselfaktoren sind Energie, Fett, Ballaststoffe und Protein. Futter zum Abnehmen darf nicht viel mehr als 3000 kcal/kg FTS enthalten. Die tägliche Kalorienmenge muss geringer sein als die, welche für den Erhalt der fettfreien Körpermasse nötig ist. Nur dann wird Fettgewebe zur Energiegewinnung verbraucht. Der Fettgehalt des Futters darf nur zwischen 5 % und 10 % liegen. Der Rohfaseranteil kann bei ca. 6 % und der Rohproteinanteil nicht unter 25 % der FTS liegen. Mehrere Varianten wurden in der Vergangenheit versucht, um das Gewicht durch eine veränderte Fütterung zu reduzieren.

Das Fasten, d. h. der vollständige Nahrungsentzug ist nur bei Unterbringung des Hundes in einer Tierklinik für mehrere Wochen möglich, da eine intensive Versorgung mit Flüssigkeit, Vitaminen und Mineralstoffen nötig ist. Der Hundebesitzer ist dabei nicht einbezogen und nach Abschluss der Null-Diät werden u. U. die gleichen Ernährungsfehler wie vorher gemacht. Außerdem kann es bei dieser Methode (Gewichtsverlust von 20 % in 4 Wochen!) auch zum verstärkten Abbau von fettfreier Körpermasse, vor allem Muskelmasse kommen. Probleme kann es auch geben, wenn der Hund nach Abschluss der Fastenkur die Nahrungsaufnahme verweigert.

Wird nur das bisherige Futter in der Menge reduziert, so wird der Hund nicht satt, bettelt intensiver als sonst und sucht sich andere nicht für ihn bestimmte Nahrung. Außerdem wird nicht nur weniger Energie (wie erwünscht) zugeführt, sondern gleichzeitig deutlich reduzierte und zu geringe Mengen an Eiweiß, Vitaminen, Mineralstoffen, Spurenelementen usw.

Als Methode der Wahl werden Reduktionsdiäten gefüttert, um Übergewicht ohne gesundheitliche Nachteile systematisch zu reduzieren.

Ziel ist es, nur noch 60–80 % der bisherigen Energiemenge zu verabreichen.

Dazu kann entweder das bisherige Futter so ergänzt werden, dass rohfaserreiche Einzelfuttermittel eingemischt werden. Zum Feuchtalleinfutter können z. B. 10 g Zellulose oder Weizenkleie je 100 g FOS eingemischt werden. Bei Trockenfuttergaben kann die Mahlzeit mit Möhren, Äpfeln usw. ergänzt werden.

Selbst zubereitete Rationen zur Gewichtsreduktion sind möglich wie Folgendes:

Rezept für 1 kg FOS

- 100 g Blättermagen oder Milz oder Lunge
- 300 g Putenbrust
- 300 g ungeschälter Reis
- 150 g Möhren
- 150 g Weizenkleie
- 20 g Vitamin-Mineralstoffmischung

Kommerziell hergestellte Reduktionsdiäten sind die einfachste und verlässlichste Art der Fütterung des übergewichtigen Hundes. Die Futtermittel sollten schmackhaft sein, damit sie ausreichend aufgenommen werden. Sie enthalten relativ viele Ballaststoffe. Dabei spielen unlösliche Rohfaserstoffe eine geringe Rolle, weil sie wenig Einfluss auf das Sättigungsgefühl haben. Günstiger ist der Einsatz löslicher Rohfaser. Bei der Herstellung von Reduktionsdiäten ist aber auch ein ausreichend hoher Eiweißgehalt von 25–30 % der FTS wichtig. Das ist zum einen notwendig, um einen verstärkten Abbau von fettfreier Körpermasse während der Diät zu verhindern. Zum anderen wird bei der Verarbeitung von Eiweiß im Stoffwechsel deutlich mehr Energie verbraucht als z. B. bei der Umsetzung

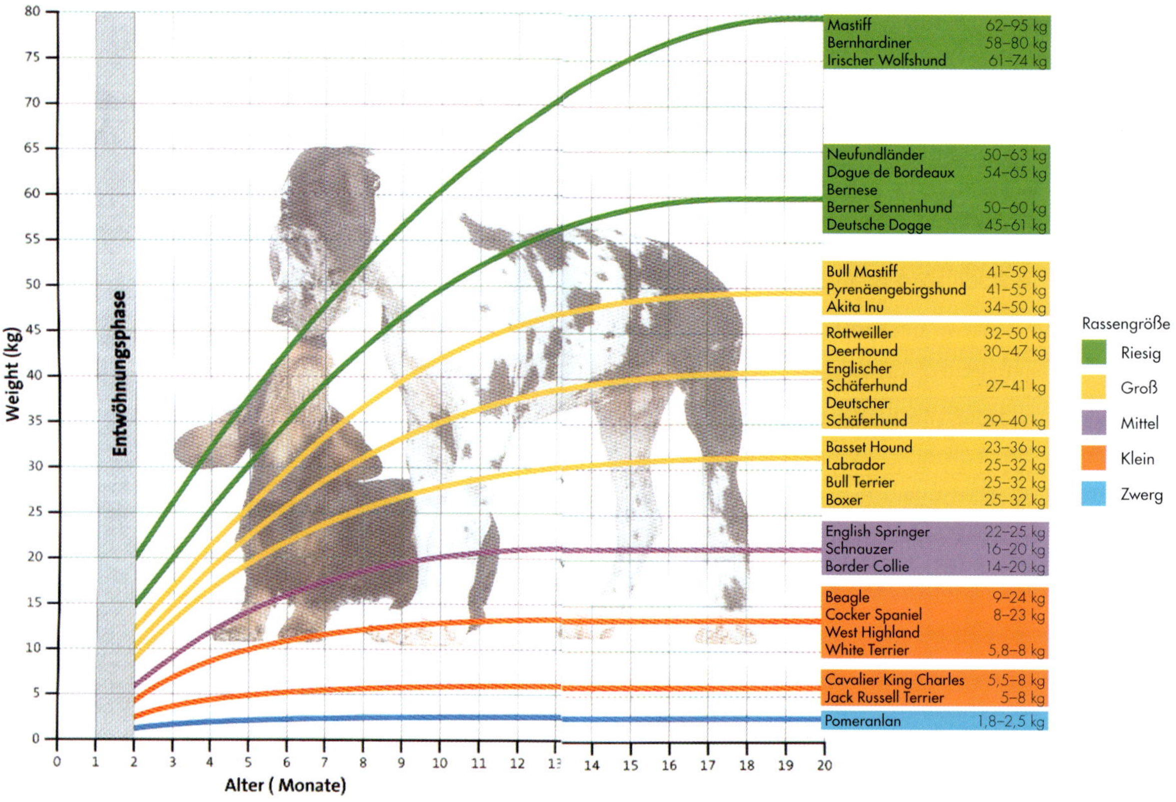

Gewichtsentwicklung verschiedener Hunderassen.

von Stärke. Dadurch wird bei eiweißreicher Fütterung letztlich weniger Energie zugeführt.

Neben der Reduktionsdiät ist es zur Erhaltung der Muskelsubstanz und zum erhöhten Energieverbrauch auch notwendig, dass der Hund sich deutlich mehr bewegt. Problematisch ist dabei natürlich, dass die beschriebenen Folgen der Adipositas wie Gelenkschmerzen den Hund eher dazu veranlassen, genau das nicht zu tun. Manche verfetteten Hunde kommen anfangs mit Mühe von der Haustür bis zum Bürgersteig. Eine gute Möglichkeit für regelmäßige Bewegung ohne zu starke Gelenkbelastung ist das Schwimmen. Aber auch nach und nach gesteigerte Spaziergänge von 20 bis 60 Minuten mehrfach täglich unterstützen das Abnehmprogramm des Hundes (und die Gesundheit des Besitzers).

Theoretisch gibt es weitere Möglichkeiten der Gewichtsreduktion wie beim Menschen. Chirurgische Eingriffe sind sicher keine wirkliche Alternative. Versuche mit Appetitszüglern und verschiedenen Hormonen brachten bisher widersprüchliche Ergebnisse. Lediglich mit DHEA konnten nachweislich Erfolge erreicht werden; allerdings gibt es bisher keine verlässlichen Informationen über mögliche Nebenwirkungen.

Eine Reduktionsdiät sollte zwischen 0,5–2 % Gewichtsabnahme pro Woche (bezogen auf das zu Beginn der Diät festgestellte Gewicht) erreichen, so dass nach ca. 6–8 Monaten das Wunschgewicht erzielt werden kann. Danach sollte im Allgemeinen ein Futter gegeben werden, dass ca. 10 % mehr Energie enthält als die zuletzt verabreichte Diät. Allerdings gibt es erhebliche

individuelle Unterschiede, so dass regelmäßiges Wiegen unbedingt erforderlich ist.
Beispiele für gut geeignete kommerzielle Reduktionsdiäten sind Royal Canin Obesity und Hill's Prescription Diet Canine r/d.

Zahnerkrankungen

In Kapitel 3 wurden Anmerkungen zu den Zahnerkrankungen gemacht. An dieser Stelle sollen die Möglichkeiten der Einflussnahme durch eine entsprechende Ernährung beschrieben werden. Ausgangspunkt für Zahnerkrankungen ist die Bildung von Auflagerungen (Plaque), aus denen durch anschließende Mineraleinlagerungen Zahnstein entsteht. Daraus entwickeln sich Schäden am Zahnhalteapparat und schließlich am Zahn selbst. Karies kommt dagegen beim Hund kaum vor, so dass ein hoher Gehalt von leicht verdaulichen Kohlenhydraten im Futter diesbezüglich keinen Schaden anrichtet. **Schlüsselfaktoren sind Protein, Kalzium, Phosphor und die Futtertextur**. Ein zu hoher Proteingehalt kann die Zahnsteinbildung u. U. fördern, ein zu niedriger Proteingehalt die Entwicklung von Schäden am Zahnbett mit verursachen. Ein zu niedriger Kalziumgehalt und ein zu hoher Phosphorgehalt können solche Erkrankungen unterstützen, aber auch ein starker Überschuss an beiden Mineralstoffen. Ein Mangel an Vitamin A, C und des B-Komplexes kann allgemein im Körper, so auch am Zahnhalteapparat, die Entwicklung von Entzündungen beschleunigen. Für die Vermeidung und zumindest teilweise Entfernung von Zahnstein ist die Beschaffenheit (Textur) des Futters wichtig. Kaustreifen, Kauknochen und Kauspielzeuge bringen nur Vorteile, wenn der Hund auch tatsächlich entsprechend lange darauf herumkaut. Werden sie schnell zerbissen, so entsteht kein positiver Effekt. Es können sogar Zahnfrakturen dadurch entstehen. Auch Hundekuchen fördern die Zahngesundheit nicht. Geeignet sind aber z. B. mit Enzymen versetzte spezielle Kaustreifen (z. B. Firma Albrecht, Firma Virbac), wiederum nur dann, wenn der Hund auch wirklich kaut. Bezüglich des eigentlichen Futters bringt die Größe der Bissen an sich keinen Vorteil. Wichtig ist vielmehr ein möglichst langer Kontakt mit dem Zahn. Das kann durch eine Optimierung des Fasergehalts sowie der Größe, Form und der Struktur der Futterpellets erreicht werden. Beispiel für eine solches Futter ist Hill's Prescription Diet t/d. Zusätzlich zur rein mechanischen Funktionsweise bieten die Alleinfuttermittel DENTAL & SKIN sowie DENTAL & DIGEST von Royal Canin auch chemische Komponenten.
Unter anderen unterstützen Natriumtripolyphosphate die Zahngesundheit durch eine Chelatierung des Speichelkalzium, der somit einer Zahnsteinneubildung entzogen wird.
Zähneputzen ist als gut wirksame Prophylaxe das Mittel der Wahl, aber leider nicht jedes Hundes Sache. So bleibt bei entsprechend veranlagten Hunden neben der diätetischen Unterstützung nur die regelmäßige Entfernung des Zahnsteines durch den Tierarzt, um negative Auswirkungen auf die Zahngesundheit und ausgehend davon auch auf andere Organe zu vermeiden.

Erkrankungen des Verdauungsapparates

Die wichtigsten Fakten zu Ursachen, Diagnostik und Therapie der Erkrankungen von Speiseröhre, Magen und Darm sind im Kapitel 3 dargelegt. Hier sollen die Möglichkeiten der Prophylaxe und der unterstützenden Therapie durch diätetische Maßnahmen vorgestellt werden. Zusammenhänge mit Futtermittelunverträglichkeiten werden in einem späteren Abschnitt gesondert dargestellt.

Schluckstörungen

Hier ist eine flüssige oder breiige Konsistenz des Futters meistens am besten geeignet. Nur bei der Speiseröhrenerweiterung (Megaösophagus), kann es günstiger sein, große Bissen Nassfutter oder auch Trockenfutter zu geben. Der Energiegehalt sollte erhöht sein und bei 4,8 kcal/g FTS liegen. Der Fettgehalt muss entsprechend über

25 % der FTS liegen. Ausnahme ist die Refluxösophagitis; hier sollte der Fettgehalt unter 15 % der FTS liegen, da bei höherem Fettgehalt die Magenentleerung verzögert wird und der Rückfluss von Speisebrei aus dem Magen in die Speiseröhre noch verstärkt wird. Eiweißgehalte von mehr als 25 % der FTS sind zu empfehlen. Dadurch wird die Magenentleerung beschleunigt. Beim Vorliegen von Schluckstörungen ist es richtig, den Hund mehrfach täglich zu füttern. Meist ist eine aufrechte Haltung durch Hochstellen des Futternapfes günstig.

Erbrechen

Wenn ein Hund sich erbricht, kann das sehr viele verschiedene Ursachen haben.

Immer ist es richtig, zunächst einmal ein bis zwei Tage gar kein Futter zu geben.

Wenn der Hund durch fortgesetztes Erbrechen sehr viel Wasser und auch Mineralstoffe verloren hat, ist anschließend eine salzhaltige flüssige oder breiige Diät günstig, z. B. Haferschleim mit Fleischbrühe. Als Fertigdiät für diesen Zweck kann z. B. Convalescence Support von Royal Canin verwendet werden. Wenn die Ursache ermittelt und behandelt wurde und die akuten Probleme überwunden sind, werden leicht verdauliche Futtermischungen (anfangs auch wieder breiig) mehrfach täglich in kleinen Portionen gefüttert. Solche Rationen enthalten ca. 3,8 kcal/g FTS, ca. 20–25 % Rohprotein und ca. 20 % Fett in der FTS. Bei Störungen der Fettresorption soll das Futter nur 5 % Fett, weniger als 1 % Rohfaser sowie erhöhte Mengen an Natrium (mehr als 450 mg je 100 g FTS), Kalium (mehr als 600 mg je 100g FTS), Vitamin A (mehr als 1100 IE/100 g FTS) und Zink (10–15 mg je 100 g FTS) enthalten.

Magenentleerungsstörungen

Eine verzögerte Magenentleerung zeigt sich darin, dass unverdautes oder anverdautes Futter bis zu 12 Stunden nach der Futteraufnahme erbrochen wird. Die Ursachen können akut (Fremdkörper im Magen oder Dünndarm) oder chronisch (z. B. übermäßige Verdickung des Gewebes am Magenausgang = Pylorushyperthrophie) sein. Als Folge eines chronischen Verlaufs magert der erkrankte Hund ab, bleibt aber bis auf das regelmäßige Erbrechen klinisch relativ unauffällig. Beim Röntgen mit Kontrastmittel ist noch nach mehr als vier Stunden das (mit Futter gemischte) Kontrastmittel im Magen zu finden. Solche Hunde sollen viel trinken und ein flüssiges oder breiiges Futter mit mittlerem Energiegehalt von 3,5–4 kcal/kg FTS erhalten.

Der Fettgehalt soll unter 15 % liegen. Gel bildende lösliche Fasern würden die Viskosität des Dünndarminhalts erhöhen und damit die Magenentleerung zusätzlich verzögern.

Die Magendrehung

Diese lässt sich mit Hilfe der im Kapitel 3 (S. 21) beschriebenen Maßnahmen zwar nicht vermeiden, aber in der Häufigkeit ihres Auftretens reduzieren. Ein Einfluss der Nährstoffzusammensetzung ist nicht bekannt. Allerdings führt ein hoher Fettgehalt des Futters zu verzögerter Magenentleerung und könnte gemeinsam mit anderen Faktoren in einem Teil der Erkrankungsfälle mitwirken.

Ungenügende Salzsäureproduktion

Mangelnde Salzsäureproduktion im Magen kommt aus verschiedenen Ursachen, vor allem bei älteren Hunden vor. Dadurch können insbesondere bindegewebsreiche Futtermittel nur schlecht verdaut werden und es kommt zu gehäuftem Erbrechen. Da ungenügend vorverdaute Nahrungsbestandteile in den Darm gelangen, entwickelt sich außerdem Durchfall. Als Diät erhalten solche Hunde hochverdauliche Futterrationen mit Muskelfleisch, Fisch, Quark, Joghurt, Eiern usw.

Akuter Durchfall

Bei akutem Durchfall wird zunächst über 1 bis 2 Tage kein Futter gegeben. In das Trinkwasser kann man 2–3 g Kochsalz einmischen. Royal Canin Rehydration Instant dient als Fertigpräparat dem Ausgleich der Elektrolytverluste.

Kamillentee oder Schwarzer Tee mit 2–3 % Traubenzucker können ebenfalls angeboten werden.

Der Hund muss unbedingt ständig Flüssigkeit zur freien Verfügung haben.

Wenn nach entsprechender Behandlung der Durchfall aufgehört hat, wird leicht verdauliches Futter in mehreren kleinen Portionen verabreicht. Eine solche Schonkost soll ähnlich wie die Diät im Anschluss an Erbrechen zusammengesetzt sein. Häufig hat ein Hund ohnehin beide Probleme gleichzeitig. Geeignet sind mageres Geflügelfleisch und gekochter weißer Reis. Wegen der Verluste an B-Vitaminen bei Durchfall ist deren Ergänzung besonders wichtig.

Fertigdiäten

Als Fertigdiäten bei akuten Magen-Darmerkrankungen sind zu empfehlen: Royal Canin Digestiv Low Fat bei Erbrechen oder bei Durchfall bei gestörter Fettresorption, Royal Canin Intestinal bei akuten, infektiösen oder chronischen Durchfallerkrankungen sowie Hill's Prescription Diet Canine i/d.

Infektionen im Verdauungskanal

Diese können aus dem Futter, Trinkwasser oder anderen Umweltfaktoren stammen. Sie können aber auch durch übermäßige Vermehrung von solchen Mikroorganismen entstehen, die normalerweise nur in kleiner Anzahl im Magen-Darm-Trakt leben und sich infolge von Ernährungsfehlern massenhaft vermehrt haben. Die diätetischen Maßnahmen und Mittel sind im Wesentlichen die oben beschriebenen. Dazu kommt eine medikamentöse, auf die Ursachen und die Symptome ausgerichtete Therapie.

Parasiten

Bei durch Parasiten ausgelösten Magen-Darm-Erkrankungen sollen neben der ursächlichen Therapie eiweißreiche Diäten mit entsprechenden Mengen an Vitaminen A, E und B (besonders auch Vitamin B12) und an Eisen gegeben werden.

Unterfunktion der Dünndarmschleimhaut

Diese führt zu je nach Ursache unterschiedlichen Störungen der Verdauung und der Resorption von Nährstoffen. Durch verschiedene Tests kann herausgefunden werden, ob die Kohlenhydrat-, Fett- oder Eiweißverdauung betroffen ist. Entsprechend werden die jeweiligen Nährstoffe in der Ration reduziert und so durch andere ersetzt, dass eine ausgewogene Fütterung erreicht wird.

Gluteninduzierte Enteropathie

Dies ist eine angeborene Überempfindlichkeit auf Gliadin, ein Glykoprotein, das in vielen Getreidesorten vorkommt. Die Krankheit betrifft vor allem Irische Setter und zeigt sich spätestens bis zum Alter von 6 Monaten. Es werden anhaltender Durchfall, Gewichtsverlust und Entwicklungsstörungen beobachtet. Nach Herausnahme des Getreides aus der Ration heilen die Veränderungen der Darmzotten und der Darmschleimhaut ab.

Andere Resorptionsstörungen (Malabsorption)

Solche Störungen können auch durch Infektionen oder durch chronische Entzündungsvorgänge entstehen. Es entwickeln sich anhaltende schwere Durchfälle. Als Folge des Nährstoffmangels und insbesondere des Eiweißmangels entstehen Ödeme und es kommt zu allgemeinem körperlichem Verfall. Als Diät werden hochverdauliche Eiweiße (Frischkäse, Kasein, gekochte Eier), Aminosäurengemische, Traubenzucker, Fettsäuren, Elektrolyte sowie auf das zwei bis dreifache der Normalmenge erhöhte Vitamingaben eingesetzt. Wenn der Verdacht besteht, dass allergische Reaktionen beteiligt sind, sollte die Eiweißquelle gewechselt werden. Dann kommen auch Diäten wie im Abschnitt über Futtermittelunverträglichkeiten beschrieben in Frage.

Entzündungen des Dickdarms (Kolitis)

Diese Erkrankungen haben unterschiedliche Ursachen und verlaufen oft chronisch. Sie kommen relativ häufig vor. In den meisten Fällen scheinen Störungen des Immunsystems der Dickdarmschleimhaut eine wesentliche Rolle zu spielen. Es gibt offensichtlich Ähnlichkeiten zum Morbus Crohn des Menschen. Die erkrankten Hunde setzen in kurzen Zeitabständen kleine Mengen flüssigen Kot ab, der meistens viel Schleim und manchmal auch Blut enthält. Zur Therapie werden vor allem Medikamente eingesetzt, die das Immunsystem hemmen. Der Diät kommt bei diesen Erkrankungen eine besondere Bedeutung zu. Nach ein bis zwei Tagen Fasten wird ein Futter mit einem Rohfaseranteil von ca. 5 % (Zugabe von Zellulose oder Kleie) verabreicht. Bei diesem Rohfasergehalt verschlechtert sich die Schmackhaftigkeit noch nicht zu sehr. Entscheidend ist häufig auch eine Ausschlussdiät. Es werden die bisher wesentlichen Inhaltsstoffe der Ration weggelassen und durch Einzelmittelfutter ersetzt, die der Hund bisher nicht erhalten hat. Besonders wichtig ist der Austausch der Eiweißquelle (siehe Abschnitt »Futtermittelunverträglichkeiten«, S. 118–121). Sofern solche Unverträglichkeiten keine Rolle spielen, kann auch eine Fertigdiät wie Weight control diabetic oder Intestinal (Royal Canin) oder auch Prescription Diet Canine w/d von Hill´s verwendet werden.

Lebererkrankungen

Lebererkrankungen kommen beim Hund nicht allzu häufig vor, führen aber, wenn sie auftreten, zu schweren Erkrankungen und enden häufig tödlich. Besonders anfällig für Erkrankungen der Leber sind die Rassen West Highland White Terrier, Cocker Spaniel, Labrador Retriever, Dobermann und Epagneul. Beim Bedlington Terrier und einigen anderen Rassen kommt eine erblich bedingte Kupferspeicherkrankheit der Leber vor.

Die Leber hat eine zentrale Bedeutung im Stoffwechsel – sie ist an ca. 1500 Funktionen beteiligt. Die wichtigsten sind die Aufrechterhaltung des Glukose-, Aminosäuren- und Spurenelementspiegels, die Beteiligung an der Regulation hormoneller Vorgänge, die Herstellung von Faktoren der Blutgerinnung, die Verarbeitung und Entfernung von Stoffwechselabfallprodukten und die Beteiligung an der Immunabwehr. Eine Besonderheit der Leber ist ihr ausgesprochen hohes Regenerationsvermögen.

Bedeutung wichtiger Ernährungsfaktoren bei Magen-Darm-Erkrankungen

- Proteine sollten zu mindestens 87 %, Fette und Kohlenhydrate zu 90 % verdaulich sein. Teilweise werden hydrolysierte Proteine in Diäten eingesetzt, um eventuelle allergische Reaktionen auszuschließen.
- Besonders die B-Vitamine sollten wegen der fehlenden Eigensynthese und des erhöhten Verbrauchs zusätzlich verabreicht werden (Drei- bis Fünffaches der Normalmenge).
- Das Futter sollte nicht mehr als 5 % Rohfaser enthalten.
- Lösliche Fasern (z. B. Pektine) erhöhen die Viskosität des Nahrungsbreis, verlängern den Aufenthalt im Dünndarm und verzögern die Magenentleerung. Sie sind Nahrungsquelle für die Dickdarmschleimhaut und fördern die Entwicklung der normalen Darmflora.
- Unlösliche Fasern (z. B. Zellulose) werden durch die Darmflora nur langsam zerlegt und fördern die Eigenbewegung (Peristaltik) und Entleerung des Darms.
- Fett ist energiereich und für den Hund generell leichter verdaulich als Kohlenhydrate und Eiweiß. Es verzögert die Magenentleerung. Bei Störungen des Fettstoffwechsels muss der Anteil von Fett in der Nahrung auf Werte unter 15 % der FTS reduziert werden.
- Besonders die entzündungshemmend wirkenden Omega-3-Fettsäuren sollten ausreichend in der Magen-Darm-Diät enthalten sein.
- Zeolith, ein mineralisches Tonerdeprodukt als Diätbestandteil bildet einen Schutzfilm auf der Darmschleimhaut und absorbiert Bakteriengiftstoffe, Ammoniak und überschüssiges Wasser im Darm.

Eine der Ursachengruppen für Lebererkrankungen sind angeborene oder erworbene **portosystemische Shunts**. Das sind Gefäßverbindungen zwischen dem Pfortadersystem der Leber und dem Venensystem des Körperkreislaufs, die normalerweise d. h. beim gesunden Hund nicht existieren. Durch diese Shunts tritt Pfortaderblut mit den darin enthaltenen nicht vollständig verarbeiteten Stoffwechselprodukten und -abfällen (insbesondere Ammoniak) in den Körperkreislauf ein und führt zu entsprechenden Vergiftungs- und Ausfallserscheinungen mit Fieber, Durchfall, vermehrtem Trinken und vermehrtem Harnabsatz. Gelbfärbung tritt nicht auf. Hunde mit angeborenem portosystemischem Shunt wachsen nicht. Besonders stark betroffen von den Vergiftungsfolgen ist das Gehirn mit entsprechenden Ausfällen und zentralnervösen Symptomen (hepatische Enzephalopathie).

Andere Ursachen für Lebererkrankungen sind z. B. Infektionen mit Viren oder Bakterien sowie Parasiten, Lebertumoren oder die Folgen der Erkrankungen anderer Organe. Die dadurch entstehende akute oder chronische Entzündung und Rückbildung (Degeneration bis zur Leberzirrhose) des Lebergewebes führt zu Funktionsausfällen (**Leberinsuffizienz**) mit unterschiedlich schweren Folgen. Die Symptome sind anfangs häufig recht unspezifisch. Es zeigen sich Appetitlosigkeit, Erbrechen, Durchfall, Gewichtsverlust, vermehrtes Trinken, vermehrter Urinabsatz und gelegentlich Fieber. Beim Fortschreiten der Lebergewebsschädigung kommt es schließlich zu **Ikterus** (Gelbfärbung von Haut und Schleimhäuten), Ödemen (wässrig-teigigen Anschwellungen – vor allem an den Läufen), Aszites (»Wassersucht«, Flüssigkeitsansammlung im Bauchraum) oder der erwähnten **hepatischen Enzephalopathie** (Gehirnerkrankung) mit Bewusstseinsstörungen, Krämpfen usw.

Bei **Verlegung des Hauptgallengangs** tritt innerhalb von 72 Stunden Ikterus auf. Die erkrankten Hunde fressen nicht, zeigen Erbrechen (z. T. blutig), Durchfall oder Verstopfung, Blut im Stuhl und im Spätstadium der Erkrankung Aszites.

Ein **frühes Anzeichen einer Lebererkrankung** kann es sein, wenn ein Hund z. B. deutlich länger als normalerweise braucht, um aus einer Narkose wieder vollständig aufzuwachen.

Die **Diagnostik** von Lebererkrankungen ist durch Blutuntersuchungen, Röntgen- und Ultraschallaufnahmen sowie in speziellen Fällen durch Untersuchung von Lebergewebsproben (Biopsie) möglich und führt zu entsprechenden Schlussfolgerungen für die Therapie.

Die **medikamentöse Therapie** besteht häufig in der Gabe von Antibiotika, Entwässerungsmitteln, entzündungshemmenden Medikamenten, Infusionen und der Unterstützung des Immunsystems. Ihr sind allerdings Grenzen gesetzt, da die Umsetzung vieler Medikamente mit Beteiligung der Leber erfolgt und die erkrankte Leber u. U. zusätzlich belastet wird. Bei der Langzeitbehandlung kann Laktulose eingesetzt werden, um die Ammoniakbildung durch die Dickdarmbakterien zu reduzieren. Das ist sowohl als Zusatz zum Futter als auch als Klistier möglich. Kupfer-Chelatbildner sind besonders dann angebracht, wenn eine beginnende Lebererkrankung in Folge der so genannten **Kupferspeicherkrankheit** vorliegt. Bedingt durch einen genetischen Defekt wird so viel Kupfer in der Leber angesammelt, dass es zu einer zunehmenden Gewebsschädigung mit entsprechenden Folgen kommt.

Behandelt werden müssen auch die häufig sekundär nach Lebererkrankungen entstehenden Geschwüre im **Magen-Darm-Trakt**. Zur Unterstützung und Regenerationsförderung des Lebergewebes werden häufig Präparate eingesetzt, die vor allem einen erhöhten Gehalt an **Vitaminen und Aminosäuren** besitzen. Eine solche »Leberschutztherapie« kann durchaus sinnvoll sein, ist aber auch Bestandteil der diätetischen Behandlung.

Die **Diät bei Lebererkrankungen** ist relativ kompliziert, weil viele Funktionen betroffen sind und die Folgen im Organismus entsprechend recht unterschiedlich sein können.

Schlüsselfaktoren bei der Ernährung leberkranker Hunde sind Energie, Protein, Kalium, Zink, Kupfer, Vitamine besonders mit antioxidativer Wirkung, Vitamin K, Karnitin, Natrium, Rohfaser und Arginin.

Bei **Lebererkrankungen ohne diätetische Unterstützung** wird in relativ großem Umfang Eiweiß im Körper abgebaut. Die **Energiezufuhr** sollte sichern, dass der erkrankte Hund sein Gewicht hält und nicht in großem Umfang Muskelmasse und anderes Körpereiweiß abgebaut wird. In solchen Rationen sollten mindestens 4 kcal/g FTS enthalten sein. Dabei kann ein hoher Fettgehalt (20–30 % der FTS) wesentlich zur Energiezufuhr beitragen. Hunde vertragen hohe Fettmengen im Allgemeinen sehr gut. Energie aus Kohlenhydraten sollte insbesondere aus hochverdaulichem Reis zur Verfügung gestellt werden. Hochverdauliche Zucker (z. B. Flüssignahrungsmittel für Menschen) sind nicht geeignet, weil leberkranke Hunde ihren Blutzuckerspiegel nicht mehr so gut regulieren können wie gesunde Hunde. Entscheidende Bedeutung hat die **Proteinversorgung**. Es dürfen nur hochverdauliche Eiweiße gefüttert werden, die vollständig im Dünndarm verdaut werden. Der Eiweißgehalt des Futters sollte bei 20–30 % der FTS liegen. Bei leberkranken Hunden ist der Eiweißbedarf teilweise doppelt so hoch wie bei gesunden Hunden. Andererseits kann eine zu hohe Proteinzufuhr durch verstärkte Ammoniakbildung im Darm die Leber zusätzlich belasten und durch Verteilung über den Blutkreislauf das Gehirn schädigen.

Das Ziel besteht daher darin, so viel Eiweiß zu füttern wie der Hund maximal verträgt.

Ganz wesentlich ist dabei die Eiweißqualität. Es müssen alle essenziellen Aminosäuren in den richtigen Relationen enthalten sein. Besonders wichtig ist für leberkranke Hunde ein höherer Anteil an Arginin, wie er vor allem in Fleisch und Soja enthalten ist. Der Gehalt an Methionin sollte dagegen nicht zu hoch sein, da bei seinem Abbau im Darm u. a. vermehrt Schwefelwasserstoff entsteht, das zusätzlich die Leber belastet. Eier enthalten hochwertiges Eiweiß, darunter aber auch relativ viel Methionin. Bei Hunden mit klinischen Anzeichen einer leberbedingten Gehirnerkrankung dürfen sie daher nur in begrenzter Menge gegeben werden. Fleisch und Sojaprotein sind die geeignetsten Eiweißquellen. Milcheiweiß kann teilweise auch eingesetzt werden.

Kaliummangel kann sich bei Lebererkrankungen relativ schnell entwickeln, so dass ein Gehalt von 0,8–1,0 % Kalium in der FTS enthalten sein sollte.

Die Versorgung mit **Zink** sollte ausreichend hoch sein (ca. 250 mg/kg FTS). Insbesondere durch mangelnde Nahrungsaufnahme kann sich ein Zinkmangel schnell entwickeln. Dieses Spurenelement ist aber neben seiner vielfältigen Funktionen im Stoffwechsel auch deshalb besonders wichtig für die Leber, weil es dazu beiträgt, die Resorption von Kupfer zu hemmen.

Kupfer kann wie bereits erwähnt bei entsprechend genetisch veranlagten Hunden durch übermäßige Speicherung zu Leberdegeneration führen. Darüber hinaus kann Kupfer auch bei Lebererkrankungen anderer Ursache zusätzliche Schädigungen des Lebergewebes hervorrufen. Der Kupfergehalt im Futter sollte daher unter 5 mg/kg FTS liegen. Durch die Entzündungsvorgänge in der Leber und dem teilweise vorhandenen Kupferüberschuss sind freie Radikale bei Lebererkrankungen von noch größerer Bedeutung als bei gesunden Hunden.

Antioxidanzien spielen deshalb eine besonders große Rolle und müssen in entsprechend hohen Mengen dem Futter zugesetzt werden. Dazu gehören besonders das Vitamin E (400–500 IE täglich pro Hund), Spurenelemente wie Selen und Mangan und Karatinoide. Aber auch eine erhöhte Versorgung mit B-Vitaminen ist wichtig. In letzter Zeit konnte nachgewiesen werden, dass die Aminosäure Taurin auch für Hunde ein wichtiges Antioxidanz ist. Bei Lebererkrankungen wird Vitamin C nicht mehr ausreichend selbst hergestellt, so dass auch dieses antioxidativ wirkende Vitamin (500–1000 mg pro Hund täglich) zusätzlich verabreicht werden sollte.

Die Bestandteile des »Antioxidanzien-Cocktails« wirken synergistisch, d. h. sie ergänzen sich gegenseitig und verstärken wechselseitig ihre Wirkung.
Das für die Blutgerinnung wichtige **Vitamin K** wird von leberkranken Hunden nicht mehr ausreichend synthetisiert und muss entsprechend ergänzt werden.
Karnitin wird von leberkranken Hunden oft nicht mehr ausreichend synthetisiert, ist aber für den Transport von Fettsäuren innerhalb der Zellen unentbehrlich.
Deshalb empfehlen sich bei Leberdiäten Karnitingaben von ca. 300 mg/kg FTS.
Der **Gehalt an Kochsalz** soll bei Hunden mit Lebererkrankungen nicht so hoch sein. Das gilt besonders für Hunde mit Flüssigkeitsansammlungen im Bauch (Aszites) und erhöhtem Blutdruck in den Lebergefäßen. Der Gehalt an Natrium sollte daher nicht mehr als 0,1–0,25 %, der an Chlorid nicht mehr als 0,25–0,4 % der FTS betragen.
Pflanzliche Faserstoffe wirken sich günstig aus, wenn sie von den Bakterien der Darmflora verwertet werden können, d. h. fermentierbar sind. Dadurch wird die Bildung von Ammoniak reduziert und ein Teil des noch vorhandenen Ammoniaks durch die Bakterien gebunden und schließlich mit dem Kot ausgeschieden. Nicht fermentierbare Faserstoffe haben gleichfalls eine günstige Wirkung in Leberdiäten, da sie zu einer schnelleren Darmpassage beitragen und einen Teil der im Darm entstehenden leberschädigenden Stoffe binden können. Ein zu hoher Faseranteil würde diese Effekte umkehren und zu erhöhter Ammoniakbildung und -resorption beitragen. Günstig sind deshalb Mengen von 1–3 % Rohfaser in der FTS.
Da Lebererkrankungen je nach Ursache und Stadium der Krankheit unterschiedliche Auswirkungen haben können, werden für spezielle Krankheitszustände besondere diätetische Maßnahmen erforderlich:
Bei einem **akuten Leberversagen** herrschen Symptome wie Erbrechen und Durchfall vor. In diesem Fall sollte 2 bis 3 Tage kein Futter gegeben werden, aber auf jeden Fall ausreichend Flüssigkeit mit Elektrolyten verabreicht werden. Die Vitaminversorgung, insbesondere mit Vitamin E und K muss gesichert werden. Ab 3. Tag wird dann eine hochverdauliche Diät mehrfach täglich in kleinen Mengen gegeben. Wenn es dem Hund besser geht und die Laborwerte sich ebenfalls bessern, kann die Menge allmählich erhöht werden.
Eine **Leberverfettung** kann theoretisch auch als Folge eines Mangels an solchen Nährstoffen wie Biotin, Cholin und Methionin entstehen, entwickelt sich aber eher als Folge anderer Erkrankungen wie z. B. von Diabetes mellitus, sofern der erkrankte Hund fettleibig ist. Bei solchen Hunden sollen fettarme Diäten (5–8 % in der FTS) gegeben werden. Zusätzlich empfehlen sich Ergänzungen mit Biotin, Methionin, Cholin, Karnitin, Zink, Omega-3-Fettsäuren, sowie Vitamin E (2 mg/kg KM und Tag).
Chronische Lebererkrankungen (Zirrhose, Fibrose), bei denen bereits erhebliche Anteile des Lebergewebes ausgefallen sind, können nur noch wenig durch Therapie und Diät beeinflusst werden. Wichtig ist ein niedriger Gehalt an Kochsalz sowie eine gute Versorgung mit den oben aufgeführten Vitaminen usw.
Bei Symptomen einer **Hepathoenzephalopathie** wie Krampfanfällen, Apathie, Erbrechen usw. gelangen infolge der gestörten Filterfunktion der Leber vermehrt giftige Stoffwechselprodukte zum Gehirn. Diese stammen vorrangig aus dem Proteinstoffwechsel. In einer solchen Situation muss der Eiweißanteil in der Ration zunächst erheblich reduziert werden. Zur Sicherung der Versorgung mit essenziellen Aminosäuren werden dann ausschließlich hochverdauliche Proteine (Soja, Fleisch, Quark) gefüttert. Anfangs wird zusätzlich das Antibiotikum Neomyzin gegeben und es wird Laktulose verabreicht.
Beim Vorliegen der genetisch bedingten **Kupferspeicherkrankheit** werden kupferarme Rationen gegeben. Dazu eignen sich vor allem Milchprodukte. Bei Zusatz von Vitamin-Mineralstoff-Gemischen sind kupferarme Mischungen wie die Multi-E-Paste mit L-Karnitin (Firma Gimborn)

zu bevorzugen. Ist die Erkrankung bereits fortgeschritten, so werden zusätzlich Chelatbildner durch den Tierarzt verschrieben. Auch erhöhte Zink-Gaben sind hilfreich, verlangen aber eine Kontrolle des Zinkgehalts im Blut.

Störungen der Gallensekretion in Zusammenhang mit Lebererkrankungen oder durch Verlegung der abführenden Gallenwege haben unvollständige Fettverdauung und damit auch eine geringere Resorption fettlöslicher Vitamine (A, D, E, K) zur Folge. Der Fettgehalt in der Ration muss auf 2–3 % der FTS reduziert werden. Es sollen Fette mit einem hohen Anteil an essenziellen Fettsäuren gegeben werden. Gleichzeitig sollte der Kohlenhydratanteil in der Ration erhöht werden und vor allem aus gekochtem Reis bestehen. Die Vitamine A, D, E und K müssen entsprechend zugesetzt werden.

Ein Rezept für eine selbst hergestellte Leberdiät kann in 1 kg FOS enthalten:

- 110 g fettarmes Fleisch
- 150 g Magerquark
- 620 g gekochte Kartoffeln
- 100 g Schweineschmalz
- 20 g Vitamin-Mineralstoffmischung Welpi-Sal (Firma Intervet)

Als Fertigdiäten haben sich bewährt: Hepatic von Royal Canin sowie Hill´s Prescription Diet Canine l/d sowie bezüglich der Kupferspeicherkrankheit ebenfalls Hepatic von Royal Canin sowie Hill´s Prescription Diet Canine u/d.

Bauchspeicheldrüsenerkrankungen (Pankreaserkrankungen)

Eine **akute Pankreasentzündung** kann beim Hund zu Erbrechen, Bauchschmerzen, Fieber und sich zunehmend verschlechterndem Allgemeinbefinden führen. Schwere Formen führen zu chronischem Verlauf und dauerhafter Zerstörung von Pankreasgewebe. Eine intensive medikamentöse Behandlung, ein völliger Nahrungsentzug für ca. 3 Tage und eine Nährstoffversorgung durch Infusionen sind die notwendigen Maßnahmen. Nach Abklingen der akuten Phase wird hochverdauliches, fettarmes (max. 5 % Fett in der FTS), protein- und kohlenhydratreiches Futter in kleinen Mengen und kurzen Zeitabständen (ca. alle 4 Stunden) gegeben.

Eine **chronische Pankreasinsuffizienz** (= Schwäche = ungenügende Leistung) ist häufig angeboren und zeigt sich dann schon bei Junghunden im Alter von 6 bis 18 Monaten, in manchen Fällen aber auch erst im Alter von 1 bis 5 Jahren. Sie kommt bei vielen Hunderassen und Mischlingen vor, besonders häufig aber beim Deutschen Schäferhund. Eine chronische Pankreasinsuffizienz kann sich aber auch als Folge einer Pankreasentzündung entwickeln. Die Pankreasinsuffizienz ist die häufigste Maldigestionsursache beim Hund. Maldigestion bezeichnet allgemein eine Verdauungsstörung im Darmlumen (Darmrohr), die als Folge von Erkrankungen des Magens, der Leber oder eben der Bauchspeicheldrüse auftreten kann. (Im Gegensatz dazu gibt es die Malabsorptionserkrankungen, d. h. Störungen bei der Resorption der Nährstoffe durch Erkrankungen der Darmschleimhaut.) Die typischen Symptome sind meistens ein gesteigerter Appetit mit gleichzeitiger Abmagerung. Die erkrankten Hunde setzen relativ große Kotmengen ab. Darin sind häufig unverdaute Nahrungsbestandteile enthalten. Sehr oft fressen solche Hunde Kot oder andere für die Ernährung ungeeignete Substanzen. Manche Hunde zeigen Erbrechen. Häufig tritt Durchfall auf.

Am stärksten betroffen ist die Fettverdauung, so dass der Kot im typischen Fall fettig und hell aussieht.

Ausfallserscheinungen treten auf, wenn die Enzymproduktion der Bauchspeicheldrüse bereits bis auf 10 % der normalen Menge reduziert ist. Die beste diagnostische Methode zur Feststellung einer Pankreasinsuffizienz ist eine Blutserumuntersuchung, der so genannte TLI-Test. Für die Behandlung der Krankheit werden die fehlenden natürlichen Pankreasenzyme durch ein entsprechendes Medikament ersetzt. Dabei sind Präparate in Pulverform günstiger als Tabletten, Kapseln usw. Anfangs wird ein Teelöffel Pulver/10 kg Körpermasse und Mahlzeit direkt vor dem Fressen dem Hund eingegeben. Wenn die Symptome abklingen, kann die Menge so weit reduziert werden, wie es für eine weitere Symptomfreiheit notwendig ist. Alternativ kann das Pulver auch in das Futter eingemischt werden. Die richtige Menge ist erreicht, wenn der Hund wieder zunimmt und die Kotbeschaffenheit sich normalisiert hat. Wenn die Symptome sich trotz eindeutiger Diagnose und ausreichender Dosierung der Pankreasenzyme nicht bessern, liegt möglicherweise zusätzlich eine bakterielle Überwucherung des Dünndarms vor. In diesem Fall muss mindestens 4 Wochen lang mit Antibiotika wie Metronidazol oder Oxytetrazyklin behandelt werden.

Eine **diätetische Therapie** ist zusätzlich angebracht.

Schlüsselfaktoren der Ernährung sind eine hohe Verdaulichkeit, ein niedriger Fettgehalt und ein niedriger Faseranteil.

Die Verdaulichkeit sollte für Protein bei mindestens 87 % und für Fett und Kohlenhydrate bei mindestens 90 % liegen. Der Fettgehalt sollte nicht wesentlich über 5 % der FTS liegen. Das Futter muss eiweißreich (ca. 24 % der FTS) sein und aufgeschlossene Kohlenhydrate enthalten. Wichtig ist, dass auch bei fettarmer Ernährung genügend Linolsäure in der Ration enthalten ist; der Gehalt sollte etwa 1,5-fach so hoch sein wie in den Futterrationen für gesunde Hunde. Als Eiweißquellen werden leicht verdauliche Produkte wie Fleisch, Milchprodukte und Eier eingesetzt. Bindegewebsreiche Schlachtabfälle sollten wegen der geringeren Verdaulichkeit nicht gefüttert werden. Als Kohlenhydratquellen kommen hochverdauliche Stärken aus Reis, Mais, Gerste und Weizen nach entsprechender Erhitzung der Ausgangsstoffe zum Einsatz. Faserstoffe sollten bei der Fütterung von Hunden mit Pankreasinsuffizienz nur in sehr kleinen Mengen (unter 2 % der FTS) enthalten sein. Vitamine und Mineralstoffe müssen ausreichend im Futter enthalten sein. Sie müssen ergänzt werden, da die Resorption aus dem Darm gestört ist. Das gilt besonders für die fettlöslichen Vitamine. Vitamin A und D wird per Injektion gegeben; eine Wiederholung ist wegen der Speicherung im Körper erst nach ca. 3 Monaten angebracht, sofern die Krankheitssymptome dann immer noch vorhanden sind. Vitamin E kann täglich gegeben werden. Besonders die Vitamin-K-Versorgung ist zu beachten, da dieses Vitamin kaum gespeichert wird. Bei einem Vitamin-K-Mangel kann es zu Gerinnungsstörungen und Blutungen kommen, so dass Vitamin-K-Gaben per Injektion in Abständen von 12 Stunden nötig sein können. Auch die Vitamine des B-Komplexes sollten ergänzt und wegen der fehlenden Speicherung täglich gegeben werden. Besonders wichtig sind dabei Vitamin B12 und Folsäure. Darüber hinaus muss auf eine gute Versorgung mit Zink geachtet werden. Bei anhaltendem Durchfall müssen auch Kalium, Natrium und Chlorid ergänzt werden. Vorher sollte eine entsprechende Blutuntersuchung durchgeführt werden.

Diabetes mellitus (Zuckerkrankheit)

Diabetes mellitus (Zuckerharnruhr, Zuckerkrankheit) ist eine Stoffwechselstörung, die zu einem Anstieg des Blutzuckerspiegels (Glukose) führt. Ursache ist in 80 % der Fälle eine verminderte Insulinproduktion (Diabetes mellitus Typ I). In ca. 20 % der Fälle ist eine ungenügende Wirkung des Insulins (»Insulinresistenz«) die Ursache. Man spricht hier auch von insulinunabhängigem Diabetes (Typ II). In beiden Fällen ist die Glukoseaufnahme in die Zelle reduziert. An Diabetes mellitus erkranken vor allem – aber nicht nur – ältere Hündinnen der kleineren Rassen. Aber auch jüngere Hunde können erkranken, wenn sie die entsprechende genetische

Veranlagung besitzen. Auch große Hündinnen mit pathologischen Veränderungen in der Geschlechtshormonproduktion können nachfolgend an Diabetes mellitus erkranken. Besonders stark gefährdet sind Hunde mit deutlichem Übergewicht.

Zuckerkranke Hunde magern ab, obwohl sie sehr viel fressen. Ursache ist ein verstärkter Abbau von körpereigenem Eiweiß und Fett. Auffällige Symptome sind der vermehrte Durst und der entsprechend reichliche Urinabsatz.

Beim Fortschreiten der Erkrankung kann der Appetit deutlich nachlassen und es kann Erbrechen auftreten. Folgeerkrankungen anderer Organe (Leber, Niere, Haut) sowie Linsentrübungen sind möglich. Wenn der Blutzuckerspiegel zu stark ansteigt, kann es zum Koma (Bewusstlosigkeit) kommen. Zur Diagnose eignen sich Blut- und Urinuntersuchungen. In Zweifelsfällen wird zur Abgrenzung von anderen den Blutzucker erhöhenden Erkrankungen (z. B. Cushing-Syndrom) das Fruktosamin im Blut bestimmt.

Die Behandlung der Krankheit erfolgt durch regelmäßige Injektionen von Insulin und ist im Allgemeinen lebenslang notwendig. Trotz einer solchen Behandlung kann es aber zu erheblichen Tagesschwankungen des Blutzuckerspiegels kommen, so dass eine geeignete spezifische Ernährung gleichfalls sehr wichtig ist.

Dabei ist es das Ziel, den schnellen Anstieg des Blutzuckerspiegels nach der Fütterung zu verhindern, indem Futtermittel mit hohem Zuckergehalt vermieden und indem der Rohfasergehalt der Ration erhöht wird. Wichtig ist, dass die Zusammensetzung der einzelnen Mahlzeiten mög-

Bei nicht gut eingestellten diabetischen Hunden kommt es häufig zu Komplikationen. Dieser Hund hat neurologisch bedingte Probleme beim Laufen.

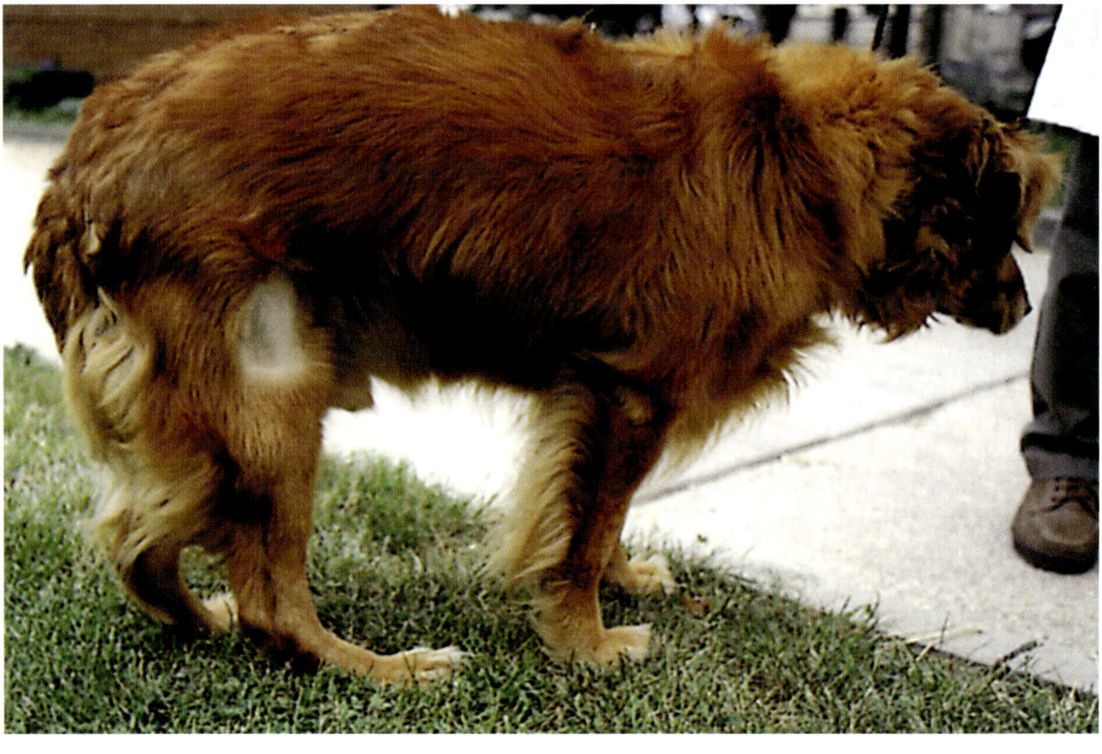

lichst gleich bleibend ist, um nicht unnötig die Anforderungen an den Insulinbedarf ständig zu verändern. Einfache Zucker (Mono- und Disaccharide) dürfen nicht enthalten sein. Daher sind halbfeuchte Futter und viele Nassfutter ungeeignet. Komplex aufgebaute Kohlenhydrate in Form von Stärke können aber vom Diabetiker sehr gut verwertet werden.

Werden geeignete Faserstoffe zugesetzt, so verzögert sich die Freisetzung und Resorption von Glukose aus dem Darm und die Blutzuckerschwankungen werden reduziert. Geeignet sind besonders die löslichen Faserstoffe wie Weizenkleie oder Zellulose und Gerste. Besonders günstig wirksame lösliche Faserstoffe enthält aber Guar. Es wird in Mengen von 2 g/kg KM täglich gefüttert. Größere Mengen verursachen weichen Kot und sehr starke Gasbildung.

Am effektivsten ist – auch wegen der gleich bleibenden Zusammensetzung – der Einsatz von Fertigdiäten, die einen Gesamtfasergehalt von ca. 10–15 % der FTS aufweisen. Bei selbst gemischten Rationen oder der Verfütterung von Fertignassfutter sollte der Rohfasergehalt durch Zusatz löslicher Faserstoffe (z. B. Weizenkleie bis zu 2 g/kg KM am Tag) ähnliche Werte erreichen und keinesfalls unter 5 % der FTS liegen. Insgesamt soll der Kohlenhydratgehalt nicht wesentlich über 50 % der FTS liegen. Der Eiweißgehalt sollte erhöht werden, sofern der Hund als Folge der Krankheit abgemagert ist. Es sollten 25–30 % Eiweiß in der FTS erreicht werden. Wenn allerdings zusätzlich Erkrankungen der Nieren oder der Leber vorliegen, so ist ein Eiweißgehalt von 15–20 % zu bevorzugen.

Fette tierischer und pflanzlicher Herkunft sind eine wichtige Energiequelle und sollten in Mengen von ca. 10 % der FTS in der Ration enthalten sein. Ein zu hoher Fettgehalt könnte allerdings zu Problemen insbesondere an Leber und Bauchspeicheldrüse führen.

Beim Diabetiker gehen wegen der verstärkten Urinausscheidung erhebliche Mengen an Mineralstoffen und Spurenelementen verloren. Eine entsprechende Kontrolle der Blutwerte ist zu empfehlen und es ist ganz besonders auf eine ausreichende Versorgung mit Trinkwasser zu achten. Besonders die Mineralstoffe Natrium, Chlor, Kalzium und Phosphor können in größerem Umfang verloren gehen und sollten daher regelmäßig kontrolliert werden. Geeignete Fertigfuttermittel sind z. B. Diabetic und Weight Control Diabetic von Royal Canin und Hill's Prescription Diet Canine w/d. Die Hunde sollten dreimal täglich gefüttert werden. Dabei ist es günstig, ein Viertel der Tagesmenge jeweils früh und abends und die Hälfte der Tagesmenge mittags zu verabreichen. Regelmäßige Bewegung ohne übermäßige körperliche Beanspruchung ist ein weiterer Faktor, der sich für den zuckerkranken Hund günstig auswirkt.

Herz- und Kreislauferkrankungen

Erkrankungen des Herzens treten besonders bei älteren Hunden relativ häufig auf. Etwa jeder 10. Hund ist davon betroffen. Angeborene Veränderungen an Herz und Gefäßen wie z. B. Ductus arteriosus persistens, Pulmonalstenose, Aortenstenose und weitere führen schon bei jungen Hunden zu erheblichen gesundheitlichen Beeinträchtigungen. Herz- und Kreislauferkrankungen zählen mit zu den Haupttodesursachen von Hunden.

Bei kleinen Hunderassen entwickeln sich vor allem **Herzklappenerkrankungen**. Sie lassen sich durch Abhören mit dem Stethoskop relativ leicht feststellen.

Bei großen Hunden überwiegen Erkrankungen des Herzmuskels. Bei ihnen entwickelt sich vor allem die **Dilatative Kardomyopathie (DKM oder DCM)**. Im Röntgenbild ist dann eine deutliche Vergrößerung des Herzens zu sehen. Durch Ultraschalluntersuchungen kann man u. a. feststellen, dass gleichzeitig der Herzmuskel ausgedehnt (Dilatation) und dünner als normal ist. Bei der DCM sind beim Abhören meist keine veränderten Herzgeräusche festzustellen. Relativ viele Hunde einiger großer Rassen erkranken bereits frühzeitig im mittleren Alter an DCM. Dazu gehören vor allem Dobermann, Irischer Wolfshund, Deutsche Dogge, Boxer, Bernhardiner und Neufundländer. Auch der Cocker Spaniel hat eine offenbar genetisch bedingte verstärkte Veranlagung, an DCM zu erkranken.

Neben den erwähnten **genetisch bedingten Ursachen** sind sich mit dem Alter entwickelnde Veränderungen und Faktoren der Ernährung von großer Bedeutung. Dabei ist Überernährung mit darauf folgendem Übergewicht einer der häufigeren Faktoren, die an der Entwicklung von Herzkrankheiten beteiligt sind.

Die **Symptome** bei Herzerkrankungen können je nach Art der Erkrankung und dem Stadium ihres Fortschreitens unterschiedlich sein.

Häufig zeigen die erkrankten Hunde schon relativ frühzeitig wenig Bereitschaft, sich längere Zeit und intensiv zu bewegen. Sie geraten schnell »außer Atem«, zeigen also eine übermäßig stark angestrengte Atmung und erholen sich nach einer körperlichen Belastung erst nach relativ langer Zeit.

Weitere mögliche Krankheitssymptome sind rasselnde und pfeifende Atemgeräusche, Husten, Blaufärbung der Schleimhäute (besonders an der Zunge sichtbar) bei Anstrengung und Aufregung sowie allgemeine Schwäche. Typisch für Herzerkrankungen im fortgeschrittenen Stadium ist auch nächtliche Unruhe.

Die meisten Herzerkrankungen entwickeln sich schleichend. Mit zunehmender Dauer der Erkrankung geht es den Hunden immer schlechter. Sie stellen schließlich die Nahrungsaufnahme ein und magern ab. Besonders bei gleichzeitig auftretenden Nierenerkrankungen können sich Ödeme an den Gliedmaßen entwickeln oder es kommt zu Flüssigkeitsansammlungen im Bauch (Aszites). In der Endphase kann eine fortgeschrittene Herzerkrankung zu plötzlicher Entwicklung eines Lungenödems mit hochgradiger Atemnot und baldiger Todesfolge führen.

Eine schwer zu beherrschende **Folge** kann u. a. wegen des schlechten Allgemeinzustandes und teilweise auch als Nebenwirkung mancher Medikamente die Einstellung der Nahrungsaufnahme sein. Eine häufige Folge sind auch Erkrankungen der Nieren, die dann ihrerseits wieder zu einer verstärkten Belastung des kranken Herzens führen. Wenn das Herz nicht mehr normal funktioniert, werden die Organe und Gewebe nicht mehr ausreichend durchblutet. Daraufhin kommt es zu einer Gegenregulation durch die Nieren (Renin-Angiotensin-System) mit dem Ziel des Ausgleichs (Kompensation). Dadurch werden Natrium, Chlorid und Wasser im Körper zurückgehalten. Das Blutvolumen, aber auch die anderen Flüssigkeitsmengen im Körper werden größer. Die Gewebe können besser durchblutet werden. Mit Fortschreiten der Krankheit kommt es aber dann zu übermäßig starkem Zurückhalten von Flüssigkeit, was Ödembildung und Blutdruckanstieg zur Folge hat. Dadurch steigt die Belastung des ohnehin geschwächten Herzens weiter an.

Auch die Erkrankung der Nieren verschlechtert sich weiter. Eine frühzeitige und korrekte **Diagnose** der Herzerkrankung schafft die besten Voraussetzungen dafür, den beschriebenen »Teufelskreis« zu durchbrechen und das Fortschreiten der Krankheit aufzuhalten oder doch zumindest entscheidend zu verlangsamen.

Auf die unterschiedliche Bedeutung der Ergebnisse des Abhörens wurde bereits hingewiesen. Es muss also längst nicht alles in Ordnung sein, wenn kein auffälliges Herzgeräusch festgestellt wird. Wichtig ist auch das Fühlen des Pulses (an der Innenseite des Oberschenkels). Er soll gleichmäßig und kräftig sein und liegt bei Hunden je nach Alter und Größe bei 70 bis 120 Herzschlägen pro Minute.

Auch Blutdruckmessungen sind eine gute Möglichkeit, den Zustand von Herz und Kreislauf zu überprüfen. Die Normalwerte liegen für kleine Hunde bei 140:85, und für große Hunde bei 150:85 mit Schwankungsbereichen von jeweils 10–20 mm HG nach oben oder unten. Der Blutdruck sollte beim Hund nicht über 180 mm HG liegen. Durch Röntgenaufnahmen kann überprüft werden, ob das Herz vergrößert ist. Es kann aber dadurch nicht ermittelt werden, ob eine Dilatation (Erweiterung) oder eine Hypertrophie (Verdickung) des Herzmuskels vorliegt. Im Röntgenbild kann gleichzeitig festgestellt werden, ob Stauungserscheinungen in den großen Gefäßen oder in der Lunge vorliegen oder ob durch das vergrößerte Herz ein Druck auf die Luftröhre ausgeübt wird. Außerdem können eventuell vorliegende Lungenerkrankungen ermittelt werden. Durch Aufzeichnung eines Elektrokardiogramms (EKG) wird im Wesentlichen die Funktionsfähigkeit des speziellen Reizbildungs- und Erregungsleitungssystems überprüft. Es können Herzrhythmusstörungen, aber auch weitere Symptome festgestellt werden. Die Herzultraschalluntersuchung ermöglicht es, u. a. zwischen Dilatation und Hypertrophie des Herzens zu unterscheiden und die Kontraktionskraft des Herzens zu beurteilen. Aus diesen Untersuchungsergebnissen können dann die notwendigen **therapeutischen Maßnahmen** abgeleitet werden.

Eingesetzt werden je nach je nach Erkrankungsursache und -stadium: Herzglykoside wie Digoxin zur Verbesserung der Kontraktionskraft der Herzens, ACE-Hemmer zur Senkung der Vor- und Nachlast in den großen Gefäßen am Herzen, entwässernde Medikamente und solche Medikamente, die den gestörten Herzrhythmus regulieren. Eine Kombinationswirkung (sowohl die Herzmuskelkontraktion unterstützend als auch die Vor- und Nachlast senkend) hat der Wirkstoff Pimobendan (Vetmedin). Häufig müssen mehrere Medikamente kombiniert angewendet werden. Bei vielen Herzkrankheiten muss der Behandlungsplan im Lauf der Zeit dem jeweiligen Zustand angepasst werden.

Die Ernährung kann erheblichen Einfluss auf die Entwicklung einer Herzkrankheit haben. Vorbeugende Wirkung hat es, wenn Übergewicht verhindert wird. Die Möglichkeiten dazu wurden im Abschnitt über die Adipositas beschrieben (s. S. 72–77).

Wenn Herzerkrankungen vorhanden sind, gelten folgende Schlüsselfaktoren der Ernährung: Natrium, Chlorid, Kalium, Magnesium, Energie, Phosphor, Karnitin, Taurin, Omega-3-Fettsäuren und Antioxidanzien.

Wenn die Nierendurchblutung bei einer Herzerkrankung mit betroffen ist, kommt es wie beschrieben zu einer Gegenregulation. Dadurch wird vermehrt **Natrium** und wiederum dadurch vermehrt Wasser im Körper zurückgehalten. Um die negativen Folgen dieses Ablaufs zu verringern, muss im Futter des herzkranken Hundes der **Natriumgehalt reduziert** werden. Er sollte nicht über 2,4 g/kg FTS wiegen. Viele kommerzielle Standardfutter enthalten deutlich mehr Natrium (Trockenfutter bis zu 4–8 g Natrium und Feuchtfutter bis zu 10–16 g Natrium/kg FTS). Eine zu starke Natrium-Reduktion muss aber besonders dann vermieden werden, wenn die Herzerkrankung sich im Anfangsstadium befindet. Diäten für das frühe Stadium einer Herzinsuffizienz (= Schwäche) enthalten ca. 0,2 % Natrium in der FTS. Diäten für Hunde mit einer fortgeschrittenen Herzinsuffizienz sollten nur 0,05–0,1 % Natrium in der FTS enthalten. Insbesondere wenn gleichzeitig ACE-Hemmer gegeben werden, darf der Natriumgehalt nicht zu niedrig sein. Regelmäßige Kontrollen der Natriumwerte im Blut sind dann notwendig.

Auch die **Kalium-Werte sollten bei herzkranken Hunden regelmäßig kontrolliert werden**. Werden Entwässerungsmedikamente angewendet, so können zu niedrige, bei Verwendung von ACE-Hemmern zu hohe Kaliumwerte im Blut auftreten. Beide Zustände können Herzrhythmusstörungen verursachen. Der Kaliumgehalt in Herzdiäten sollte bei ca. 0,7 % der FTS liegen.

Die Versorgung mit **Magnesium muss bei Herzpatienten erhöht werden**. Magnesium ist an der Energieproduktion im Herzmuskel beteiligt und weist daher bei herzkranken Hunden häufig zu niedrige Werte auf. Bei Behandlung des Hundes mit Entwässerungsmitteln sinkt der Magnesiumspiegel noch weiter ab, so dass bei intensiv behandelten Patienten eine ausreichende Magnesiumversorgung gesichert werden muss. Die Kontrolle des Magnesiumwertes im Blut ist dabei allerdings nicht ganz so zuverlässig wie bei Natrium und Kalium. Diäten für herzkranke Hunde sollten ca. 0,12 % Magnesium in der FTS enthalten. Bei Bedarf können 20–40 mg/kg KM in Form von Magnesiumoxid zusätzlich gegeben werden.

Der **Phosphorgehalt** des Futters ist insbesondere dann von Bedeutung, wenn gleichzeitig eine Niereninsuffizienz besteht. Es sollte bei fortgeschrittener Herz- und Niereninsuffizienz nicht viel mehr als 0,5 % der FTS ausmachen.

Die **Energiezufuhr** muss dem körperlichen Zustand des Hundes entsprechend gestaltet werden. Sehr häufig wird der Appetit als Folge des schlechten Allgemeinzustandes und z. T. auch als Nebenwirkung von Medikamenten so gering, dass eine ausreichende Versorgung nicht mehr gewährleistet ist. Entscheidend ist deshalb die Schmackhaftigkeit des Futters. Sie kann durch hochverdauliche und qualitativ hochwertige Eiweiße und durch einen erhöhten Fettgehalt von 20–30 % positiv beeinflusst werden. Auch das Anwärmen des Futters verbessert häufig die Schmackhaftigkeit. Futter für herzkranke Hunde sollte einen Energiegehalt von ca. 3,8 kcal/g FTS besitzen.

Karnitin ist wesentlich bei der Versorgung von Zellen mit Energie aus Fettsäuren beteiligt. Das Herz bezieht ca. 60 % seiner Energie aus der Oxidation von Fettsäuren. Ein Karnitinmangel kann daher bei Herzerkrankungen und insbesondere bei der DCM von Bedeutung sein. Teilweise wird sogar ein Karnitinmangel als eine der Ursachen für manche Herzkrankheiten angenommen.

Jedenfalls wirkt sich eine erhöhte Karnitingabe auf den Verlauf einer Herzerkrankung bei vielen Hunden günstig aus.

Es werden 50–100 mg/kg KM und Tag eingesetzt. Manche Diätfutter (Hill´s Prescription Diet Canine h/d, Royal Canine Early Cardiac) enthalten vermehrte Karnitinmengen. In Muskelfleisch und Milchprodukten ist relativ viel, in pflanzlichen Produkten und kommerziellen Futtermitteln auf hauptsächlicher Getreidebasis kaum Karnitin enthalten. Eine erhöhte Karnitinzufuhr wirkt sich nicht sofort, sondern erst nach ein bis vier Wochen auf den Allgemeinzustand des herzkranken Hundes aus.

Taurin (eine Aminosäure) ist im Herzmuskel in hoher Konzentration vorhanden.

Es bewirkt eine Steigerung der Kontraktionskraft (Pumpleistung) des Herzens und verhindert die übermäßige Vergrößerung der Herzmuskelzellen. In Fleischrationen ist viel Taurin enthalten. Futtermittel auf vorrangig pflanzlicher Basis enthalten wenig Taurin und können bei alleiniger Fütterung auch beim Hund zu Mangelerscheinungen führen. Bei der DCM des American Cocker Spaniels scheint Taurin eine besondere Bedeutung zu haben. Taurin wirkt gemeinsam mit anderen Substanzen **auch als Antioxidanz**, kann also mit verwendet werden, um den erheblichen oxidativen Stress bei Herzerkrankungen zu reduzieren. Es ist in kommerziellen Diäten wie Royal Canin Cardiac und Early Cardiac in erhöhter Konzentration enthalten.

Weitere **Antioxidanzien** wirken, sich gegenseitig ergänzend, günstig bei der Verabreichung an Herzpatienten. Insbesondere Vitamin E kann in erhöhter Menge von 2 mg/kg KM und Tag positive Wirkungen haben.

Erhöhte Mengen von Vitamin C und von Karotinoiden wirken gemeinsam mit Vitamin E und Selen günstig bei der Unterstützung des erkrankten Herzens.

Ähnliche Wirkung haben auch die **Flavanole**. Sie haben außerdem eine blutdrucksenkende Wirkung. Besonders effektiv können die Flavanole gemeinsam mit der Aminosäure **Arginin** eingesetzt werden.

Gut geeignet zum Einsatz in Herzdiäten sind auch die besonders in Fischöl enthaltenen **Omega-3-Fettsäuren**. Sie tragen dazu bei, die Produktion von an Entzündungen beteiligten Zytokinen zu reduzieren. Diese wiederum sind wesentlich am Auftreten von Appetitlosigkeit und Herzrhythmusstörungen beteiligt. Wegen der Vielfalt der auf den Verlauf von Herzerkrankungen einwirkenden Faktoren ist die Herstellung eigener Futtermittelmischungen für Herzpatienten nicht einfach.

Geeignete Fertigfuttermittel sind z.B.:

- frühe Phase der Herzerkrankung: Royal Canin Early Cardiac; Hill`s Prescription Canine k/d
- fortgeschrittene Herzerkrankung: Royal Canin Cardiac; Hill`s Prescription Canine h/d.

Ein mögliches Rezept für 1 kg FOS

- 150 g Ei hart gekocht
- 100 g Fleisch fettarm
- 100 g Vollmilch
- 580 g gekochte Kartoffeln
- 32,5 g Pflanzenöl
- 20 g Weizenkleie
- 5 g Litina Mineral (Fa. Litina)
- 10 g Proofi-Care Vital Komplex (Fa. Malinckrodt)
- 2,5 g Kalziumkarbonat

Nierenerkrankungen

Erkrankungen der Nieren reduzieren deren Funktionsfähigkeit. Der daraus resultierende Zustand wird als Niereninsuffizienz (Nierenschwäche) bezeichnet. Ungefähr 10–20 % der älteren Hunde erkranken daran.

Ein **akutes Nierenversagen** kommt relativ selten vor.

Sehr viel häufiger ist die **chronische Niereninsuffizienz**, eine über lange Zeiträume sich schleichend entwickelnde Krankheit. Erst wenn ca. zwei Drittel der Niere nicht mehr funktionieren, werden die ersten Krankheitsanzeichen sichtbar.

Ursachen für ein akutes Nierenversagen können toxisch wirkende Substanzen wie das Frostschutzmittel Ethylenglykol, Infektionskrankheiten wie die Leptospirose und eine Reihe von Medikamenten bei entsprechend langzeitiger und hoch dosierter Anwendung sein. Dazu gehört z. B. das Antibiotikum Gentamyzin, einige Arzneimittel zur Chemotherapie und eine Reihe von entzündungs- und schmerzstillenden Mitteln wie Ibuprofen, Aspirin und Phenylbutazon. Genetisch bedingte Veranlagungen können mit dazu beitragen, dass sich ein akutes Nierenversagen schon bei jungen Hunden entwickelt, führen aber meist zu einer chronischen Niereninsuffizienz. Das geschieht bei entsprechend veranlagten Hunden teilweise sogar im mittleren Alter. Eine erhöhte genetische Veranlagung gibt es besonderes beim Berner Sennenhund und beim Bullterrier. Aber auch in einigen Zuchtlinien beim Cocker Spaniel, Shi Tzu, Dobermann, Pudel, Rotweiler, Golden Retriever u. a. kommen Nierenerkrankungen gehäuft vor.

Ernährungsfaktoren scheinen bei der Entstehung einer Nierenerkrankung nicht beteiligt zu sein. Wenn allerdings eine Nierenerkrankung vorhanden ist, kann sich die Ernährung ganz wesentlich auf den weiteren Verlauf auswirken. Das ist auch dann so, wenn noch keinerlei Krankheitszeichen aufgetreten sind. Daher sind bei entsprechend veranlagten Hunden und bei allen Hunden im höheren Alter regelmäßige Blutuntersuchungen nützlich. Früherkennung ermöglicht es, rechtzeitig die dann so wichtige diätetische Therapie zu beginnen.

Die **Krankheitsentwicklung** verläuft in mehreren Phasen: In der 1. Phase erhöht sich die Filtrationsleistung des noch gesunden Nierengewebes, um die fehlende Leistung der erkrankten Nierenbereiche auszugleichen (Kompensation). Dabei entwickelt sich in der Niere ein erhöhter Blutdruck und die noch funktionierenden Nierenbereiche verfestigen sich (Nephrosklerose) und verkalken teilweise. Dieser Prozess beschleunigt sich, bis die Niere nicht mehr in der Lage ist, ihre Funktionsfähigkeit aufrecht zu erhalten (Dekompensation). Als Folge treten Krankheitssymptome besonders auch im Magen-Darm-Kanal und in der Endphase schließlich im zentralen Nervensystem auf. Als Folge der chronischen Niereninsuffizienz wird von der Nebenschilddrüse vermehrt Parathormon ausgeschüttet. Dieses Hormon bewirkt einen Anstieg des Kalziums und ein Absinken des Phosphors im Blut. Die Phosphorreduzierung wird erreicht, indem die Phosphorausscheidung über den Urin angeregt wird. Wenn die Niere sich im Stadium der Dekompensation befindet, kann sie nicht mehr genügend Phosphor ausscheiden. Gleichzeitig geht auch die Synthese von Vitamin D 3 (Kalzitriol) in der Niere stark zurück. Da dieses Vitamin für die Kalziumresorption aus dem Darm unbedingt erforderlich ist, gelangt nicht mehr genügend Kalzium ins Blut. Es kommt zum Anstieg von Phosphor und Absinken von Kalzium im Blut. Daraufhin wird noch mehr Parathormon ausgeschüttet, so dass es zur Demineralisierung von Knochen und Zähnen kommen kann. Eine weitere wesentliche Folge der Nierenerkrankung ist es, dass durch die verminderte Ausscheidung sich Harnstoff, Kreatinin und weitere toxisch wirkenden Stoffe im Blut ansammeln.

Auf diesen Vorgängen basieren die **Krankheitssymptome**. Bei **akutem Nierenversagen** hören die Hunde plötzlich auf zu fressen, werden apathisch, entwickeln Erbrechen und Durchfall, können den Urin nicht mehr halten, sind im Bewegungsablauf gestört und es kommt schließlich zu Krampfanfällen und zum Koma.

Eine chronische Niereninsuffizienz zeigt sich zunächst darin, dass der erkrankte Hund vermehrt trinkt und häufiger einen hellen wenig konzentrierten Urin ausscheidet.

Teilweise zeigt sich – besonders nachts – auch Inkontinenz. Die tägliche Urinmenge erhöht sich ganz wesentlich (normal: 1–2 ml/Stunde/kg KM). Mit dem Fortschreiten der Krankheit und dem Anstieg stickstoffhaltiger Abfallprodukte des Stoffwechsels im Blut entwickeln sich **Appetitlosigkeit, Apathie, Erbrechen und Durchfall**. Häufig haben die Hunde einen sehr unangenehmen Mund- und Körpergeruch. Durch den bei einem Teil der erkrankten Hunde erhöhten Blutdruck kann es zu Blutungen oder Ablösung der Netzhaut des Auges kommen. Durch entsprechende medikamentöse und diätetische Therapie kann es gelingen, die Hunde aus dieser Phase wieder herauszuholen. In der Folgezeit können aber immer wieder neue Krankheitsschübe auftreten. Außerdem sind Hunde mit einer fortgeschrittenen chronischen Niereninsuffizienz sehr anfällig gegenüber jeder stärkeren Belastung. Wenn die Erkrankung weiter fortschreitet und mehr als 90 % des Nierengewebes zerstört sind, funktioniert der Wasser- und Nährstoffhaushalt nicht mehr und es kommt zur Dehydration (Austrocknung) und Entkräftung. In der Endphase der chronischen Niereninsuffizienz entwickeln sich dann neurologische Symptome wie unsicherer Gang und Krämpfe.

Wie erwähnt ist die frühzeitige **Diagnose** einer Niereninsuffizienz entscheidend. Das Fortschreiten der rechtzeitig erkannten Erkrankung kann durch gezielte medikamentöse und diätetische Therapie sehr stark verlangsamt werden. Die Laboruntersuchungen haben für die Diagnostik die größte Bedeutung. Untersucht werden vor allem Harnstoff und Kreatinin im Blut. Daraus lassen sich Schlussfolgerungen auf die glomeruläre Filtrationsrate der Nieren ableiten (Glomerula sind die »Bausteine« der Niere). Allerdings ist ein Anstieg auch erst dann zu sehen, wenn die Krankheit sich nicht mehr im frühesten Anfangsstadium befindet. Insbesondere der Harnstoffwert wird aber auch durch den Zeitpunkt der Nahrungsaufnahme beeinflusst und er ist auch bei Fieber, Blutungen und anderen Erkrankungen im Magen-Darm-Kanal erhöht. Auch durch Verabreichung von Kortison kann der Blutharnstoff erhöht sein. Bei schweren Lebererkrankungen oder eiweißarmer Ernährung können die Harnstoffwerte niedriger als normal sein. Die Kreatininwerte sind nicht so stark beeinflussbar, können aber auf Grund des Verlustes von Muskelmasse niedriger erscheinen als es dem Grad der Nierenerkrankung entspricht. Auch die in jüngster Zeit angebotene Cystatin-Messung erfüllt nach Berichten aus der Humanmedizin nicht alle Anforderungen. Urinuntersuchungen geben bei Nierenerkrankungen weitere Hinweise. Die Urinkonzentration nimmt ab (Normalwerte beim Hund 1,001–1,070). Außerdem ist vermehrt Eiweiß im Urin zu finden (allerdings kann ein hoher Blutanteil im Urin z. B. bei Blasenerkrankungen auch einen erhöhten Eiweißanteil herbeiführen).

Eine weitere diagnostische Möglichkeit ist die Ermittlung des Protein-Kreatinin-Verhältnisses im Urin. Bei Kontrollen der Laborwerte nierenkranker Hunde werden auch weitere Parameter (Kalium, Phosphor, Bikarbonat u. a.) bestimmt, um die Therapie jeweils danach ausrichten zu können.

Die **Therapie** einer Nierenerkrankung richtet sich nach den jeweils vorhandenen Symptomen. Bei akutem Nierenversagen wird eine je nach festgestellten Laborwerten individuell ausgerichtete Infusionstherapie durchgeführt. Bei Hunden, die in dieser Phase nicht genügend Urin ausscheiden (Oligurie), muss die Ausscheidung medikamentell wieder in Gang gebracht werden. In schweren Fällen sind Langzeitinfusionen (Dialyse) notwendig. Möglich ist in Einzelfällen, wenn andere therapeutische Mittel versagen, auch eine Nierentransplantation. Weitere Behandlungsmaßnahmen richten sich gegen das Erbrechen, den Durchfall und sonstige Symptome.

Sowohl in der akuten Phase als auch bei der Behandlung eines chronisch nierenkranken Hundes ohne aktuelle Krankheitsanzeichen kommt der **diätetischen Behandlung** eine ganz besondere Bedeutung zu. Sie ist die eigentliche Basis der gesamten Therapie einer chronischen Niereninsuffizienz.

Schlüsselfaktoren der Ernährung eines chronisch nierenkranken Hundes sind: Phosphor, Wasser, Protein, Energie, Fettsäuren, Kalium, Säureladung, Natrium und Chlorid, Vitamin D, A und B, Flavanole. Die Diät muss so frühzeitig wie möglich (Diagnose!) begonnen werden.

Das Futter muss so schmackhaft sein, dass der erkrankte Hund trotz des verminderten Appetits genügend davon aufnimmt.

Phosphor wird wie beschrieben über die Nieren ausgeschieden. Die Phosphormengen im Blut steigen an, wenn die Niere nicht mehr entsprechend in der Lage ist, genügend Phosphor auszuscheiden. Deshalb ist die **Beschränkung des Phosphorgehalts im Futter** eine wichtige Maßnahme, um einen Anstieg im Blut und eine noch weitere Ausschüttung von Parathormonen zu verhindern. Der Phosphorgehalt im Futter sollte nicht über 0,15–0,3 % in der FTS liegen und der Hund sollte nicht mehr als 60 mg Phosphor/kg KM und Tag aufnehmen. Phosphorreiche Einzelfuttermittel wie Milchprodukte, Fisch, Leber, Schokolade und Nüsse sollen vermieden werden. Eine Reduktion des Phosphorgehalts im Blut kann auch durch den Einsatz von Phosphatbindern erreicht werden. Sie werden dem Futter zugesetzt oder dem Hund eingegeben und bewirken, dass erheblich weniger Phosphor aus dem Nahrungsbrei aus dem Darm resorbiert wird.

Frisches Wasser muss dem Hund ständig ausreichend zu Verfügung stehen.

Es besteht sonst die Gefahr, dass sich als Folge der vermehrten Ausscheidung eine Dehydration entwickelt.

Protein muss hochverdaulich und von bester Qualität sein (Muskelfleisch, Sojaprotein, Eier). Der Eiweißanteil im Futter muss dann reduziert werden, wenn die Normalwerte für Kreatinin und Harnstoff im Blut überschritten werden oder wenn erste Symptome einer Niereninsuffizienz sichtbar werden.

Durch **Senkung des Proteingehalts** in der Ration auf ca. 15 % der FTS fallen weniger toxische Eiweißabbauprodukte im Stoffwechsel an und die Belastung der Nieren wird reduziert. Allerdings muss darauf geachtet werden, dass essenzielle Aminosäuren wie insbesondere Lysin und Tryptophan trotzdem ausreichend im Futter enthalten sind. Die Mengen an biologisch hochwertigem Protein sollten bei Hunden mit erhöhten Harnstoffwerten im Blut ca. 2,0–3,5 g/kg KM pro Tag betragen und können wenn nötig vorübergehend auch noch weiter reduziert werden. Trotzdem darf die Schmackhaftigkeit des Futters sich nicht verschlechtern.

Keine Diät ist nützlich, wenn der Hund nichts mehr frisst!

Die Versorgung mit Energie ist ähnlich wie bei gesunden Hunden zu gestalten. Bei Abmagerung ist eine Erhöhung der Kalorienzufuhr nötig.

Empfehlenswert ist eine **gute Versorgung mit Omega-3-Fettsäuren**, da bei einer chronischen Niereninsuffizienz häufig auch Störungen des Fettstoffwechsels auftreten (dadurch hohe Cholesterin- und Triglyzeridwerte im Blut). Die Omega-3-Fettsäuren (besonders im Fischöl enthalten) haben eine entzündungshemmende Wirkung und helfen daher mit, das Fortschreiten der Nierenentzündung zu verlangsamen.

Der Anteil von Kalium im Blut sollte regelmäßig kontrolliert werden, da als Folge der Nierenerkrankung sowohl zu hohe als auch zu niedrige Werte möglich sind. Gegebenenfalls ist eine medikamentöse Korrektur erforderlich. Das Futter sollte 0,3–0,5 % Kalium in der FTS enthalten.

Insbesondere bei Erbrechen und Durchfall kann es im Verlauf der Niereninsuffizienz zu einer Veränderung der so genannten Säureladungen kommen. Es entwickelt sich eine metabolische Azidose (Säureanstieg). Durch Reduktion des Eiweißgehalts und bei Bedarf zusätzliche medikamentöse Behandlung (Natriumbikarbonat 50–100 mg/kg KM und Tag) muss versucht werden, diesen Zustand zu korrigieren.

Natrium und Chlorid sollten in nicht zu hohen Mengen im Futter enthalten sein.

Für Natrium werden 0,1–0,25 % der FTS empfohlen. Zu hohe Mengen steigern u. a. den Blutdruck, zu geringe Mengen führen zu Mangelsymptomen (siehe Kapitel 4, S. 41–42). Bei Erbrechen und Durchfall kann es je nach Laborwerten nötig sein, Natriumchlorid vorübergehend zusätzlich zu verabreichen.

Die **Vitaminversorgung** kann durch die Krankheit beeinträchtigt sein, so dass Ergänzungen mit Vitamin D, Vitamin A und den B-Vitaminen notwendig sein können, die gleichzeitig das Fortschreiten der Krankheit verlangsamen.

Flavanole (eine Gruppe von Polyphenolen aus Pflanzen) haben einen günstigen Einfluss auf die Nierendurchblutung.

Die **Fütterungsmethode** ist bei der Versorgung des nierenkranken Hundes besonders wichtig.

Wie erwähnt ist die Schmackhaftigkeit entscheidend. Sie kann durch Anwärmen oder auch durch Geschmacksverstärker wie z. B. Geflügelbrühe, Thunfischwasser, Knoblauch, Bierhefe, Honig oder Sirup verbessert werden. Fettes Fleisch ist häufig gut geeignet, um einen nierenkranken Hund wieder zum Fressen zu bekommen.

Die Umstellung auf eine Diät muss schrittweise über sieben bis zehn Tage oder noch länger erfolgen. Täglich mindestens drei Mahlzeiten sollen dem Hund verabreicht werden. Manche Hunde fressen nur, wenn sie aus der Hand gefüttert werden. Fertigdiäten haben den Vorteil, dass sie optimal zusammengesetzt sind und alle aufgeführten Anforderungen erfüllen. Geeignet sind z. B. Hill´s Prescription Diet Canine k/d und Royal Canin Renal. Trotzdem kann es besonders im fortgeschrittenen Stadium einer chronischen Niereninsuffizienz dazu kommen, dass der kranke Hund die Fertigdiät nicht mehr akzeptiert.

In solchen Fällen können eigene Diätmischungen hergestellt werden wie z. B. nach folgendem Rezept.

Rezept für 1 kg FOS:

- 490 g Schweinekamm
- 465 g gekochte Kartoffeln
- 23 g Schweineschmalz
- 50 g Kalziumkarbonat
- 2,5 g jodiertes Kochsalz
  + 10 g Vitakalk MFE »Marienfelde«
- 5 g Vitacombex (Firma Pfizer)

Erkrankungen der harnableitenden Organe

Zum System der Harnableitung gehören die von den Nieren zur Harnblase verlaufenden Harnleiter, die Harnblase und die Harnröhre. In den Harnleitern kann es zu einer Obstruktion (Verschluss) durch Tumoren, Blutgerinnsel oder andere feste Massen kommen. Es können sich dort Entzündungen entwickeln. Besonders bei jungen Hündinnen, aber auch bei Rüden können so genannte ektopische Ureteren (Harnleiter) vorkommen. Ein ektopischer Ureter mündet nicht in die Harnblase, sondern in die Harnröhre, Vagina oder Gebärmutter. Die Folge sind Harninkontinenz und häufig Infektionen und Entzündungen. In der Harnblase und in der Harnröhre kommen beim Hund relativ häufig Entzündungen vor, die erkannt und je nach Ursache intensiv behandelt werden müssen.

Im **Zusammenhang mit Ernährungsfaktoren** stehen die Bildung von Harnsteinen und Harngrieß in Harnblase und Harnwegen (Uro-

lithiasis). Sie sind nicht selten und führen insbesondere bei Rüden zu Problemen und Krankheitssymptomen.
Zu unterscheiden sind folgende **Harnsteine**:

- Struvit (Ammonium-Magnesium-Phosphat)
- Kalziumoxalat
- Zystin
- Kalziumphosphat
- Harnsäuresteine (Ammoniumurat)
- Silikat

Am häufigsten kommen Struvitsteine, gefolgt von Kalziumoxalatsteinen vor.
Zu den **Ursachen** für die Bildung von Harnsteinen zählen entsprechende genetische Veranlagungen (kleine Rassen sind häufiger betroffen), chronische Entzündungen in den Harnwegen, insbesondere in der Blase, Erkrankungen anderer Organe wie der Leber oder der Nebennierenrinde oder auch kleine Fremdkörper wie Gewebstrümmer, die als Kern für die Bildung eines Blasensteins dienen.
Großen Einfluss haben auch verschiedene Faktoren der Ernährung, insbesondere die Trinkwasseraufnahme und die Zusammensetzung der aufgenommenen Mineralstoffe sowie je nach Steinart weitere unterschiedliche Faktoren.
Harnsteine bestehen aus einer organischen Matrix (eine Art Gerüst), einem Kern und einem Mantel. Gemischte Harnsteine (in verschiedenen Schichten des Steins) kommen nicht selten vor. Harnsteine **entwickeln sich** in zwei sich ergänzenden, aber getrennten Phasen. Erster Schritt ist die Bildung eines Kristallisationskerns (Entstehung des Harnsteins), danach erfolgt das Wachstum des Steins. Es gibt verschiedene Theorien über die das Wachstum fördernden Faktoren wie die Übersättigungs-Kristallisations-Theorie oder die Matrix-Kristallisations-Theorie. In jedem Fall ist die Voraussetzung, dass die entsprechenden Vorläufersubstanzen in hoher Konzentration (höher als die lösliche Menge) im Urin enthalten sind. Im übersättigten Harn kann es zu spontaner Kristallbildung kommen und es erfolgt ein schnelles Wachstum von Harnsteinen. Wird durch entsprechende Maßnahmen erreicht, dass der Urin bezüglich der entsprechenden Stoffe untersättigt ist, so erfolgt keine Kristallbildung und manche vorhandenen Steine lassen sich auflösen.
Symptome einer Harnsteinbildung können vielfältig sein. Anfangs kann häufig als Folge von Läsionen der Schleimhaut Blut im Urin gefunden werden oder es treten Symptome einer durch sekundäre Infektion bedingten Entzündung auf. Der erkrankte Hund zeigt Dysurie (erschwerte, schmerzhafte Harnentleerung), Pollakisurie (häufiger Absatz kleiner Harnmengen) oder auch Inkontinenz (unwillkürliches Harnträufeln) wegen des ständigen Harndrangs. Werden die harnableitenden Wege durch Grieß oder Steine teilweise oder vollständig verlegt, so kann es zu Rupturen (Zerreißungen) in Blase oder harnableitenden Wegen oder zu schwerwiegenden Nierenfunktionsstörungen kommen.
Zur **Diagnostik** geeignet sind Urinuntersuchungen (pH-Wert, Kristalltypen, Bakterien, Zellen). Gefundene Kristalle geben zwar Hinweise über mögliche Steinzusammensetzungen, sind allerdings längst nicht immer beweisend für das Vorliegen von entsprechenden Harnsteinen. Im Röntgenbild können Harnsteine gefunden werden, wenn sie mindestens 3 mm groß sind; Harnsäuresteine sind allerdings im Röntgenbild nicht immer sichtbar und lassen sich dann durch eine Ultraschalluntersuchung feststellen.
Die **Therapie** besteht entweder in der Entfernung der Steine durch chirurgische Maßnahmen, der Zertrümmerung und dem Herausspülen der Steinfragmente oder einer konservativen Behandlung mit dem Ziel der Steinauflösung. Dabei gibt es Unterschiede je nach Steinart. Wenn Grundursachen vorliegen, so müssen diese behandelt werden. Häufig muss zusätzlich therapeutisch die Schleimhaut der Harnblase und der harnableitenden Wege funktionsfähig gemacht werden. Dafür gut geeignet sind Glykosaminoglykane. Sie verhindern gleichzeitig die erneute Anlagerung von Kristallen an die Harnwegsschleimhaut. Möglich ist auch die Gabe von

Harnstein-Inhibitoren (Hemmern) wie Zitrat (kann Kalzium binden) oder Magnesium (kann Oxalat binden), je nach Steinart.

Diätetische Maßnahmen und einige Besonderheiten bei den einzelnen Steinarten

Struvitsteine befinden sich meist in der Blase, manchmal allerdings auch in Niere, Harnleiter oder Harnröhre. Sie sind die am häufigsten vorkommenden Harnsteine beim Hund. Häufig besteht ein ursächlicher Zusammenhang mit Harnwegsinfektionen. Zu hohe Aufnahme an Stickstoff (in Eiweiß), Magnesium und Phosphor fördert die Steinbildung. Auch den Urin alkalisierendes Futter mit einem hohen Gehalt an Kalzium (Futterkalk), Magnesium, Natrium und Kalium kann Steinbildung begünstigen. Zur Therapie und auch um erneute Bildung von Sturvitsteinen zu vermeiden, wird der Harn-pH-Wert durch **ansäuernde Futtermittel** oder Medikamente auf Werte um 6,5 eingestellt. Für die Auflösung vorhandener Steine sollte der pH-Wert unter 6,5 liegen. Die entsprechende Diät ist über zwei bis drei Monate erforderlich. Außerdem sollte bei jeder diätetischen Behandlung von Struvitsteinen auch eine **Harnverdünnung durch Steigerung der Harnbildung und -Ausscheidung** erreicht werden. Das kann durch Einsatz von Futter mit hohem Wassergehalt (Nassfutter) und leichte Erhöhung des Kochsalzgehalts (sofern nicht weitere Erkrankungen vorliegen, die das verbieten) im Futter erreicht werden. Damit kann gleichzeitig verhindert werden, dass durch die ansäuernde Diät die Bildung von Kalziumoxalatsteinen gefördert wird. Als vorbeugende Diät gibt es Hill´s Prescription Diet Canine c/d, für die Therapie (Steinauflösung) Hill´s Prescription Diet Canine s/d. Royal Canin bietet für beide Zwecke das Diätfutter Urinary an. Selbst hergestellte Rationen sind möglich, aber wegen der umfangreichen Zusätze zur Harnansäuerung kompliziert.

Kalziumoxalatsteine kommen zunehmend häufig vor. Saure pH-Werte, hoher Eiweißgehalt und hohe Mengen an Natrium, Kalzium, Magnesium, Vitamin D und Vitamin C sowie eine geringe Wasseraufnahme können die Bildung solcher Steine fördern. Eine Auflösung vorhandener Kalziumoxalatsteine durch diätetische Maßnahmen ist nicht möglich. Die Häufigkeit von Kalziumoxalatsteinen steigt mit dem Alter. Entsprechend veranlagte Hunde sollen keine oxalsäurereichen Futtermittel erhalten. Größere Mengen sind vor allem in den für Menschen gedachten Lebensmitteln (Gemüse wie Brokkoli, Auberginen, Gurke, Sellerie, Lachs, Sardinen, Milch, Käse) enthalten. Auch durch vermehrte Aufnahme von bindegewebsreichen Schlachtabfällen kann die Bildung dieser Steine gefördert werden. Als Diät geeignet sind Futtermittel, die eine mäßige Menge Protein (10–18 % der FTS) enthalten. Der Gehalt an Kalzium soll auf 0,3–0,6 % der FTS beschränkt werden. Natrium sollte nicht über 0,3 % der FTS liegen. Magnesium sollte weder über- noch unterdosiert werden (0,04–0,15 % der FTS). Vitamin D soll nicht über 500–1500 IE/kg FTS im Futter enthalten sein. Vitamin C soll solchem Diätfutter nicht zugesetzt werden. Dagegen wirkt sich ein erhöhter Gehalt an **Vitamin B6** (mehr als 1,0 mg/kg FTS) günstig aus. Wichtig ist wie bei der Struvitsteindiät eine **reichliche Wasseraufnahme**. Erreicht werden sollte ein Harn-pH um 7,0–7,5. Gegebenenfalls kann mit dem Futter Kaliumzitrat (150 mg/kg

Ein mögliches Rezept für 1 kg FOS:

- 150 g Eier hartgekocht
- 250 g Herz
- 415 g Reis poliert
- 110 g Reis ungeschält
- 50 g Pflanzenöl
- 2,5 g Vitamin-Mineralstoffmischung Davinovat (Fa. Pfizer)
- 5 g VMP- Tabletten (Fa. Pfizer)
- 25 g Kalziumchlorid x 6 H2O
- 25 g Kalziumkarbonat
- 5 g jodiertes Kochsalz

KM und Tag) gegeben werden. Von den Fertigdiäten ist Hill´s Prescription Diet Canine u/d und Royal Canin Urinary zur Vorbeugung geeignet.

Zystinsteine entstehen als Folge eines angeborenen Fehlers im Stoffwechsel. Zystin ist eine essenzielle schwefelhaltige Aminosäure. Zystinsteine kommen bei vielen Hunderassen vor, besonders aber bei Dachshunden. Betroffen sind fast immer Rüden. ***Hohe Proteinmengen im Futter sind ungünstig***. Der Eiweißgehalt sollte sich daher auf 10–18 % der FTS beschränken. Eier enthalten viel Zystin und sollten deshalb an entsprechend veranlagte Hunde nicht verfüttert werden. Der pH-Wert des Urins sollte im alkalischen Bereich, d. h. über 7,0 liegen. Auch Vitamin-C-Gaben (100 mg/kg KM und Tag) verbessern die Löslichkeit des Zystins im Urin. Von den Fertigdiäten wird Hill´s Prescription Diet Canine u/d für die Prophylaxe und die Steinauflösung angeboten.

Kalziumphosphatsteine kommen in gemischten Harnsteinen, teilweise aber auch in reiner Form vor. Fördernd auf die Bildung solcher Steine wirkt ein überhöhter Kalziumgehalt der Nahrung, u. a. durch Überfunktion der Nebenschilddrüse (vgl. Abschnitt »Nierenerkrankungen«, S. 91–94). Werden solche Hunde aus anderen Gründen mit Medikamenten behandelt, so sollten Kortisonpräparate und Furosemid vermieden werden Die Steine können ausschließlich chirurgisch oder durch Zertrümmerung und anschließendes Ausspülen entfernt werden. Eine Harnansäuerung hat sich nicht bewährt. Im Futter sollte Kalzium auf 0,3–0,6%, Phosphor auf weniger als 0,6 % und Natrium auf weniger als 0,3 % der FTS beschränkt werden. Für eine reichliche Wasseraufnahmen muss gesorgt werden.

Harnsäuresteine (Amoniumuratsteine, Uratsteine) und andere Purinsteine kommen insbesondere beim Dalmatiner, aber auch bei Bulldoggen und weiteren Rassen vor. Dalmatiner haben Besonderheiten im Stoffwechsel von Niere und Leber und haben eine zwei- bis viermal höhere Harnsäurekonzentration. Besonders Rüden im mittleren Alter erkranken. Bei anderen Rassen können Leberstoffwechselstörungen, Pfortaderanomalien und weitere Ursachen die Bildung solcher Steine fördern. Im Futter sollten nur 10–18 % Protein in der FTS enthalten sein. Purinreiche Einzelfuttermittel (Herz, Leber, Niere, Gehirn, Fisch sowie Hefe) sind zu vermeiden. Der pH-Wert des Urins sollte bei ca. 7,2 liegen. Um das zu erreichen, kann dem Futter Kaliumzitrat (2 x täglich 150 mg/kg KM und Tag) zugesetzt werden. Die verstärkte Bildung von Harnsäure kann durch Allopurinol (10–30 mg/kg KM und Tag) verhindert werden. Gut geeignete Einzelfuttermittel sind Ei- und Milchprodukte. Als Fertigdiät wird Hill´s Prescription Diet Canine u/d und Royal Canin Renal zur Prophylaxe angeboten.

Silikatsteine sind bei Hunden selten. Sie können nur durch Zertrümmerung und Ausspülen oder aber chirurgisch entfernt werden. Silikatreiche pflanzliche Futtermittel wie Gemüse, Sojaschalen oder Reis sowie übermäßige Aufnahme von Gras sind zu vermeiden.

Erkrankungen des Skelettsystems

Viele nicht durch Verletzung bedingte orthopädische Erkrankungen sind ernährungsbedingt. Teilweise ist ein Nährstoffmangel, häufiger eine übermäßige Zufuhr eines oder mehrere Nährstoffe Ursache für Erkrankungen des Skelettsystems. Teilweise lassen sich die Veränderungen durch entsprechende Diät korrigieren, zum Teil sind sie nur durch chirurgische Maßnahmen zu behandeln. Aber auch bei der Behandlung nicht ernährungsbedingter Skeletterkrankungen kann eine optimale Ernährung die Heilung ganz wesentlich unterstützen. Das Skelettwachstum umfasst die Knorpelreifung, die Knochenbildung und Mineralstoffeinlagerung in die Knochen sowie die Knochenformung. Es ist mit ca. acht bis neun Monaten weitgehend abgeschlossen, bei kleinen Hunderassen etwas eher, bei Riesenrassen etwas später.

Eine **Unterernährung von Welpen** mit Energie kann das Wachstum des Welpen verzögern, hat

aber keinen Einfluss auf die genetisch vorbestimmte Größe des ausgewachsenen Hundes. Dagegen kann ein Kalziummangel z. B. durch reine Fleischfütterung zu schweren Skelettveränderungen mit Knochendeformationen und -Verbiegungen sowie Frakturen führen. Ein Vitamin-D-Mangel führt zu Verbiegungen an den Röhrenknochen. Solche Unterernährungen kommen in der Praxis sehr selten vor.
Die **Unterernährung erwachsener Hunde** stellt bezüglich des Skeletts kein in der Praxis bedeutsames Problem dar.
Heutzutage stellt eher die Überernährung von Welpen mit Energie ein Problem dar, da diese zu einem zu schnellen Wachstum führen kann. Dadurch entsteht eine Überbelastung des jugendlichen Skeletts mit noch zu beschreibenden Folgen wie OCD oder HD. Das ist heutzutage das größte Problem.

Die **Überernährung erwachsener Hunde** führt zu Übergewicht und häufigen orthopädischen Folgen wie Arthrosen, Bandscheibenvorfall, Kreuzbandriss usw.
Die **wichtigsten durch Ernährung beeinflussten Erkrankungen des Skeletts** in der Praxis sind:

- Osteochondrose
- Wobbler-Syndrom
- Enostose (eosinophile Panostitis)
- Spontanfrakturen
- Hüftgelenksdysplasie

Die Osteochondrose

Bei ihr handelt es sich um eine Unterbrechung der Verknöcherung des Knorpels. An den langen Röhrenknochen führt das zu Wachstumsstörungen und Knochenverbiegungen wie dem Radius-curvus-Syndrom (»verbogene Unterarme«). Die herdförmigen Läsionen führen in den Gelenken zu einer Osteochondrosis dissecans (OCD). Dabei löst sich ein Teil des Gelenkknorpels ab. Es kann anschließend verknöchern und eine massive Entzündung des Gelenks auslösen.
Am häufigsten wird eine OCD festgestellt: an Schulter- und Kniegelenk der Dogge, an Schulter-, Ellenbogen- und Sprunggelenk des Labrador- und des Golden Retrievers sowie an Schulter- und Sprunggelenk des Rottweilers. Auch die Ablösung von Knochenteilen wie des Processus anconeus der Elle oder des Processus supraglenoidalis gehören zu diesen Krankheitskomplex. Es können auch mehrere Bereiche gleichzeitig betroffen sein.

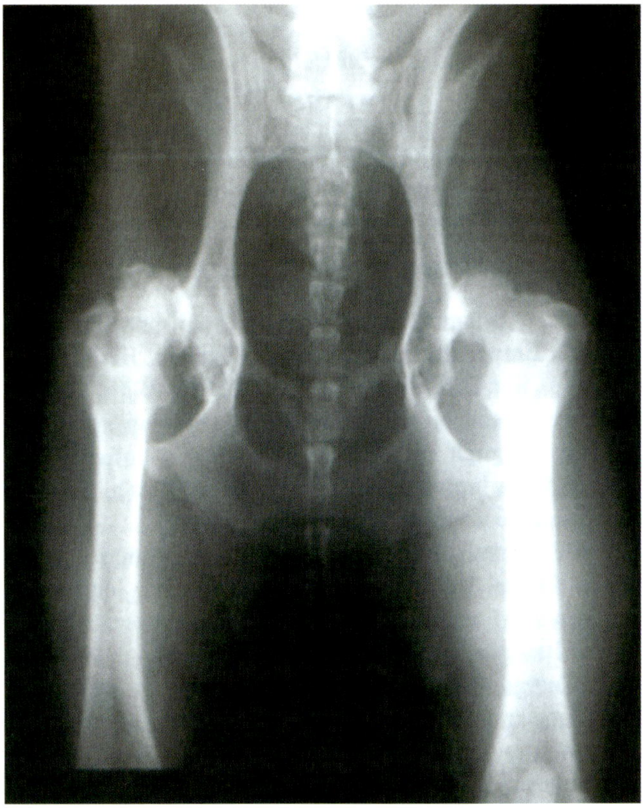

Das Röntgenbild zeigt die Auswirkungen einer HD und einer Arthrose des Hüftgelenks.

Die Entwicklung einer OCD wird gefördert durch schnelles Wachstum infolge hoher Energiezufuhr und unabhängig davon durch einen überhöhten Kalziumgehalt im Futter.
Daneben spielen genetische Veranlagung und Haltung der Hunde eine Rolle. Am häufigsten sind große und schwere Hunderassen betroffen. Rechtzeitig begonnene diätetische Maßnahmen können zum Abklingen der OCD in Gelenkknorpeln und Wachstumszonen der Knochen führen, können aber natürlich nicht mehr bereits verbogene Knochen oder abgelöste Knorpelstücke korrigieren.
Die **diätetische Behandlung** besteht aus einer Verringerung der Energiezufuhr und einer Reduzierung des Kalzium- und Phosphorgehalts auf den Mindestbedarf. Eine medikamentöse Therapie ist nicht möglich. Chirurgische Korrekturen sind häufig erforderlich. Unbedingt zu vermeiden ist es, zusätzlich zu Fertigfuttermitteln Vitamin- und Mineralstoffmischungen mit hohem Kalziumgehalt zu verabreichen. Zu den Möglichkeiten gezielter Unterstützung mit speziellen Nährstoffen folgt eine Übersicht am Ende dieses Abschnitts.

Das Wobbler-Syndrom

Dieses Syndrom kommt bei schnellwüchsigen, großen Hunderassen vor, vor allem bei Doggen, Mastiffs und Irischen Wolfshunden. Bei ihnen entwickelt sich eine verzögerte Ausweitung des Wirbelkanals im Bereich der Halswirbel. Ursache ist eine durch **überhöhte Kalziumfütterung** ausgelöste Verminderung des Knochenumbaus während des Wachstums. Durch Druck auf das Rückenmark zeigen sich Symptome wie unsicheres schwankendes Laufen, unkoordinierter Gang der Hinterläufe und Schmerzreaktionen bei Streckung des Halsbereiches. Betroffen sind Hunde im Alter von ca. sechs Monaten. Eine frühzeitige Umstellung der Fütterung kann das Fortschreiten der Symptome zum Stillstand bringen. Zusätzliche chirurgische Maßnahmen können nötig sein. Als Diät wird ein Futter gegeben, das bezüglich der Kalziumzufuhr nur den Mindestbedarf erfüllt.

Die Enostose

Die Enostose kommt bei relativ vielen größeren Hunderassen, besonders auch beim Deutschen Schäferhund vor. Bei **kalziumreicher Ernährung** kann es zu vermehrter Knochenneubildung im Periost-(Knochenhaut-)bereich mit Ödembildung in der Knochenmarkhöhle kommen. Betroffen sind alle Röhrenknochen. Sie sind beim Abtasten hochgradig schmerzhaft. Die Hunde erhalten Schmerzmittel. Die Diät ist ein Futter, das nur den Mindestbedarf an Kalzium enthält.

Spontanfrakturen

Diese können sich bei Hunden besonders dann einstellen, wenn der **Kalziumgehalt des Futters zu gering** ist, z. B. bei Fütterung auf reiner Fleischbasis durch falsch zusammengestellte selbst hergestellte Futterrationen. Die Knochen können so brüchig werden, dass es nicht einmal mehr möglich ist, Schienenverbände anzulegen, weil oberhalb dieser Verbände erneute Frakturen auftreten. Eine Therapie mit Kalzium-Injektionen ist nicht angebracht, da es nicht möglich ist, den Bedarf auch nur annähernd zu decken, ohne dass gefährliche Nebenwirkungen entstehen könnten. Eine Vitamin-D-Verabreichung würde das Krankheitsbild verschlimmern. Als Möglichkeit bleiben lediglich eine gute Pflege und die Fütterung einer Diät, die bis zu 1,1 % Kalzium in der FTS enthält. Geeignet sind dafür ausgewogene Fertigfuttermittel. Zusätzlich kann Kalzium in Form von Kalziumkarbonat in einer Menge von 50 mg Kalzium/kg KM täglich mit dem Futter gegeben werden.

Die Hüftgelenksdysplasie (HD)

Die HD ist eine bei Hunden großer Rassen häufig vorkommende Krankheit. Einige Rassen sind davon besonders stark betroffen, wie Deutscher Schäferhund, Bernhardiner, Rottweiler, Berner Sennenhund und Neufundländer.
Die HD ist eine in erheblichem Maß durch Erbanlagen bedingte Krankheit, deren Ausprägung aber durch Faktoren der Ernährung gefördert werden kann.

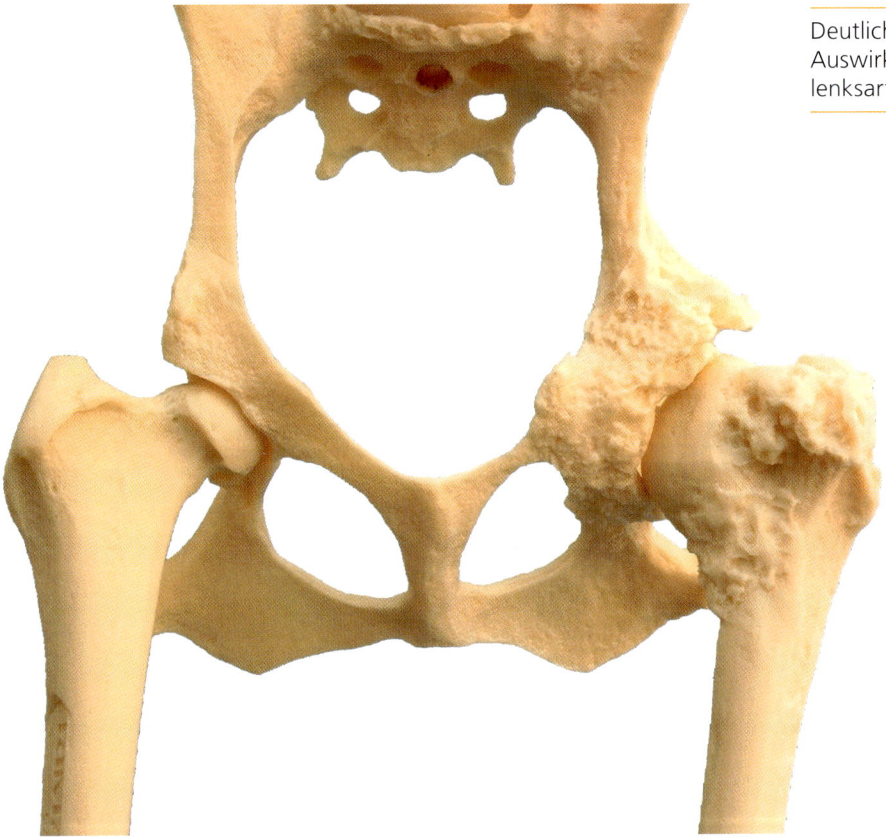

Deutlich zu sehen sind die Auswirkungen der Hüftgelenksarthrose am Knochen.

Bei der Geburt des Welpen bestehen beide Teile des Hüftgelenks aus Knorpel, d. h. sowohl die Hüftgelenkspfanne wie auch der Oberschenkelkopf. Durch Instabilität im Gelenk entwickelt sich mit der Verknöcherung das Gelenk so, dass seine Teile nicht mehr optimal zueinander passen. Dadurch wird die Körperlast nur durch einen kleinen Teil der Gelenkfläche getragen und es kommt zu Mikrofrakturen und Deformierung des Pfannenrandes sowie Schäden an den Knorpelanteilen des Gelenks. Beim älteren Hund entwickelt sich schließlich eine Arthrose des Hüftgelenks.

Überernährung durch zu hohe Energieaufnahme führt zu schnellerem Knochenwachstum und zu schnellerer Gewichtszunahme. Damit entsteht eine stärkere Belastung und Schädigung des Hüftgelenks beim entsprechend genetisch veranlagten Hund.

Eine **übermäßige Kalziumzufuhr** verzögert die Reifung des Hüftgelenks, so dass die Schäden größer werden.

Auch eine **überhöhte Gabe von Vitamin D** kann ebenfalls den Schaden vergrößern. Ausgewogene selbst hergestellte Rationen mit nicht zu hohem Energie- und Kalziumgehalt oder qualitativ hochwertige Fertigfuttermittel können wesentlich dazu beitragen, die Folgen der erblichen Veranlagung für HD möglichst gering zu halten. In fortgeschrittenen hochgradig schmerzhaften Fällen werden zunächst Medikamente wie z. B. Rimadyl (Fa. Pfizer) verabreicht. Wenn dies nicht mehr ausreicht, so werden chirurgische Maßnahmen durchgeführt. Dabei haben sich Endoprothesen ähnlich gut wie beim Menschen bewährt.

Arthrose

Arthrose ist das häufigste Gelenkproblem beim Hund. Sie ist eine fortschreitende Erkrankung, bei welcher der Gelenkknorpel zunehmend zurückgebildet wird und bei der höckerige Knochenzubildungen im Gelenk auftreten. Die Arthrose ist die Folge vorangegangener anderer Erkrankungen und wird vor allem bei älteren Hunden durch die entsprechenden Symptome sichtbar. Hunde mit Arthrosen zeigen Steifheit und Lahmheit nach dem Aufstehen. Die Symptome werden bei Bewegung besser. Nach längerer stärkerer Belastung und erneutem Ausruhen werden sie schlimmer. Später haben die Hunde ständig Schmerzen und zeigen anhaltende Lahmheiten.

Zur Therapie werden insbesondere entzündungs- und schmerzhemmende Mittel wie Rimadyl (Fa. Pfizer), Zubrin (Fa. Essex) oder Metacam (Fa. Boehringer) oder Kortisonpräparate eingesetzt. Eine Physiotherapie kann bei der Behandlung sehr nützlich sein.

Für Skeletterkrankungen relevante Nährstoffe

Eine ganze Reihe von Nährstoffen hat Bedeutung für die Skeletterkrankungen des Hundes:

- **Energie:** Gefährlich sind besonders beim wachsenden Hund zu hohe Energiemengen. Es sollten nicht mehr als 3,2–3,8kcal/g FTS im Futter enthalten sein. Der Fettgehalt sollte entsprechend nicht über 12 % der FTS liegen.
- **Kalzium:** Ein Überschuss kann zu erheblichen Schäden am Skelett führen. Der Kalziumgehalt des Futters sollte für gefährdete Hunde bei 0,7–1,2 % der FTS liegen. Bereits Mengen von 3,3 % führen zu Schäden. Mit zwei gestrichenen Teelöffeln eines Kalzium-Ergänzungsmittels für einen 15 kg schweren Welpen wird dessen Kalziumversorgung bereits verdoppelt.
- **Phosphor** kann den Kalziumstoffwechsel beeinflussen. Ein sehr hoher Überschuss an Phosphor kann zu verstärkter Frakturneigung der wachsenden Knochen führen. Das Verhältnis zwischen Kalzium und Phosphor sollte optimal 1,1:1 bis 2:1 betragen. Entsprechend wird für gefährdete Hunde der Phosphorgehalt mit 0,6–1,1 % der FTS empfohlen.
- **Kupfer** spielt eine entscheidende Rolle im Stoffwechsel von Bindegewebe und Knorpel. Das Futter sollte ca. 10 mg Kupfer/kg FTS enthalten. Ein Mangel kann bei selbst hergestellten Rationen auftreten und Wachstumsstörungen, Frakturen und Gelenkschäden verursachen.
- **Zink:** Ein Überschuss hat keinen Einfluss auf das Skelett. Ein Zinkmangel kann zu Wachstumsstörungen führen. Das Futter für wachsende Hunde soll mindestens 120–130 mg Zink/kg FTS enthalten.
- **Jod:** Ein Jodgehalt unter 1,5mg/kg FTS kann verkürzte Gliedmaßen bei Welpen zur Folge haben.
- **Mangan** ist wichtig für den Stoffwechsel des Knorpels. Es soll mit mindestens 5 mg/kg FTS im Futter enthalten sein.
- **Protein:** Ein Überschuss hat keinen Einfluss auf das Skelett. Ein Mangel führt zu Wachstumsverzögerung. Futter für wachsende Hunde sollte 22–32 % biologisch hochwertiges Protein enthalten.
- **Vitamin D:** Ein Mangel würde zu Rachitis führen, ein Überschuss zu vielfältigen Allgemeinsymptomen sowie zu Weichteilverkalkung und Lahmheiten.
- **Vitamin A** ist essenziell für den Knochenstoffwechsel. Ein Mangel führt zu fehlerhafter Knochenbildung mit Nerveneinengungen und entsprechenden Störungen. Ein Überschuss kann u. a. zu Gelenkversteifungen führen.
- **Glukosamin** und **Chondroitinsulfat** haben eine sehr günstige Wirkung auf den Erhalt des Gelenkknorpels. Sie sichern seinen Wassergehalt, regen seine Neubildung an und hemmen die Wirkung von den Gelenkknorpel zerstörenden Substanzen. Sie sind in einigen Fertigfuttermitteln, aber auch in Futterergänzungsmitteln enthalten.
- **Omega-3-Fettsäuren** haben einen entzündungshemmenden, günstigen Effekt auf den Verlauf von Gelenkerkrankungen.

Bald wird dieser acht Wochen alte Hovawartrüde seine Kinderstube verlassen. Der neue Besitzer muss besonders im Wachstum für eine ausgewogene Ernährung sorgen, sollen Skelett- bzw. Gelenkschäden vermieden werden.

Nahrungsergänzungsmittel für die Unterstützung der Gelenkfunktion enthalten Glukosamin, Chondroitinsulfat, Hyaluronsäure, Omega-3-Fettsäuren und weitere das Gelenk unterstützende Substanzen. Als Fertigfuttermittel werden u. a. Spezialfuttermittel für wachsende Hunde großer Rassen angeboten wie Hill´s Science Plan Canine Puppy Large Breed oder Royal Canin Maxi Junior sowie Giant Puppy. Wenn bereits Probleme aufgetreten sind, werden Produkte wie Hill´s Prescription Diet Canine p/d Large Breed oder Royal Canin Mobility Support gefüttert. Letzteres mit einem sehr hohen Anteil an Grünlippenmuschelextrakt. Seit kurzem gibt es von Royal Canin Spezialfuttermittel für Hunde, die zu einer Risikogruppe gehören, darunter auch solche zur Förderung eines gesunden Skeletts.
Zur **Diagnostik** von Skeletterkrankungen werden neben einer gründlichen klinischen Untersuchung vor allem bildgebende Verfahren wie Röntgen, in Spezialfällen auch Ultraschall, Computertomographie oder Arthroskopie eingesetzt.

Muskulatur und Ernährung

Hunde sind zu je nach Rasse unterschiedlichen körperlichen Leistungen fähig. Für die Bewegungsleistungen ist die Muskelarbeit am wichtigsten. Die Energiegewinnung dafür erfolgt zum einen durch Oxidation von Fetten und der Kohlenhydrat-Speicherform Glykogen (aerober Stoffwechsel). Diese Form der Energiegewinnung wird für alle länger anhaltenden Ausdauerleistungen genutzt. Energie für Kurzzeitleistungen mit hohem Kraftaufwand wird dagegen im Wesentlichen im anaeroben Stoffwechsel (ATP oder Glykogen-Glykolyse) gewonnen. Bei der Muskeltätigkeit werden nur 20–30 % der verbrauchten Energie tatsächlich in Arbeit umgesetzt. Der große Rest wird in Wärme umgewandelt. Diese Effizienz entspricht in etwa der eines Benzinmotors.
Eine vollwertige Ernährung ist Voraussetzung für eine entsprechende Leistungsfähigkeit der Muskulatur. Besondere Bedeutung hat die Versorgung mit Energiemengen, die der Leistung entsprechen (siehe Kapitel 7, »Sport und Gebrauchshunde«, S. 148–150).
Um Muskelschäden vorzubeugen, ist insbesondere bei fettreicher Fütterung eine erhöhte Vitamin-E-Versorgung (bis zur 5-fachen Menge) vorteilhaft. Welpen, die während der Trächtigkeit zu wenig Vitamin E und Selen erhalten hatten, zeigten nach der Geburt Muskelschwäche und Schluckbeschwerden. Auch zusätzliche Gaben von Vitamin C (100–300 mg/kg FTS) können günstig sein. Da die Vitamine des B-Komplexes bei körperlicher Belastung vermehrt verbraucht und ausgeschieden werden, ist auch hier eine höhere Versorgung (5–10fache des Erhaltungsbedarfs) sinnvoll.
Bei sehr starker Belastung kann es durch Laktatbildung zu einer speziellen Stoffwechsellage (metabolische Azidose) kommen. Dabei werden vermehrt Kalzium, Magnesium und Kalium ausgeschieden. Futter mit zu geringem Gehalt an Magnesium kann bei Windhunden zu Mangelerscheinungen wie Muskelschwäche und Bewegungsstörungen führen. Empfohlen werden 0,1 % Magnesium in der FTS. Auch der Kalziumbedarf kann bei Muskelarbeit erhöht sein. Das Futter sollte entsprechend ca. 1–2 % in der FTS enthalten. Der Eisenbedarf erhöht sich ebenfalls, wird aber bei einem hohen Fleischanteil in der Ration abgedeckt.

Hormonell bedingte Erkrankungen

Zwischen Ernährungsfaktoren, Stoffwechselvorgängen und Hormonwirkungen gibt es zahlreiche Wechselwirkungen. Daher verändern sich bei hormonellen Störungen auch die Anforderungen an die Ernährung. Andererseits können Fehler in der Ernährung auch bei der Entstehung von hormonell bedingten Erkrankungen beteiligt sein. Eine der beim Hund häufig vorkommenden Hormonstörungen, die Zuckerkrankheit (Diabetes mellitus) wurde wegen der komplexen Zusammenhänge mit der Ernährung bereits in einem gesonderten Abschnitt behandelt. Weitere werden nachfolgend beschrieben.

Insulinsezernierender Tumor (Insulinom)

Diese Tumoren treten bei Hunden nicht selten auf. Es erkranken vor allem ältere Hunde, manchmal aber auch solche im mittleren Alter. Es kommt zu einer übermäßigen Freisetzung von Insulin durch tumoröse Entartung der Betazellen der Bauchspeicheldrüse. Dadurch entsteht ein niedriger Blutzuckerspiegel (Hypoglykämie). Die auffälligsten Krankheitsanzeichen sind periodisch auftretende Schwächezustände, manchmal auch Krampfanfälle oder Bewusstlosigkeit. Die Symptome können jeweils einige Sekunden bis Minuten dauern. Sie zeigen sich vor allem dann, wenn der Hund körperlich belastet wurde, bei Aufregung, Futterentzug oder auch zwei bis sechs Stunden nach der Futteraufnahme infolge der verstärkten Insulinausschüttung.

Die Krankheit lässt sich durch spezielle Laboruntersuchungen feststellen. Insbesondere ein niedriger Blutzuckerspiegel beim nüchternen Hund gibt Hinweise. Allerdings gibt es auch eine Reihe von anderen Ursachen für einen zu niedrigen Blutzuckerspiegel. Andererseits ist nicht bei jedem an einem Insulinom erkrankten Hund der Blutzuckerspiegel zu jeder Zeit niedrig, sondern manchmal erst nach längerem (12 Stunden) Hungern. In Zweifelsfällen müssen zusätzliche Laboruntersuchungen (Insulinmessung) durchgeführt werden.

An einem Insulinom erkrankte Hunde sollten einfache Kohlenhydrate wie Glukose (besonders in Feuchtfutter enthalten) nicht bekommen, sondern es sollte Stärke bevorzugt werden. Faserstoffe sind ungeeignet. Der Rohfasergehalt sollte deutlich unter 5 % der FTS liegen. Auch Aminosäuren wie Arginin und Leuzin verstärken die Insulinausschüttung. Es sollten ausreichende, aber nicht zu hohe Proteinmengen (15–25 % der FTS) gefüttert werden. Der Energiegehalt des Futters muss wegen des übermäßigen Energieverbrauchs mindestens dem Erhaltungsbedarf entsprechen und bei Abmagerung zeitweise erhöht werden. Dabei kann insbesondere der Fettgehalt des Futters höher als im Futter für gesunde Hunde liegen (20–25%).

Therapeutisch kommt eine chirurgische Entfernung des Tumors in manchen Fällen in Frage. Ist dies nicht möglich, so kann eine langfristige medikamentöse Behandlung durchgeführt werden. Bei akuten Krankheitsschüben soll der Hundebesitzer dem Hund eine Zuckerlösung eingeben. Bei krampfenden Hunden kann etwas Honig auf das Zahnfleisch aufgetragen werden. Wichtigster Therapieteil sind diätetische Maßnahmen. Dazu gehört neben den beschriebenen Grundsätzen, dass dem Hund täglich viele kleine Mahlzeiten angeboten werden.

Schilddrüsenunterfunktion (Hypothyreose)

Die Hypothyreose ist die häufigste hormonell bedingte Krankheit des Hundes. Es handelt sich um eine zu geringe Versorgung des Körpers mit den Schilddrüsenhormonen Thyroxin und Trijodthyronin. Da diese Hormone im Stoffwechsel des gesamten Körpers eine zentrale Rolle spielen, sind die Folgen eines Schilddrüsenhormonmangels vielfältig. Als Ursache kommt vor allem eine Entzündung des Schilddrüsengewebes mit anschließender teilweiser Gewebsrückbildung in Frage.

Auslösend dafür scheinen vor allem autoimmun bedingte Störungen zu sein. Offensichtlich sind genetische Faktoren an dem Geschehen beteiligt. Es erkranken vor allem mittelgroße und große Hunde, aber auch Dackel. Betroffen sind vor allem Hunde im mittleren bis höheren Alter, manchmal aber auch schon junge Hunde im Alter von ein bis zwei Jahren.

Die Hauptsymptome der Schilddrüsenunterfunktion sind Temperamentlosigkeit, Übergewicht, verlangsamter Herzschlag, Kälteempfindlichkeit und manchmal auch Lähmungen. Auffällig ist oft der so genannte »traurige Blick«, bedingt durch eine Hautverdickung im Gesicht. Auffällig sind auch die Veränderungen von Haut und Haaren. Das Fell ist stumpf und trocken, die Haut häufig sehr schuppig. Die Behaarung wird weniger, was bei langhaarigen Rassen besonders an der Rute auffällt. Bei kurzhaarigen Hunden tritt häufig zweiseitig symmetrischer Haarausfall an den

Flanken und Körperseiten auf. Häufig folgen sekundäre Infektionen der Haut mit Bakterien.
Die **Diagnose** wird durch Bestimmung des freien Thyroxins (T4) und des Hypophysenhormons TSH gestellt. Schilddrüsenfunktionstests sind zur Diagnosesicherung möglich. Die Behandlung mit Thyroxin-Tabletten erfolgt lebenslang. Das Temperament bessert sich dann innerhalb weniger Tage, die Haut innerhalb drei bis fünf Monaten. Nicht behandelte Hunde verbrauchen und benötigen weniger Energie.
Bei Übergewicht ist eine **Reduktionsdiät** (siehe Abschnitt Adipositas, S. 72–77) angebracht. Entsprechend soll der Fettgehalt unter 17 %, der Faseranteil bei ca. 8 % und der Proteinanteil bei ca. 20 % in der FTS liegen. Da Jod für die Funktionsfähigkeit der Schilddrüse unentbehrlich ist, sollte auf einen **ausreichenden Jodgehalt** im Futter (45–120 mcg/100 g FTS) geachtet werden.

Nebennierenrindenüberfunktion (Hyperkortisolismus, Cushing-Syndrom)

Die relativ häufig vorkommende Erkrankung resultiert in ca. 80 % der Fälle aus einer Tumorbildung an der Hirnanhangsdrüse (Hypophyse), in ca. 10 % der Fälle aus einer Tumorbildung an der Nebenniere. In beiden Fällen wird als Folge von der Nebennierenrinde viel zu viel Kortisol produziert. Dritte mögliche Ursache ist die langfristige hoch dosierte Gabe von Kortison-Medikamenten. Die Folgen im Körper sind vor allem: Lethargie, Leistungsabfall, übermäßiges Trinken, übermäßiger Urinabsatz, Hängebauch, z. T. übermäßiges Fressen, häufig auftretende Infektionen der Harnwege, Erkrankungen der Atemwege und der Lunge sowie neurologische Ausfälle. Häufig entwickelt sich zusätzlich die Zuckerkrankheit. An der Haut fallen auf: Beidseitig symmetrischer Haarausfall an Flanken und Rumpf, dünne und wenig elastische Haut, Schuppen, Komedonen (»Mitesser«) und Kalkherde. Häufig entstehen bakterielle Sekundärinfektionen.
Die Diagnose wird durch Funktionstests gestellt. Die Behandlung erfolgt medikamentell u. a. mit Lysodren, bei Nebennierentumoren soweit möglich chirurgisch. Bei der Fütterung ist vor allem auf ständig **frisches Trinkwasser** zu achten. Der **Fettgehalt des Futters** sollte wegen des durch Kortisol gestörten Fettstoffwechsels bei weniger als 12 % der FTS liegen, der Faseranteil bei Werten um 5 % der FTS. Auf eine ausreichende Versorgung mit den verstärkt ausgeschiedenen **Vitaminen und Mineralstoffen** muss besonders geachtet werden.

Akromegalie (Überproduktion von Wachstumshormon)

Die Akromegalie entwickelt sich durch verstärkte Zufuhr von Progesteron (zu den Geschlechtshormonen gehörend) über Medikamente oder aus dem Gesäuge. In diesen Fällen erscheinen die Symptome nur zeitweise je nach Zyklusstand der Hündin. Weitere mögliche Ursachen sind Tumoren der Hirnanhangdrüse und andere Organe.
Auffällige Symptome sind: Starke Einatmungsgeräusche, Vergrößerung der Läufe, der Pfoten und des Schädels, vermehrtes Trinken und Fressen, vermehrter Urinabsatz, deutlich sichtbare Verbreiterung der Zahnzwischenräume. Die Haut ist verdickt und das Haar ausgedünnt. Bei Nichtbehandlung kann zusätzlich die Zuckerkrankheit auftreten.
Die Kastration der Hündin bzw. bei tumorösen Ursachen die entsprechenden Spezialbehandlungen kommen in Frage.
Das Futter sollte ähnlich wie bei Diabetes mellitus (s. S. 85–87) zusammengesetzt sein.

Fortpflanzung und Ernährung

In der Natur hat Selbsterhaltung Vorrang vor Arterhaltung. Fortpflanzung findet daher nur statt, wenn die Voraussetzungen für die eigene Existenz gesichert sind. Wichtigster Faktor ist dabei die Ernährung. Hinzu kommt, dass eine Vielzahl von Faktoren Einfluss auf das quantitative Ergebnis der Fortpflanzung (z. B. Anzahl der Welpen, Häufigkeit der Würfe im Leben einer Hündin) und auch auf das qualitative Ergebnis (z. B. Geburtsgewichte, Vitalität der Welpen) hat.

Relativ einfach sind die Verhältnisse beim **Zuchtrüden**: Eine Fütterung im Erhaltungsbedarf ist ausreichend. Der Energiegehalt darf nicht zu hoch sein, weil übergewichtige Rüden schlecht decken. Wichtig ist, dass kein Mangel an essenziellen Fettsäuren, den Vitaminen A und E sowie an den Spurenelementen Jod, Selen und Zink entsteht. Anderenfalls können Störungen der Hodenentwicklung, der Spermaproduktion und der Spermaqualität die Folge sein. Die Aufnahme von Mykotoxinen aus verdorbenem Futter oder Schwermetallen (z. B. Quecksilber) aus verunreinigtem Futter kann ähnliche Folgen haben.

Zuchthündinnen zum Deckzeitpunkt sollten normal ernährt sein.

Unterernährung führt ebenso wie Übergewicht dazu, dass die Hündin nicht trächtig wird. Unregelmäßig eintretende und untypisch verlaufende Läufigkeit können ebenfalls durch Unter- oder Überernährung bedingt sein.

Mit Beginn der Läufigkeit kann für kurze Zeit bis wenige Tage nach dem Decktermin eine zusätzliche Versorgung mit einem energiereichen, fettreichen (20–50 % der FTS) und schmackhaften Futter vorgenommen werden. Diese Maßnahme (Flushing) kann dazu beitragen, die Welpenzahl zu erhöhen. Die Versorgung mit Vitaminen, Mineralstoffen und Spurenelementen soll dem Erhaltungsbedarf entsprechen.

Zuchthündinnen in der ersten Hälfte der Trächtigkeit benötigen keine wesentlich erhöhten Nährstoffmengen, da bis zum 35. Tag der Trächtigkeit erst rund 5 % der gesamten Welpen-Masse gebildet worden sind. Der Energiebedarf liegt bei 3,5–4,0 kcal/g FTS. Wichtig ist in dieser Zeit eine Fütterung, die eine **optimale Versorgung mit allen Nährstoffen im Erhaltungsbedarf** sichert.

Unterernährung in dieser Zeit kann dazu führen, dass die Welpen früher oder später absterben. Frühzeitiges Absterben der Welpen mit anschließender Resorption zeigt sich als »Leerbleiben« genau so wie eine gar nicht erst stattgefundene Befruchtung. Werden Welpen von einer unterernährten Mutter geboren, so sind sie oft lebensschwach und sterben nach kurzer Zeit. Oft entstehen auch Probleme im Geburtsablauf. Eine **Überernährung** in der ersten Trächtigkeitshälfte kann zu ähnlichen Problemen, vor allem aber auch zu Geburtsproblemen führen.

Zuchthündinnen in der zweiten Trächtigkeitshälfte benötigen zusätzlich etwa das 1,3- (kleine Rassen) bis 1,5-fache (große Rassen) an Energie.

Der Energiebedarf liegt dann bei ca. 4,0–4,5 kcal/g FTS. Fehlt es daran, so können Untergewicht und lebensschwache Welpen die Folge sein. Die zugeführte Energie muss zu mindestens 23 % aus **Kohlenhydraten** stammen, da die Föten ihren Energiebedarf ausschließlich durch Aufnahme von Glukose aus dem mütterlichen Blutkreislauf decken. Auch ein Kohlenhydratmangel hat geringe Geburtsgewichte und Lebensschwäche der Welpen zur Folge. Um Fehlernährung zu vermeiden, ist auch ein ausreichender Proteinanteil (25–30 % der FTS) nötig. Wichtig ist ebenfalls eine gute Versorgung mit Jod (25 mcg/kg KM und Tag), Selen (5 mcg/kg KM und Tag) und Eisen (6,8 mcg/kg KM und Tag).

Ganz besonders muss auf eine gute Vitaminversorgung geachtet werden.

Insbesondere die Vitamine A, D und E sind sonst nach der Geburt in der Hündinnenmilch in so geringen Mengen enthalten, dass die Welpen nicht ausreichend versorgt werden können. Die Vitaminbedarfswerte in der zweiten Trächtigkeitshälfte sind ähnlich wie nachfolgend für die säugende Hündin beschrieben. Die Kalzium-Versorgung soll bei 0,8–1,5 % der FTS liegen, das Verhältnis von Kalzium zu Phosphor bei 1:1 bis 1,5:1.

Die säugende (laktierende) Hündin hat im Vergleich zu allen anderen Lebensphasen des Hundes den höchsten Nährstoffbedarf.

Die Milchleistung einer Hündin ist enorm. Zum Beispiel gibt eine Deutsche Schäferhündin mit sechs Welpen in der dritten bis vierten Lebenswoche pro Tag ca. 1,7 l Milch. Eine 35 kg schwere Hündin mit einem großen Wurf kann sogar bis zu 5 l Milch pro Tag produzieren. Bei einer Frau nach drei Monaten Stillzeit sind es ca. 0,75 l pro Tag.

Im Vergleich zu Kuhmilch hat Hundemilch einen viermal höheren Fettgehalt.

Für diese Höchstleistungen der säugenden Hündin ist eine optimale Ernährung unbedingt erforderlich.

Die Energiedichte des Futters sollte schrittweise bis zum Laktationsmaximum in der dritten bis fünften Woche auf je nach Welpenzahl 4,5–5,0 kcal/g FTS steigen. Der Eiweißanteil soll bei 25–35 % der FTS liegen und größtenteils aus Futtermitteln tierischer Herkunft stammen. Das ist von Bedeutung, um die optimale Versorgung mit essenziellen Aminosäuren zu sichern. Besonders beachtet werden muss Kalzium. Bei einem Mangel lässt die Milchleistung nach. Außerdem kann es zu Krampfanfällen (hypokalzämische Tetanie, so genannte Eklampsie) kommen. Dazu neigen besonders (aber nicht nur) erstgebärende Hündinnen kleiner Rassen mit relativ vielen Welpen. Therapeutisch werden dann Kalzium-Infusionen durchgeführt. Der Kalzium-Gehalt des Futters der säugenden Hündin sollte bei 1,0–1,7 % der FTS liegen. Das optimale Verhältnis zwischen Kalzium und Phosphor liegt bei 1:1. Übermäßig hohe prophylaktische Kalzium-Gaben bessern die Eklampsie-Neigung nicht, sondern können sie sogar verstärken. Wegen der hohen Mengen mit der Milch abgegebener Vitamine müssen diese im Futter in entsprechender Menge enthalten sein:

Tabelle: Vitaminbedarf pro kg KM und Tag während der zweiten Trächtigkeitshälfte und der Laktation

Vitamin A	250 IE
Vitamin D	20 IE
Vitamin E	1–2 mg
Vitamin B1	0,06 mg
Vitamin B2	0,1–0,25 mg
Vitamin B6	0,06 mg
Vitamin B12	1 mcg
Pantothensäure	0,4 mg
Nikotinsäure	0,45 mg
Biotin	4 mcg
Folsäure	8 mcg

Überdosierungen sind besonders bei den Vitaminen A und D zu vermeiden (s. Kapitel 4, S. 46–47). Selbstverständlich muss eine säugende Hündin ständig unbegrenzte Mengen frisches Trinkwasser erhalten. Der Kohlenhydratgehalt des Futters muss bei mindestens 23 % der FTS und der Fettgehalt bei mindestens 10 %, besser 20 % der FTS liegen. Wichtig ist auch die ausreichende Versorgung mit der essenziellen Linolsäure (500 mg/kg KM täglich), die vorwiegend in tierischen Fetten vorkommt.

Eine Hündin nach dem Absetzen der Welpen soll vollwertig im Erhaltungsbedarf gefüttert werden. Wenn ein Gewichtsverlust während der Säugezeit entstanden ist, so kann vorübergehend ein etwas energiereicheres Futter gegeben werde. Auch bei vollwertiger Ernährung ist es offenbar unvermeidlich, dass sich kurze Zeit nach dem Absetzen der Welpen das Haarkleid der Hündin für einige Zeit deutlich verschlechtert.

Immunsystem, Antioxidanzien und Ernährung

Das Immunsystem dient der Aufrechterhaltung der Gesundheit und der Heilung oder Minderung der Folgen von Krankheiten. Es kann nur funktionieren, wenn alle notwendigen Substanzen, d. h. letztlich Nährstoffe wie Eiweiß und viele andere ausreichend zur Verfügung stehen.

Das Immunsystem umfasst die angeborene und die erworbene Immunität (Abwehrkraft).

Zum **angeborenen Immunsystem** gehören einerseits Abwehrzellen wie Makrophagen, Natürliche Killerzellen und Dendritische Zellen. Andererseits gehört zum angeborenen Immunsystem eine Reihe von nichtzellulären Abwehrstoffen. Die **erworbene Immunität** entwickelt sich nach Kontakt mit einem krankmachenden Faktor. Zur erworbenen Immunität gehören Zellen wie insbesondere die T-Lymphozyten und die B-Lymphozyten. Sie sind in der Lage, Antikörper (Immunglobuline) zu bilden. Weiterhin gehören zum erworbenen Immunsystem vor allem Substanzen wie die verschiedenen Zytokine.

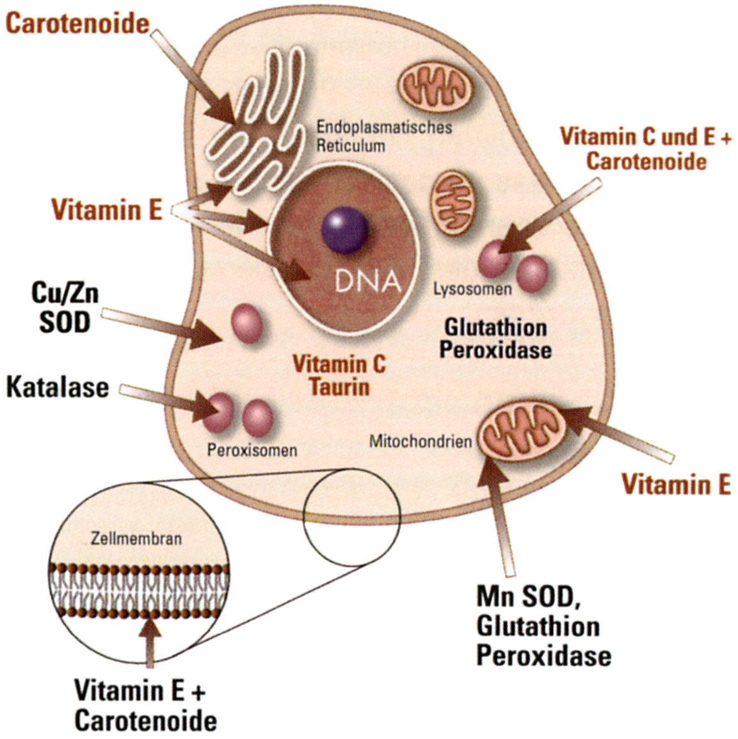

Bedeutung von Ernährungsfaktoren für das Abwehrsystem der Zelle gegen freie Radikale

Das Immunsystem richtet seine Tätigkeit sowohl gegen Schäden von außen (z. B. Infektionserreger) als auch solche von innen (z. B. Tumorzellen). Sein einwandfreies Funktionieren ist absolut überlebenswichtig.

Die Funktionen des Immunsystems werden durch **Ernährungsfaktoren** in erheblichem Umfang unterstützt.

Wichtig ist vor allem eine gute Versorgung mit hochwertigen Eiweißen und den darin enthaltenen essenziellen Aminosäuren. Besonders die Vitamine A und E sowie Selen haben Einfluss auf die Bildung von Abwehrzellen (T- und B-Lymphozyten). Zink und Magnesium haben Auswirkungen auf die Zytokinproduktion. Ein Mangel an B-Vitaminen senkt die Antikörperproduktion.

Einfluss auf die Funktion des Immunsystems haben viele Faktoren. Dazu gehören in besonderem Maße auch die so genannten freien Radikale.

Freie Radikale sind Bestandteil des mit Sauerstoff ablaufenden Stoffwechsels und entstehen sowohl bei normalen als auch bei pathologischen Vorgängen. Sie werden entweder gezielt vom Körper zur Unterstützung von Abwehrreaktionen gebildet oder sie entstehen als »Unfall«. Freie Radikale sind unvollständige instabile Moleküle, die Sauerstoff enthalten. Diese Moleküle sind hoch reaktiv, da sie stets bestrebt sind, entweder ein Elektron an die umgebenden Moleküle abzugeben oder von diesen aufzunehmen. Dadurch bilden sie neue freie Radikale und können eine Kettenreaktion auslösen. Unabhängig von ihrer Herkunft können freie Radikale Schäden an Zellen und Geweben hervorrufen, wenn sie in übermäßig großer Zahl vorhanden sind. Es kommt dann vermehrt zur Schädigung von Zellmembranen, der DNA und anderer Zellbestandteile.

Auch für die im **Alterungsprozess** bedeutsame Telomerverkürzung haben die Angriffe durch freie Radikale wesentliche Bedeutung (Telomere sind spezialisierte DNS-Komplexe, die schutzkappenartig auf Chromosomenenden liegen und mit zunehmendem Alter immer kürzer werden).

Der Abwehr von Schäden durch freie Radikale dienen die **Antioxidanzien**, das antioxidative Abwehrsystem. Es wird insbesondere dann gefordert, wenn oxidativer Stress entsteht (d. h. übermäßig viele freie Radikale entstehen). Mögliche Ursachen sind Krankheiten, Verletzungen, Allergene, Umweltgifte, Strahlung und stärkere körperliche Belastungen. Insbesondere bei oxidativem Stress ist die optimale Versorgung des Hundes mit Antioxidanzien von größter Bedeutung.

Antioxidanzien (auch als Antiradikale bezeichnet) sind geeignet, die Häufigkeit chronischer degenerativer Erkrankungen wie z. B. Krebs, Arthrose, Herzerkrankungen, Lebererkrankungen oder Nierenerkrankungen zu reduzieren, die Leistungsfähigkeit des Immunsystems zu optimieren und den Alterungsprozess zu verlangsamen.

Das antioxidative Abwehrsystem ist in hohem Maß von der Ernährung und dem funktionierenden Stoffwechsel abhängig. Eine Reihe von Mikronährstoffen sind besonders gut geeignet, als Antioxidanzien zu wirken. Darüber hinaus ergänzen und unterstützen sie sich wechselseitig hierbei.

Nährstoffe wie Zink, Mangan, Eisen, Selen und Kupfer sind feste Bestandteile antioxidativer Enzymsysteme.

Nährstoffe wie die Vitamine E und C, die Karotinoide und die Aminosäure Taurin haben eine selbstständige antioxidative Wirkung.

Vitamin C kann vom Hund selbst synthetisiert werden, wird aber vom Körper nicht gespeichert. Bei erhöhter Belastung (oxidativem Stress) kann eine zusätzliche Verabreichung mit dem Futter sehr günstig sein.

Vitamin E ist das für die Zellmembranen wichtigste Antioxidanz. Es wird nicht im Körper synthetisiert und muss ständig mit der Nahrung zugeführt werden.

Spurenelemente, insbesondere Selen, Kupfer, Zink und Mangan sind Bestandteil antioxidativer Enzyme. Diese Enzyme stellen quasi die erste »Verteidigungslinie« des Körpers gegen freie Radikale dar.

Karotinoide wie das Lycopin (u. a. in Tomaten), das Beta-Karotin (u. a. in Mohrrüben) und das Lutein (z. B. im Spinat) sind hochwirksame Antoxidanzien.

Talgdrüsenentzündung.

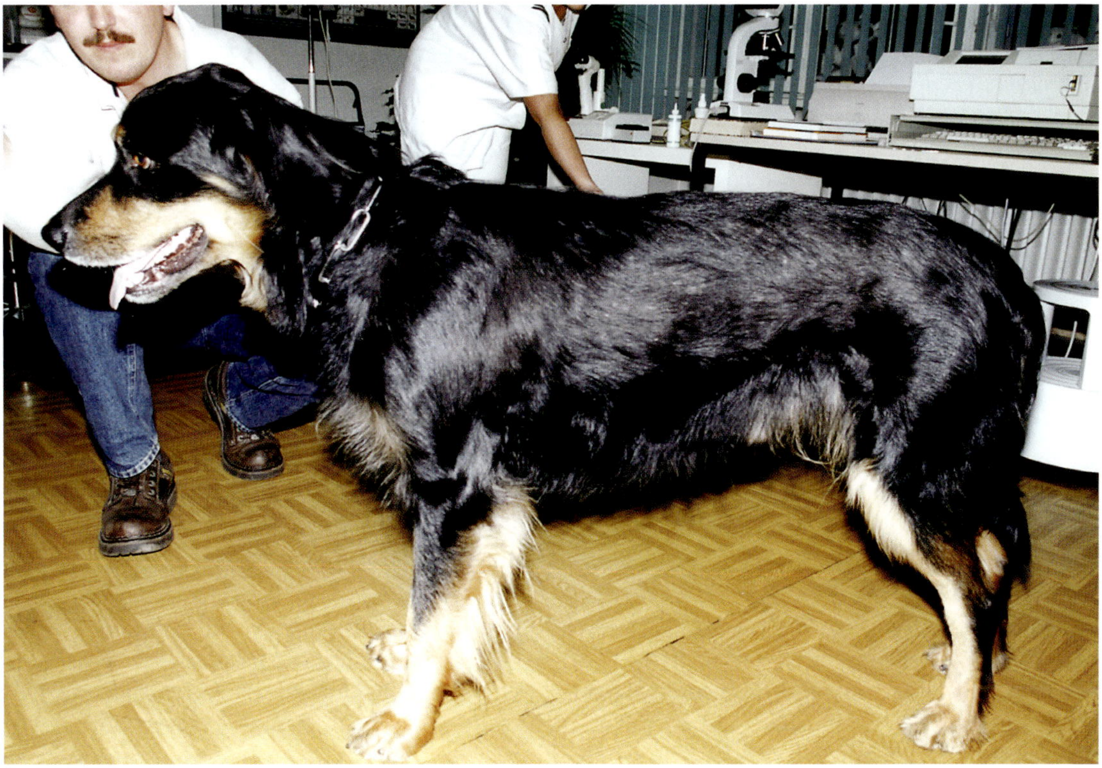

Taurin ist eine Aminosäure, die ebenfalls eine starke antoxidative Wirkung hat.

Die Mischung mehrerer Antioxidanzien verstärkt deren Effekt. So unterstützt z. B. Vitamin C das Vitamin E und Vitamin E trägt zum Schutz des Beta-Karotins vor Oxidation bei. Zahlreiche weitere Wechselwirkungen sind bekannt. Die regelmäßige Verabreichung solcher »Antioxdanzien-Cocktails« trägt wesentlich dazu bei, Schäden an der DNA und anderen Zellbestandteilen zu reduzieren und die Tätigkeit des Immunsystems zu optimieren. Eine Reihe von Futtermitteln führender Hersteller wie Royal Canin und Hill`s enthalten entsprechende Zusätze.

Hauterkrankungen

Erkrankungen von Haut und Haaren sind bei Hunden ein ziemlich häufiges Problem. Bei vielen dieser Erkrankungen handelt es sich um Symptome einer dahinter verborgenen anderen Krankheit. Es gibt aber auch eine ganze Reihe von selbstständigen Erkrankungen der Haut durch verschiedenste Ursachen, bei welchen andere Organe nicht oder nur sekundär beteiligt sind.

Die Ernährung kann bei entsprechend massivem Mangel oder Überschuss von Nährstoffen Erkrankungen von Haut und Haaren verursachen. Vor allem aber können bestimmte Nährstoffe bei gezieltem Einsatz sehr hilfreich bei der Behandlung von Hautkrankheiten sein.

Die Haut reagiert auf unterschiedliche Faktoren in immer wieder ähnlicher Weise. Trotzdem können die Unterschiede bei der Symptomausprägung nützlich sein, wenn es darum geht, die Ursache der Hauterkrankung zu finden und entsprechend zu behandeln. Auch die Verteilung der Hautveränderungen an den verschiedenen Körperstellen kann Hinweise geben. Außerdem gibt es Hautkrankheiten, die häufiger bei jungen oder bei älteren Hunden vorkommen. Und schließlich gibt es eine ganze Reihe von Rassedispositionen, d. h. bestimmte Hauterkrankungen werden bei den entsprechenden Hunderassen häufiger festgestellt als bei anderen. Um eine Hautkrankheit gezielt heilen zu können, sollte ihre Ursache möglichst genau ermittelt werden. Das ist nicht immer einfach, da eine Vielzahl unterschiedlichster Ursachen ähnlich aussehende Hautveränderungen hervorrufen kann. Außerdem entstehen häufig sekundäre Veränderungen durch selbst verursachte Verletzungen (Kratzen, Lecken, Benagen), so dass die ursprünglichen Hautveränderungen nicht mehr zu sehen sind.

Die Diagnostik

Diese beruht zunächst auf einem genauen Vorbericht: Es muss also z. B. ermittelt werden, welche Symptome zu welchem Zeitpunkt erstmals aufgetreten sind, ob der Hund sonstige gesundheitlich bedingte Besonderheiten zeigt, wo und wie er lebt und welche Medikamente er zu welchem Zeitpunkt bekommen hat. Wichtig ist auch eine gründliche allgemeine klinische Untersuchung des Hundes, um zu Grunde liegende andere Krankheiten zu erkennen. Dazu können auch Laboruntersuchungen nötig sein, insbesondere um die Funktionsfähigkeit von Nieren, Leber, Bauchspeicheldrüse, Schilddrüse, Nebenniere usw. zu prüfen. Zur speziellen dermatologischen Untersuchung gehört dann die genaue Feststellung der Hautveränderungen und ihrer Verteilung am Körper. Es folgen Untersuchungen wie die Kontrolle von ausgekämmtem Material (wie z. B. Flohkot), die Beurteilung von Haaren oder von Hautgeschabseln sowie von Hautabstrichen unter dem Mikroskop. Bei Verdacht werden Pilzkulturen angelegt oder bakteriologische Untersuchungen durchgeführt. Häufig ist es auch angebracht, die Antibiotika-Empfindlichkeit der gefundenen Bakterien zu prüfen (so genannter Resistenztest). Hautbiopsien können zur näheren Abklärung nötig und manchmal entscheidend für die Diagnose sein. Untersuchungen des Blutserums auf z. B. Antikörper gegen Sarkoptesmilben können sehr hilfreich sein.

Die Ursachen allergisch bedingter Krankheiten können durch Einspritzen verschiedenster Allergene in die Haut (Intrakutantest) oder durch spezielle Untersuchungen von Blutserum (= serologisch) näher bestimmt werden. Voraussetzung ist, dass der Hund ausreichend lange vor dem Test kein Kortison bekommen hat (je nach Medikament zwei bis sechs Wochen). Allerdings müssen die Ergebnisse solcher Tests immer mit den am Hund festgestellten Symptomen und den sonstigen Umständen zusammenpassen. Nur ein positiver serologischer Test allein genügt nicht für die Diagnosestellung. Futtermittelallergien können durch eine Ausschussdiät diagnostiziert werden. Dabei beschränkt sich die Fütterung auf je eine einzige Eiweiß- und Kohlenhydratquelle, die der Hund möglichst nie vorher zu sich genommen hat. Inzwischen wird auch für die Futtermittelallergie-Abklärung ein recht praktikabler serologischer Test angeboten. Näheres zu dieser Thematik im nachfolgenden Abschnitt über Futtermittel-Unverträglichkeiten. Einige Autoimmunkrankheiten kann man durch spezielle serologische Tests besser eingrenzen. Hormonbestimmungen und Funktionstests sind besonders wichtig, wenn man Erkrankungen von Schilddrüse, Nebennieren, Hoden oder Eierstöcken nachweisen will. Sehr häufig sind auch mehrere Ursachen an einer Hautkrankheit beteiligt.

Die wichtigsten Hautkrankheiten

Bakterielle Erkrankungen

Bakterielle Erkrankungen der Haut treten meist im Zusammenhang mit oder als Folge von anderen Krankheiten auf. In der oberen Hautschicht entwickelt sich besonders bei langhaarigen Hunden im Sommerhalbjahr eine lokal begrenzte nässende Hautentzündung (pyotraumatische Dermatitis, »hot spot«)in Folge von Selbstverletzung durch den Hund.

Auswirkungen einer Atopie im Gesicht.

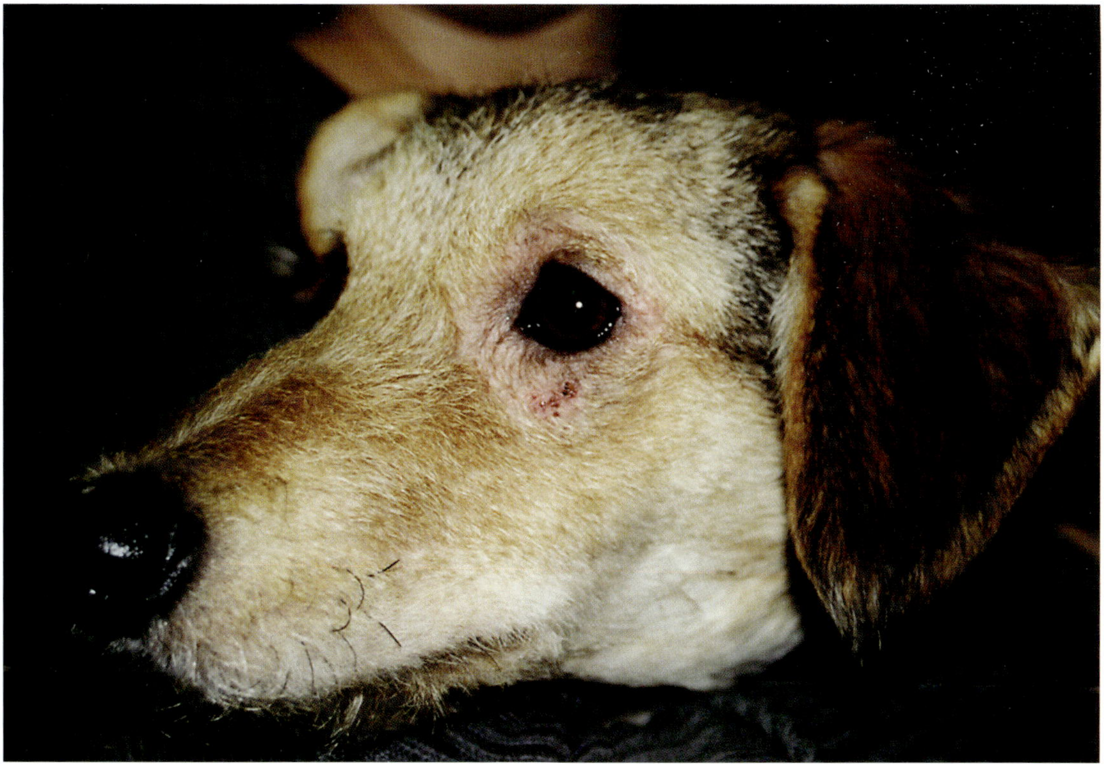

Zu den vielfältigen Ursachen gehören Flohstichallergie, allergisch bedingte Hauterkrankung (Atopie), Ektoparasiten wie Zecken, aber auch hormonelle Störungen.
Bei entsprechend veranlagten Hunden entsteht häufig eine Entzündung der Haut zwischen den Hautfalten.
Bei der bakteriellen Haarbalgentzündung (Follikulitis) treten vor allem Pusteln und Papeln auf. Demodex-Milben, Allergien oder hormonell bedingte Erkrankungen können die eigentliche Ursache sein.
Welpen haben relativ häufig einen Hautausschlag (Impetigo) im Bauchbereich.
Tiefe bakteriell bedingte Hautentzündungen werden auch als Furunkulose bezeichnet und können auch wieder Folge anderer Krankheiten sein. Bei den meisten oberflächlichen und bei vielen tiefen bakteriell bedingten Krankheiten ist der Erreger Staphylococcus intermedius. Bei tiefen Hautentzündungen kommen auch andere Bakterien vor. Häufig ist eine Erregerbestimmung mit Resistenzprüfung notwendig. Dabei wird im Labor ermittelt, gegen welche Antibiotika die Erreger empfindlich oder resistent sind.
Entsprechend wird eine oft über mehrere Wochen, bei tiefen Hautentzündungen manchmal sogar mehrere Monate nötige Therapie mit Antibiotika durchgeführt.

Hautpilzerkrankungen

Diese werden durch Pilze vor allem der Gruppen Microsporum und Trichyphyton verursacht. Die Übertragung erfolgt vor allem von Katzen, Rindern (auch indirekt) oder Nagern. Auch Menschen können sich anstecken.
Die Diagnose wird durch Anlegen und Beurteilung einer Pilzkultur ermittelt.

Pyodermie der Oberhaut infolge einer Schilddrüsenunterfunktion.

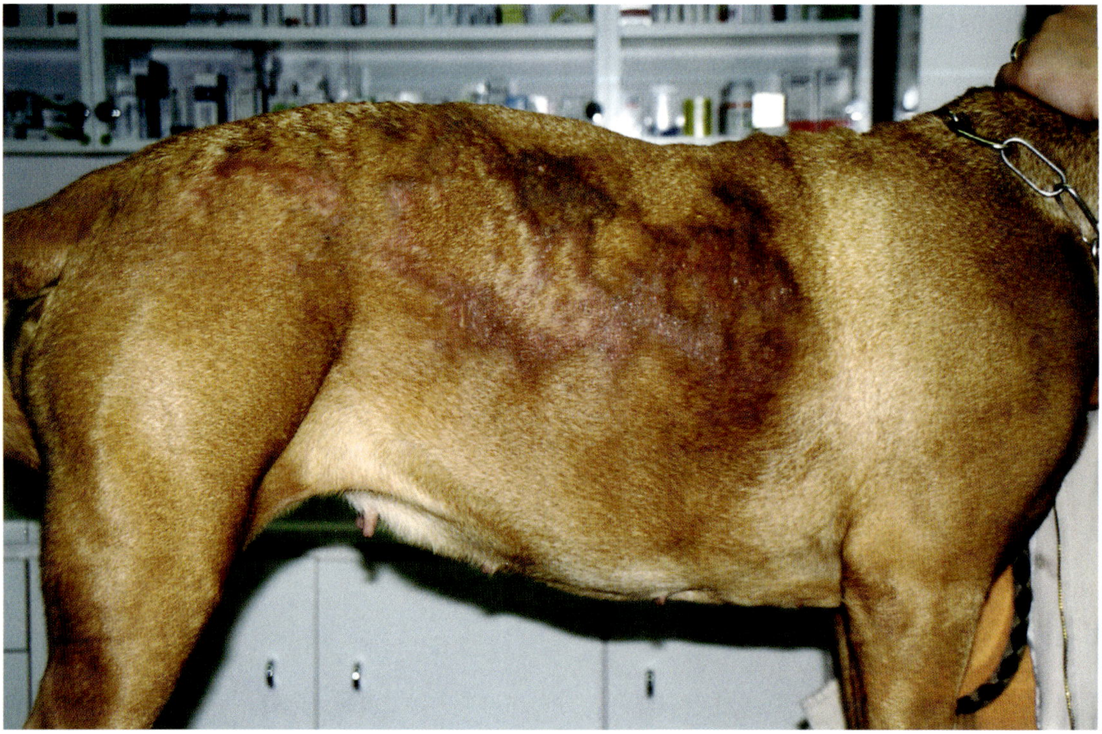

Häufig ist ein durch feine Schuppen begrenzter Haarausfall zu sehen. Aber auch Papeln, Pusteln usw., in bestimmten Fällen auch Knoten können durch Hautpilze bedingt sein. Für die Behandlung werden Antimykotika eingegeben und z. T. auch äußerlich angewandt. Die Therapie ist oft langwierig.

Malassezien (eine Gruppe von Hefen)
Sie sind sehr häufig an Hautkrankheiten beteiligt. Sie lassen sich durch einfache Abklatschproben sehr gut unter dem Mikroskop feststellen. Die Symptome ähneln denen der bakteriellen Hauterkrankung. Die Therapie erfolgt meist äußerlich.

Einzeller
Einzeller können einige selten auftretende, mit der Bildung von Knoten und Abszessen einhergehende Hauterkrankungen verursachen (z. B. Neosporose). Babesien verursachen neben Organschäden auch Hautveränderungen. An **Leishmaniose** (verbreitet im Mittelmeerraum und Teilen Afrikas und Amerikas) erkranken vor allem Welpen.
Zunehmend werden auch in unseren Breiten Krankheitsfälle festgestellt, ohne dass die betreffenden Hunde im Ausland waren.
Die Symptome betreffen u. a. die Haut (Schuppen, Geschwüre, Pusteln, Knoten) und treten häufig erst beim erwachsenen Hund auf.

Parasiten
Parasiten sind eine wichtige Ursachengruppe für Hautkrankheiten bei Hunden. Ohrmilben können eine massive Entzündung des äußeren Gehörgangs verursachen, kommen aber beim Hund relativ selten vor. Cheyletiella-Milben verursachen vor allem Juckreiz und Hautentzündung im Rückenbereich. Demodex-Milben vermehren sich bei immungeschwächten Hunden (besonders bei Junghunden) massenhaft und verursachen haarlose, feinschuppige manchmal gerötete Flecken vor allem im Gesicht, aber auch an den Läufen.

Sarkoptesräude
Die Sarkoptesräude wird vor allem durch Füchse (auch indirekt) übertragen. Sie **verursacht hochgradig juckende Hautveränderungen vor allem an Bauch, Brust, Läufen und Ohren mit unterschiedlich starker Ausdehnung**. Vor allem Hunde, die eine allergische Veranlagung haben, zeigen sehr deutliche Krankheitssymptome. Eine Blutserumuntersuchung kann zur Diagnose führen, sofern die Krankheit schon einige Wochen besteht. Die Therapie kann sehr erfolgreich mit Stronghold (Fa. Pfizer) durchgeführt werden. Die Behandlungen müssen über mehrere Monate weitergeführt werden. Zusätzlich müssen in den ersten Wochen Antibiotika und anfangs auch Kortisonpräparate gegeben werden.

Herbstgrasmilbe
Die Herbstgrasmilbe befällt im Spätsommer und Herbst besonders die Pfoten von Hunden, manchmal auch Bauch und Ohren. Es entstehen Papeln, Krusten und Juckreiz. Die intensiv rot gefärbten Milben sind leicht zu finden. Antiparasitische Sprays (z. B. Frontline, Fa. Merial) wirken gut.

Zecken
Zecken können lokale Hautentzündungen verursachen, insbesondere, wenn der Hund an den Zeckenbissstellen kratzt.

Flöhe
Sie sind eine der häufigsten Ursachen für Hautkrankheiten beim Hund. Symptome treten immer dann auf, wenn eine Allergie des Hundes gegen Bestandteile des Flohspeichels vorliegt. Bei nicht allergischen Hunden entwickeln sich nur minimale Hautveränderungen. Bei Allergikern treten vor allem Juckreiz und Papeln typischerweise besonders auf dem hinteren Teil des Rückens, am Schwanzansatz, an den Schenkelinnenseiten und den hinteren Flächen der Oberschenkel sowie am hinteren Bauchbereich auf. Ein einzelner Floh genügt, um Symptome auszulösen.

Daher ist eine Flohallergie auch dann möglich, wenn keine Flöhe oder kein Flohkot gefunden werden.
Wirksame Mittel gegen Flöhe sind z. B. Stronghold (Fa. Pfizer), Advantage (Fa. Bayer), Frontline (Fa. Merial), Expot (Fa. Essex) und Program (Fa. Novartis). Entscheidend für den Erfolg der Flohbekämpfung ist die wiederholte Anwendung der Mittel über Monate.

Hakenwürmer

Diese können bei Hygienemängeln massenhaft im Erdreich von Ausläufen usw. vorhanden sein. Sie durchdringen an den Kontaktstellen wie Pfoten und Bauch die Haut und verursachen Papeln, Schwellungen und Juckreiz. Geeignete Entwurmungsmittel sind z. B. Banminth plus (Fa. Pfizer), Drontal plus (Fa. Bayer), Milbemax (Fa. Novartis) sowie Panacur (Fa. Intervet).

Demodikose im Gesicht.

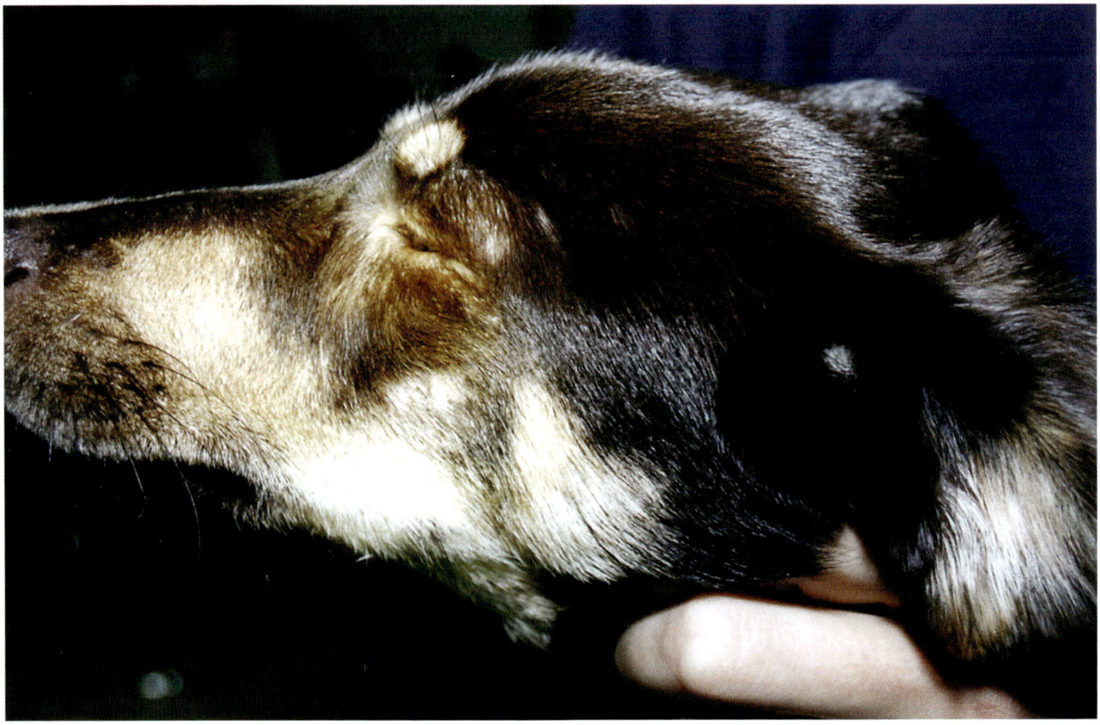

Hormonell bedingte Hautkrankheiten

Diese und die Zusammenhänge mit der Ernährung sind im Abschnitt über hormonell bedingte Krankheiten beschrieben worden (s. S. 103–105).

Allergisch bedingte Hautkrankheiten

Sie beruhen auf übermäßig heftigen und meist lang anhaltenden Fehlreaktionen des Immunsystems. Häufig richten sich die allergischen Reaktionen gegen an sich harmlose Stoffe und Substanzen.
Voraussetzung dafür, dass sich eine Allergie entwickelt, ist die entsprechende erbliche Veranlagung.
Hauptsymptom und anfangs auch das einzige ist der Juckreiz. Durch Selbstverletzung (Lecken, Kratzen, Beißen) entstehen dann Läsionen der Haut. Sehr häufig schließen sich Infektionen mit Bakterien oder Hefen an. Häufig sind bereits junge Hunde (ein bis drei Jahre) betroffen. Die wichtigsten allergisch bedingten Hautkrankhei-

ten wie die Atopie (Allergie auf über Atemwege oder Haut eindringende Schwebstoffe) und die Futtermittelallergie (im nächsten Abschnitt beschrieben) ähneln sich in den Symptomen sehr. Sie können durchaus gleichzeitig bei ein und demselben Hund auftreten, ebenso wie die Flohstichallergie.
Grundsätzlich gibt es für die Behandlung aller allergisch bedingten Krankheiten die Möglichkeiten der Allergenvermeidung, der Linderung der Symptome und der Einflussnahme auf das Immunsystem durch Hyposensibilisierung. Letztere ist nur bei der Atopie, nicht aber bei der Futtermittelallergie möglich.
Die **atopische Dermatitis (Atopie)** kann durch zahlreiche unterschiedliche Allergene ausgelöst werden, vor allem durch Hausstaubmilben, Vorratsmilben, Gräser und Pollen.
Typische Lokalisation für Juckreiz und Hautentzündungen sind Augenumgebung, Lefzenbereich, Pfoten, Achseln, Leisten und Analregion. Häufig tritt eine Ohrenentzündung auf.
Auch **Bakterien** können allergische Hautkrankheiten auslösen, besonders die **Staphylokokken**.
Weitere Allergieursache können Arzneimittel sein. Eine allergische Kontaktdermatitis kann durch eine Vielzahl möglicher Materialien ausgelöst werden wie z. B. Pflanzen, Metalle wie Nickel (Fressnäpfe!), Gummi, Kunstharz, Teppichduftstoffe usw. Es treten Juckreiz, Papeln und z. T. auch Pusteln vor allem an Pfoten, Brust und Bauch auf, manchmal auch am ganzen Körper (z. B. durch ungeeignete Shampoos).

Autoimmunkrankheiten
Diese kommen relativ selten vor. Die häufigste ist Pemphigus foliaceus mit Bläschen und Pusteln, Erosionen (Abschürfungen) und Krusten, sekundär auch Juckreiz vor allem an Nasenrücken, Lefzen, Ohren und Pfoten. An zweiter Stelle bezüglich der Häufigkeit liegt der diskoide Lupus erythematodes. Er führt zu Farb- und Reliefverlust, Erosionen und zum Teil Geschwüren an Nasenspiegel und Nasenrücken, teils auch an anderen Körperstellen.

Psychische Belastungen
Zu diesen sind auch Aufregung oder Langeweile zu zählen. Psychische Belastungen führen bei vielen Hautkrankheiten zur Verschlimmerung der Symptome.

Genetisch bedingte Hauterkrankungen
Sie kommen bei verschiedenen Hunderassen vor. Einige Beispiele sind die primäre Seborrhöe (übermäßige Schuppenbildung) beim Cocker Spaniel, die Dermatomyositis (Haut- und Muskelentzündung) bei Collie und Sheltie und Vitiligo, ein fleckiger Farbverlust an Nase, Lippen und der Haut im Gesicht z. B. beim Rottweiler.

Die Therapie von Hautkrankheiten mit Medikamenten

Sie hat das Ziel, die Beschwerden zu lindern und wenn möglich die Krankheit zu heilen. Oft sind am Krankheitsbild mehrere Ursachen beteiligt, von denen zumindest ein Teil erfolgreich behandelt werden kann. Bevorzugt wird immer eine an den Ursachen angreifende Therapie, soweit das möglich ist. Antibiotika sind bei Hauterkrankungen des Hundes relativ oft nötig, da in vielen Fällen Bakterien beteiligt sind. Cephalexine, Gyrasehemmer sowie Amoxicillin mit Clavulansäure sind Mittel der ersten Wahl. Medikamente zur Hautpilzbehandlung können äußerlich und bei starker Ausdehnung auch innerlich angewendet werden (z. B. Ketoconazol, Griseofulvin). Eine Vielzahl von Mitteln gegen Parasiten ist verfügbar. Beispiele wurden bereits erwähnt. Hormone kommen bei eindeutiger Diagnose zum Einsatz (vergl. Abschnitt hormonelle Erkrankungen). Für die Behandlung der Symptome von Allergien werden zur Juckreizminderung vor allem Medikamente eingesetzt, die zur Kortisongruppe gehören. Sie sind in vielen Fällen äußerst hilfreich, weil sie sonst unerträglichen Juckreiz lindern können. Sie haben aber auch erhebliche Nebenwirkungen, wenn sie zu hoch dosiert, in kurzen Zeitabständen und über längere Zeiträume verabreicht werden. **Deshalb gilt für die Kortisonanwendung der Grundsatz: So oft und so viel wie nötig und so selten**

und so wenig wie möglich. Langzeit- (Depot-) Kortisone sollten beim Hund überhaupt nicht angewendet werden.
Antihistaminika wie Cetirizin sind teilweise hilfreich gegen Juckreiz, aber leider nicht in gleichem Maße wirksam wie beim Menschen. Ciclosporin (Atopica, Fa. Novartis) ist in manchen Allergie-Fällen eine Alternative zum Kortison. Die äußerliche Behandlung mit speziellen Shampoos wie Allercalm oder Sebocalm (Fa. Virbac) oder DermAlley und DermaSeb (Fa. Albrecht) ist bei vielen Hautkrankheiten wichtiger Bestandteil der Therapie. Diese Shampoos lindern die Symptome, ohne dass sie Nebenwirkungen zur Folge hätten. Verschiedene Salben, Lotionen usw. werden vor allem bei lokal begrenzten Hautproblemen angewendet.

Die diätetische Prophylaxe und Therapie von Hautkrankheiten

Dafür ist eine ganze Reihe von Nährstoffen von Bedeutung.
Futtermittel mit schlechter Qualität oder eine unausgewogene Zusammensetzung der Ration können zahlreiche Folgen für die Gesundheit von Haut und Haaren haben.
In selbst zubereiteten Rationen liegt häufig ein Mangel an Kalzium, Vitaminen, Spurenelementen oder essenziellen Fettsäuren vor, sofern nicht die entsprechenden Zusätze in der exakt richtigen Menge dazugegeben werden. In guten Fertigfuttermitteln sind viele Vitamine, Mineralstoffe und Spurenelemente in höherer Menge als nötig enthalten, ohne dass dadurch die kritische Grenze einer Überdosierung erreicht werden würde. Eine ganze Reihe von Nährstoffen ist im Zusammenhang mit Hautproblemen von Bedeutung.

Energie: Eine ausreichende Versorgung ist Voraussetzung dafür, dass die zugeführten Nährstoffe nicht zur Energiegewinnung verbraucht werden, sondern u. a. auch für die Funktionen der Haut zur Verfügung stehen. Andererseits werden mit Energie überversorgte Hunde übergewichtig. Übergewichtige Hunde neigen schon deshalb vermehrt zu Hautproblemen, weil sie nicht mehr ausreichend zur Körperpflege in der Lage sind. Bei übergewichtigen Hunden entwickelt sich aber eine Reihe von Krankheiten häufiger, die wiederum Auswirkungen auf die Haut haben (z. B. Diabetes mellitus). Hinzu kommt, dass sich Hautinfektionen bei übergewichtigen Hunden häufiger und schneller entwickeln können.

Proteine sind auch für die Gesundheit von Haut und Haaren sehr wichtige Nährstoffe. Ein kleiner Hund mit langem Fell verbraucht z. B. 30 % der täglich mit dem Futter aufgenommenen Eiweißmenge für das Haarwachstum, ein großer kurzhaariger Hund weniger als 10 %.

Floh.

Eine lange Zeit anhaltende zu geringe Versorgung mit Proteinen und speziellen Aminosäuren führt zu stumpfem, brüchigem Fell, übermäßiger Verhornung der Haut und Pigmentverlust.
Vor allem eine schlechte Qualität und geringe Verdaulichkeit des Futtereiweißes kann dabei eine Rolle spielen, aber auch eine erhöhte Eiweißausscheidung wie bei einer Niereninsuffizienz. Speziell die Aminosäuren Tyrosin und Phenylalanin sind besonders wichtig für die Haarpigmentierung. Bei einem Mangel an diesen Aminosäuren kann dunkles Fell rötlich aufhellen. Wichtig für die Haut sind auch die schwefelhaltigen Aminosäuren Methionin und Zystein. Sie sind sowohl für die Verhornung der äußersten Zellschicht der Haut als auch für die Pigmentierung von Bedeutung. Auch Prolin und Histidin sind für die Haut besonders wichtig.

Fettsäuren: Ein Mangel an essenziellen und an ungesättigten Fettsäuren verursacht glanzloses Fell, trockene und unelastische Haut sowie verstärkte Schuppenbildung.
Besonders die Versorgung mit der essenziellen Linolsäure (mindestens 150 mg/kg KM täglich) ist wichtig. Im Zusammenhang mit Hautentzündungen sind **besonders die ungesättigten Fettsäuren vom Omega-3-Typ sehr nützlich**. Sie sind in Fisch und Fischprodukten in relativ großen Mengen, in einigen pflanzlichen Ölen (z. B. Leinöl) aber auch verfügbar (s. Kap. 4). Bei allergischen Hautkrankheiten können solche Fettsäuren durch langzeitige Anwendung gemeinsam mit Antihistaminika dazu beitragen, dass z. B. deutlich weniger Kortison gegeben werden muss, um den Juckreiz auf ein erträgliches Maß zu reduzieren.

Zink ist für die Haut besonders wichtig. **Zinkmangel kann zu Haarverlust, Depigmentierung (Grauwerden), Parakeratose (Verhornungsstörung) und geschwürigen Hautveränderungen führen.**
Chronische Darmprobleme, sehr hoher Getreideanteil oder ein überhöhter Kalziumgehalt im Futter können zu sekundärem Zinkmangel führen. Zeitweilige Zinkzufütterung (z. B. 50 mg/kg FTS) kann die Symptome beseitigen. Bei einigen Hunderassen (Husky, Malamute, Bullterrier) kommen genetisch bedingte Störungen im Zinkstoffwechsel vor. Hier helfen Zinkzulagen weniger.

Jodmangel: Er kann zu trockener, dünner Haut und Haarverlust beitragen.

Kupfermangel führt besonders im Gesicht zu Pigmentaufhellung. Er kann u. U. sekundär bei hohem Gehalt an Kalzium oder Zink im Futter auftreten. Eine entsprechende Futterumstellung zeigt erst nach sechs bis acht Wochen den gewünschten Effekt.

Vitaminmangel wird u. a. auch im Erscheinungsbild von Haut und Haaren sichtbar.
Vitamin A hat besondere Bedeutung für das Epithelgewebe in Haut und Schleimhaut. Ein Mangel führt zu übermäßiger Verhornung der Haut, geringem Haarwachstum und teilweise Haarausfall.
Bei nicht ergänzten eigenen Futtermischungen, überlagertem Futter oder bei sehr fettreichen Rationen ist ein Mangel möglich. Gute Fertigfuttermittel enthalten mehr Vitamin A als nötig. Bei manchen Hunden kommt die so genannte Vitamin-A-responsive (response (engl.) = Antwort) Dermatose vor. Bei dieser Erkrankung entwickeln die Hunde besonders an den unteren und seitlichen Körperpartien schütteres stumpfes Haar. Nach mehrwöchiger Vitamin-A-Substitution (600–800 IE/kg KM 2 x täglich) bessern sich die Symptome. Bei einigen mit Verhornungsstörungen zusammenhängenden Hauterkrankungen wie z. B. dem Schnauzer-Komedonen-Syndrom oder auch der Sebadenitis werden synthetische Vitamin-A-ähnliche Stoffe (Retinoide) zur Therapie eingesetzt.
Vitamin E ist besonders wichtig bei der Therapie von autoimmunen Hautkrankheiten wie Pemphigus foliaceus oder Lupus erythematodes. Es wird dann in Mengen von 2 x täglich 200–800 IE/Hund bzw. 5 mg/kg KM täglich verabreicht.

Ein **Vitamin-E-Mangel** führt bei ansonsten gesunden Hunden zu verstärkter Schuppenbildung und kann die Entwicklung von Hautentzündungen begünstigen.
Ein **Mangel an B-Vitaminen** kann zur Entstehung von Hautentzündungen und Hautrückbildung (dünne Haut) beitragen. Ein solcher Mangel kann entstehen, wenn die Synthese durch die Darmflora in Folge chronischen Durchfalls oder durch Antibiotika-Gaben gestört ist. Die B-Vitamine sind für die Gesunderhaltung der Haut und für ein optimales Haarwachstum von Bedeutung. Besonders wichtig sind Biotin, Niazin und Pantothensäure sowohl für die Gesunderhaltung der Haut als auch als Teil einer diätetischen Therapie bei zahlreichen Hauterkrankungen.

Futtermittel-unverträglichkeiten

Futtermittelinhaltsstoffe können auf allergischer (Futtermittelallergie) und auf nichtallergischer (Futtermittelintoleranz) Basis ***Hautveränderungen***, aber auch Erkrankungen im Magen-Darm-Bereich auslösen. Futtermittelintoleranz kann z. B. durch eine angeborene Überempfindlichkeit auf Grund eines Enzymdefekts (Idiosynkrasie), durch Störungen in Stoffwechselabläufen oder auch durch toxische Reaktionen zustande kommen. **Futtermittelallergie und Futtermittelintoleranz können nicht anhand des Krankheitsbildes unterschieden werden.**
Reaktionen im Sinne einer Futtermittelintoleranz können allerdings schon bei einmaligem Kontakt mit dem betreffenden Stoff auftreten, während sich allergische Reaktionen erst bei mehrmaligem, manchmal auch erst nach langzeitigem Kontakt entwickeln. Die Häufigkeit von Futtermittelunverträglichkeiten wird in der Literatur von 1–5 % der Hauterkrankungen bis zu 23 % der das ganze Jahr über bestehenden allergischen Hautentzündungen angegeben. Ungefähr 15 % dieser Hunde haben **gleichzeitig Magen-Darm-Probleme**, die auf den gleichen Ursachen beruhen. Außerdem gibt es offenbar eine ganze Reihe von Hunden, bei denen sich Futtermittelunverträglichkeit ausschließlich durch Magen-Darm-Probleme bemerkbar macht. Beim Menschen wird das Vorkommen von Nahrungsmittelunverträglichkeiten auf ungefähr 1–2 % aller Erwachsenen geschätzt. Etwa ein Drittel von ihnen hat neben den Hautproblemen gleichzeitig Magen-Darm-Beschwerden. Allerdings glauben ca. 30 % aller Erwachsenen, an einer Nahrungsmittelallergie zu leiden.
Es gibt verschiedene Erkrankungsformen bei den Futtermittelunverträglichkeitsreaktionen der Haut. Möglich sind anaphylaktische Reaktionen, die sich **kurze Zeit nach der Aufnahme des entsprechenden Nährstoffs** zeigen. Dabei kann es zum Angioödem (ausgedehnte teigige Anschwellung der Lippen, der Augenlider und weiterer Bereiche des Gesichts, manchmal auch der Zunge) kommen. Oder es entwickelt sich innerhalb von Minuten nach dem Allergenkontakt ein auf einige Körperregionen begrenzter oder am ganzen Körper auftretender Ausschlag. Dieser sieht aus, als wenn er durch Brennnesseln verursacht worden wäre (Urticaria = Nesselsucht). Beide Formen können auch gleichzeitig vorhanden sein und es kann Juckreiz auftreten.
Ähnliche Reaktionen können aber auch durch Arzneimittel, Insektenstiche oder eingeatmete Allergene entstehen. Die weitaus häufigeren **Symptome** an der Haut **treten ca. 4–24 Stunden nach der Futtermittelaufnahme auf**. Sie ähneln den im vorigen Abschnitt bei der atopischen Dermatitis beschriebenen. Es besteht vor allem Juckreiz am Fang, an den Pfoten und den Ohren. Papeln und Flecken entwickeln sich vor allem auf der Körperunterseite, d. h. in den Achselhöhlen, im Leistenbereich und am Bauch. Manche Hunde haben als Folge der Futtermittelunverträglichkeit lediglich eine immer wiederkehrende Ohrenentzündung. Manche Hunde zeigen aber auch nur eine wiederholt auftretende eitrige Hautentzündung mit oder ohne Juckreiz, die nach Antibiotika-Gaben schnell wieder verschwindet. Gleichzeitig oder bei anderen Patienten unabhängig von Hautsymptomen kann sich eine Reihe von **Beschwerden im Magen-Darm-Bereich** einstel-

Ohne Proteinhydrolyse **Mit Proteinhydrolyse**

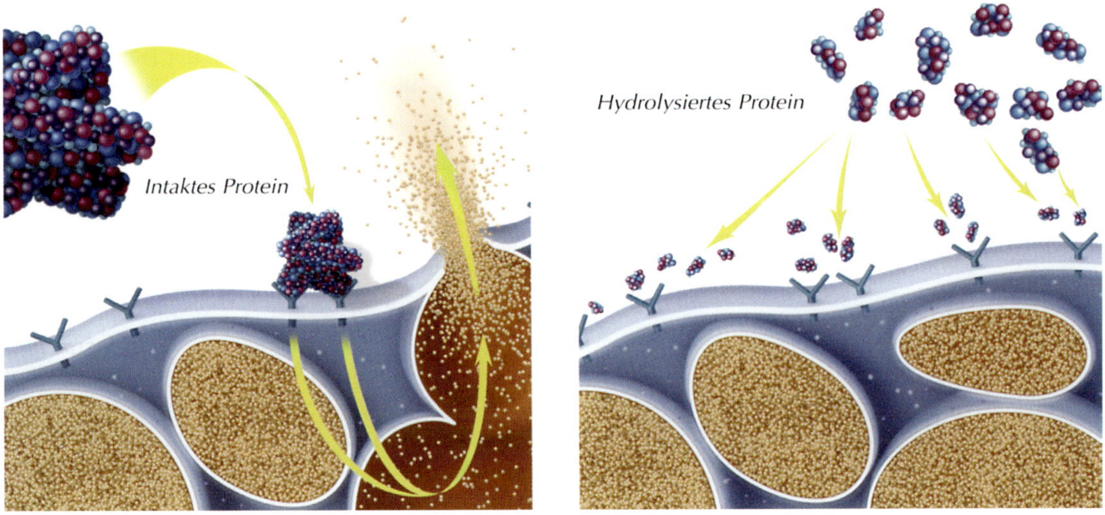

Diät mit hydrolysiertem Futter: Das linke Bild zeigt die durch ein intaktes Protein ausgelöste allergische Reaktion. Bei hydrolysierten Proteinen bleibt die allergische Reaktion aus, weil die Proteinbausteine zu klein sind, um eine Histaminfreisetzung auszulösen.

len. Betroffen sein kann dabei die Magenschleimhaut, so dass kurze Zeit nach der Aufnahme der entsprechenden Nährstoffe Speicheln, Erbrechen und Magenschmerzen auftreten. Wenn der Darm betroffen ist, so tritt mehrere Stunden nach Aufnahme der entsprechenden Substanz Durchfall auf. Offensichtlich gibt es auch auf Futtermittelunverträglichkeit beruhende Darmerkrankungen, die dem Morbus Crohn des Menschen ähneln. Die Hunde setzen dann sehr häufig kleine Mengen flüssigen Kot ab, der viel Schleim und oft auch Blut enthält. Sie zeigen häufig auch danach noch Stuhldrang. Auch bei Hunden mit Futtermittelunverträglichkeitsreaktionen im Dickdarm kann zusätzlich immer wiederkehrendes Erbrechen auftreten. Beim Irischen Setter ist eine erblich bedingte Darmkrankheit in Folge Futtermittelunverträglichkeit (Weizengluten) bekannt.

Die Ursachen für Futtermittelunverträglichkeit sind vielfältig. Am meisten beteiligt sind Nahrungsproteine. Kohlenhydrate und Fette sind weniger oft die Ursache, kommen aber wie weitere Nährstoffe in Betracht. Sehr häufige Ursachen sind Getreide (besonderes Weizen, Reis, Mais), Rindfleisch, Milch sowie Sojabohnen und Produkte daraus. Aber auch Fleisch von Lamm, Hammel, Schwein, Huhn, Kaninchen und Pferd kann Auslöser sein, ebenso wie Muschelsaft, Kartoffeln, Haferflocken, Hülsenfrüchte und Schokolade. Konservierungs- und Zusatzstoffe werden immer wieder verdächtigt, hauptsächlich an Futtermittelunverträglichkeiten beteiligt zu sein. Nachweise darüber liegen bisher nicht vor. Es gibt Hunde, die nur gegen wenige Futtermittelinhaltsstoffe überempfindlich reagieren und solche, die bei einer Vielzahl dieser Stoffe Reaktionen zeigen.

Milchprodukte sind häufig nicht als solche zu erkennen. Zum Beispiel ist das aus der Milch stammende Kasein sehr häufig in verschiedenen Futtermitteln (z. B. in den Soßen von Nassfutter), aber auch in Nahrungsmitteln wie z. B. in Dosenthunfisch oder in Würstchen enthalten. Zwischen Milchprodukten und Rindfleisch gibt es offenbar keine Kreuzreaktionen. Ein Hund, der überempfindlich auf Milch und Milchprodukte reagiert kann z. B. Rindfleisch problemlos vertragen oder umgekehrt. Natürlich gibt es auch Hunde, die beides nicht vertragen. **Kreuzreaktionen** gibt es dagegen häufig zwischen den verschiedenen Getreidesorten, aber auch z. B. zwischen Birkenpollen und Äpfeln, Sellerie und Haselnüssen oder auch zwischen Eidotter und Vogelfedern. Auch Fischallergene können Ursache für Futtermittelunverträglichkeit sein. Außerdem können Fische größere Mengen des an Entzündungsvorgängen beteiligten Histamin enthalten. Bestimmte **versteckte Allergene** können ein Problem darstellen. Zum Beispiel können in gemischten Pflanzenölen Mais- und Sojaanteile enthalten sein. Unter den häufig in Futtermitteln enthaltenen so genannten tierischen Nebenprodukten verbergen sich sehr viele verschiedene Fleischsorten. In Soßen von fertig hergestellten Futtermitteln und auch Lebensmitteln ist häufig Weizenmehl verarbeitet. Auch in bestimmten Medikamenten sind häufig Bindemittel enthalten, die aus Schweine-, Rinder- oder Lämmerfett hergestellt werden. »Snacks« und andere Leckerbissen enthalten oft zahlreiche von Tieren stammende Zutaten. Reaktionen sind auch auf im Futter enthaltende Parasiten möglich. Besonders häufig sind Futtermilben (Vorratsmilben) Allergieauslöser, aber auch Hefen oder Schimmelpilze kommen in Frage.

Diagnostik

Die Diagnostik der Futtermittelunverträglichkeit schließt den Vorbericht mit ein. Wenn der Hund die ersten Symptome bereits im Alter unter 12 Monaten gezeigt hat, ist die Wahrscheinlichkeit einer Futtermittelunverträglichkeit relativ groß. Allerdings ist das erste Auftreten von Symptomen auch in jedem anderen Alter möglich. Zu beachten ist aber auch, dass die Veranlagung für Allergien genetisch bedingt ist.

Nicht wenige Hunde haben gleichzeitig eine Futtermittelallergie und eine atopische Dermatitis oder eine Flohstichallergie.

Auch Kreuzreaktionen zwischen Futtermittelallergenen und Pollen sind möglich, so dass sich die Symptome vor allem während der Pollenflugzeit verstärken können. **Geeignet für die Diagnose und zugleich als Therapie sind Ausschlussdiäten**. Eine solche Diät enthält im Idealfall nur jeweils eine Protein- und Kohlenhydratquelle, möglichst solche, die der Hund in seinem Leben noch nie bekommen hat. Die Diät muss mindestens 10 bis 12 Wochen durchgeführt werden. Nach ungefähr vier Wochen sollte eine beginnende Besserung sichtbar werden. Alle anderen Futterstoffe einschließlich Leckerbissen, Kaustreifen müssen in diese Zeit strikt weggelassen werden. Es muss auch dafür gesorgt werden, dass der Hund bei Spaziergängen nicht irgendwelche Lebensmittel findet und frisst.

Serologische Tests (Antikörperbestimmungen aus dem Blutserum) sind teilweise in ihrem Aussagewert recht unsicher. Ein Problem ist insbesondere, dass des Öfteren falsch positive Ergebnisse auftreten. Ein relativ neuer Test (Sensitest, Laboklin) scheint etwas mehr Aussagekraft zu besitzen. Es werden zwei verschiedene Antikörpertiter bestimmt. Der Test kann nicht immer als beweisend für das Vorliegen einer Futtermittelallergie angesehen werden. Er ist aber geeignet, nicht allergen wirkende Futtermittel auszuwählen, die dann problemlos gefüttert werden können. Das allein erleichtert die Durchführung von Ausschlussdiäten ganz wesentlich. Sollen dennoch die für den Hund bedeutsamen Futtermittelallergene durch eine weitere Methode genauer bestimmt werden, so kann nach Besserung der Symptome eine Provokationsdiät durchgeführt werden. Dabei werden die Futtermittel gegeben, die der Hund vor Beginn der Ausschlussdiät bekommen hat. Nach vier (z. B. Futtermittel auf Milchbasis) bis acht (z. B. Futtermittel auf Getreidebasis) Tagen würden die Symptome wieder auftreten. Wenn bei immer wieder vorkommenden **Magenproblemen** ermittelt wird, dass eine Futtermittelunverträglichkeit die Ursache ist, so kann zusätzlich ein **gastroskopischer Sensibilitätstest** durchgeführt werden. Dabei werden einzelne verdächtige Substanzen über ein Endoskop auf die Magenschleimhaut aufgebracht und die entsprechenden Reaktionen beobachtet.

Therapie der durch Futtermittelunverträglichkeit verursachten Hautsymptome

Diese richtet sich nach den im Abschnitt Hautkrankheiten beschriebenen Prinzipien. Allerdings lässt sich der durch Futtermittelallergie bedingte Juckreiz oft nicht so gut durch z. B. Kortison beherrschen wie bei atopischer Dermatitis. Hinweise zur Therapie von Magen-Darm-Erkrankungen wurden im entsprechenden Abschnitt gegeben. **Die beste Therapie einer Futtermittelunverträglichkeit ist die Vermeidung der auslösenden Nährstoffe durch eine entsprechende Diät.** Selbst zubereitete Rationen sind möglich, wenn nur die Nährstoffe gegeben werden, von denen bekannt ist, dass der Hund sie verträgt. Bei Langzeitdurchführung ist es besonders wichtig, dass die Ration vollwertig und ausgewogen ist, d. h. alle notwendigen Nährstoffe einschließlich der Vitamine, Spurenelemente und Mineralstoffe in den richtigen Mengen enthält. Die entsprechenden Präparate müssen sorgfältig ausgesucht werden. Es empfiehlt sich eine Nachfrage beim Hersteller, um ausschließen zu können, dass nicht auf dem Etikett angegebene Stoffe enthalten sind, die der Hund nicht verträgt. Ist das nicht möglich, so muss eine spezielle allergenfreie Mischung hergestellt werden (z. B. Universität München, Lehrstuhl Tierernährung).

Möglich sind auch Fertigfuttermittel. Dabei genügt natürlich keinesfalls der Wechsel der Futtermittelmarke, denn im Prinzip haben alle Fertigfuttermittel ähnliche Zusammensetzungen, wenn auch mit sehr unterschiedlicher Qualität. Im Handel werden eine ganze Reihe von so genannten hypoallergenen Diäten angeboten, die aber völlig ungeeignet sind, da sie zahlreiche verschiedene Nährstoffe enthalten, von denen mittlerweile von vielen bekannt ist, dass Hunde dagegen allergisch sind. Gut geeignet sind dagegen Diäten, die nur wenige genau definierte Nährstoffe enthalten, sofern der Hund gegen diese Nährstoffe nicht allergisch ist.

Solche Futtermittel sind Hill´s Prescription Diet Canine d/d als Dosenfutter oder Trockenfutter mit Reis und zusätzlich entweder Lamm oder Fisch oder Lachs oder Ei oder Ente; Eukanuba Kartoffel, Hering und Wels als Dose oder Trockenfutter; Royal Canin Sensitivity Control als Nassfutter mit Reis, dazu entweder Huhn oder Ente. Die hier aufgeführten Diätfuttermittel enthalten allerdings Inhaltsstoffe, die bei manchen Hunden zu den Allergieauslösenden gehören und sind daher längst nicht für alle geeignet. Günstiger ist die Situation beim Trockenfutter Sensitivity Control von Royal Canin. Mit Capelin (lachsartiger Fisch aus kanadischen Gewässern) und der Knollenfrucht Tapioka sind zwei Futtermittel enthalten, die Hunde in der Vergangenheit nicht bekommen haben.

Die wohl aussichtsreichsten Diäten enthalten hydrolysierte Proteine. In der Humanmedizin werden sie insbesondere bei der Herstellung von Milch für Säuglinge mit Lebensmittelallergien schon seit langem eingesetzt. Durch Hydrolyse werden die Proteine auf eine so geringe Molekülgröße gebracht, dass eine Wirkung als Allergen äußerst unwahrscheinlich wird. Zugleich ist die Verdaulichkeit der hydrolysierten Proteine so hoch, dass die Aufenthaltsdauer im Darm und damit die Zeit für die Entwicklung allergischer Reaktionen deutlich reduziert wird. Solche Futtermittel sind Royal Canin Hypoallergenic und Hill´s Prescription Diet Canine z/d. Beide sind nur als Trockenfutter erhältlich. **Geprüfte Diätfuttermittel werden nur über Tierarztpraxen vertrieben.**

Einfluss der Ernährung auf das Gehirn und die Sinnesorgane

Eine ganze Reihe von Nährstoffen hat Einfluss auf das Gehirn oder die Sinnesorgane und damit auch auf das Verhalten des Hundes.

Größere Mengen von **minderwertigen Eiweißen** über längere Zeit können u. U. bei entsprechend veranlagten Hunden die Neigung zu erhöhter Aggressivität unterstützen. **Vitamin-**

B1-Mangel kann zu hochgradigen Störungen des Nervensystems wie Krämpfen und Lähmungen und zu Gehirnerweichung führen.
Für den Geruchsinn des Hundes ist eine ausreichende Versorgung mit **Natrium und Zink** besonders wichtig.
Das Sehvermögen wird besonders durch ausreichende Gaben von **Vitamin A und Zink** unterstützt. Verschiedene **Antioxidanzien** können bei ausreichender Versorgung eine mit fortschreitendem Alter sich entwickelnde Trübung der Linse im Auge verlangsamen.
Ein zu geringer **Kalziumgehalt** der Nahrung kann bei säugenden Hündinnen zu Krampferscheinungen (Eklampsie) führen.
Extrem hohe Mengen von **Kochsalz** können zu Gehirnödem und Krämpfen führen.
Auch über das Futter aufgenommene **Infektionserreger** und **bakterielle Toxine** können massive Störungen wie Krämpfe oder Lähmungen verursachen.
Von besonderer Bedeutung ist der Einfluss bestimmter Nährstoffe auf die **Alterungsvorgänge im Gehirn.** Die Bildung von Nervenzellen ist wenige Wochen nach der Geburt bereits abgeschlossen. Sie können nicht ersetzt werden. Die wichtigsten Aufgaben des Gehirns sind die Verarbeitung von Informationen aus den Sinnesorganen und den inneren Organen, die Verarbeitung von Informationen zur Erfassung der Umwelt, zum Aufbau des Bewusstseins und zur Entwicklung von Gedächtnisleistungen sowie die Regulation der Funktionen der inneren Organe. Mit zunehmendem Alter lässt die Leistungsfähigkeit des Gehirns nach. Gründe dafür sind eine Verminderung der Anzahl der Nervenzellen und ihrer Verknüpfungsstellen. Gleichzeitig werden die Nervenzellen weniger gut mit Glukose als Energiequelle und mit Aminosäuren als Bausteine versorgt, da sich eine Arteriosklerose (Verdickung der Innenschicht der Arterien) entwickelt. Bei ungefähr 50 % der über acht Jahre alten Hunde tritt eine vorzeitige Gehirnalterung auf.
Mikroskopische Untersuchungen zeigen, dass die entsprechenden Veränderungen denen bei der Alzheimer-Erkrankung des Menschen sehr stark ähneln. Die Symptome einer solchen Erkrankung beim Hund sind im Wesentlichen:

- **Orientierungslosigkeit**: Der Hund findet sich in der gewohnten Umgebung immer schlechter zurecht. Er irrt ziellos umher und erkennt ihm vertraute Personen nicht mehr. Antrainierte Verhaltensmuster werden nicht mehr ausgeführt. Er hat sie vergessen.
- **Verringerte Kontaktfreudigkeit**: Gut bekannte Personen wie Familienmitglieder werden weniger freudig oder gar nicht mehr begrüßt. Der Hund verlangt keine Aufmerksamkeit und keine »Streicheleinheiten« mehr. Er will nicht mehr spielen.
- **Veränderte Schlafgewohnheiten**: Der Hund schläft tagsüber mehr. Nachts irrt er im Haus herum, schläft kaum und bellt viel.
- Die **Stubenreinheit** geht verloren. Der Hund macht sich nicht mehr bemerkbar, wenn er sich lösen muss. Schließlich geht die Kontrolle über den Urin- und den Kotabsatz vollständig verloren.

Zur **Diagnostik** gehört in jedem Fall eine gründliche Allgemeinuntersuchung einschließlich notwendiger Laboruntersuchungen, um Veränderungen des Verhaltens durch Erkrankungen anderer Organe abzugrenzen.
Die **Therapie** solcher Folgen von massiver Gehirnalterung ist problematisch. Eine gewisse Besserung der Symptome kann durch bestimmte schmerz- und entzündungshemmende Medikamente (z. B. Rimadyl, Fa. Pfizer) erreicht werden. Die Durchblutung und damit die Sauerstoffversorgung des Gehirns kann durch Medikamente wie Karsivan (Fa. Intervet) verbessert werden. Stimmungsaufhellende Psychopharmaka wie Amitriptylin sind geeignet, quasi depressive Hunde zu behandeln. Natürlich kann Besserung nur erreicht werden, wenn die Zerstörungen am Gehirn noch nicht zu massiv sind.
Daher spielen Möglichkeiten der **Prophylaxe** eine entscheidende Rolle.
Da bei der Gehirnalterung Zellschädigungen durch freie Radikale eine große Rolle spielen,

können erhöhte Mengen von Antioxidanzien (s. auch S. 108) im Futter eine günstige vorbeugende Wirkung haben.
Eine speziell entwickelte Diät (Hill´s Prescription Diet Canine b/d) enthält entsprechend einen erhöhten Anteil an Karatinoiden und Flavanoiden sowie an Vitamin E, Vitamin C, Selen und Betakarotin zur Bekämpfung freier Radikale.
Zur Unterstützung zahlreicher Zellfunktionen ist auch der Gehalt an Omega-3-Fettsäuren sowie an Alpha- Liponsäure und L-Karnitin deutlich erhöht. Darüber hinaus wirkt auch eine gute Versorgung mit B-Vitaminen günstig auf die Funktionsfähigkeit des Gehirns, insbesondere mit Vitamin B1, B2, B6, Folsäure und B12.

Tumorerkrankungen und Ernährung

Tumoren sind gekennzeichnet durch ein selbstständiges unabhängiges Wachstum eines oder mehrerer Gewebe in Folge einer starken Zellvermehrung ohne Nutzen für den Gesamtorganismus. Gutartige Tumoren verdrängen beim Wachstum andere Gewebe oder Organe in ihrer Umgebung. Bösartige Tumoren dringen in ihre Umgebung ein und neigen zur Bildung von Tochtergeschwülsten (Metastasen). Der durch bösartige Tumoren entstehende Krankheitszustand wird als Krebs bezeichnet.
Krebs ist eine der häufigsten Todesursachen des Hundes. Insbesondere Hunde, die älter als 10 Jahre sind, haben ein sehr hohes Krebsrisiko. Ungefähr die Hälfte aller alten Hunde sterben an Krebs oder werden euthanasiert (eingeschläfert). Scheinbar nimmt die Häufigkeit von Krebserkrankungen bei Hunden zu. Möglich ist aber auch, dass dieser Anstieg durch das insgesamt zunehmende Lebensalter der Hunde zustande kommt.
Betroffen ist bei älteren Hündinnen vor allem das Gesäuge. Dieses Risiko reduziert sich, wenn die Hündin frühzeitig kastriert wurde, d. h. vor der ersten oder zwischen erster und zweiter Läufigkeit. Häufig entwickelt sich ein Tumor der Milz, besonders bei älteren Deutschen Schäferhunden aber auch bei anderen Rassen. Ebenso können die Haut, die Knochen, die Bauchspeicheldrüse, Leber, Nieren, Blase, Lunge, Gehirn und weitere Organe und Gewebe an Tumoren erkranken, mit entsprechenden Folgen für den Körper.

Ursachen von Krebs

Die Ursachen von Krebs sind nicht vollständig bekannt. Wie bei allen Krankheiten sind genetische Faktoren und Faktoren der Umwelt beteiligt. Der Anteil am Entstehen einer Krebserkrankung ist dabei individuell unterschiedlich. In manchen Fällen ist die genetische Veranlagung so hoch, dass schon geringgradige Umweltschäden Krebs auslösen können. In anderen Fällen wirken selbst massive Umweltschäden nicht Krebs auslösend, wenn keine ausreichend hohe genetische Veranlagung vorhanden ist. Unterschiede gibt es diesbezüglich auch zwischen den verschiedenen Tumorarten. Die Bedeutung genetischer Faktoren wird auch dadurch bestätigt, dass eine Reihe von Hunderassen besonders häufig an Krebs erkrankt. Dazu gehören vor allem Boxer, Deutsche Schäferhunde, Scottish Terrier und Golden Retriever. Ein Beispiel für Umwelteinfluss ist, dass Hündinnen, die im Alter von 9–12 Monaten schlank waren, im späteren Lebensalter deutlich seltener Mamatumoren bekommen als solche, die in solchem Alter übergewichtig waren.
Der Stoffwechsel einer Tumorzelle funktioniert grundsätzlich genau so wie der einer normalen Zelle. Allerdings gibt es auch Unterschiede.
So bevorzugen Krebszellen zur Energiegewinnung Glukose und Aminosäuren, können dagegen Fett häufig nicht oder nur in geringem Umfang zur Energiegewinnung nutzen. Bei der Umwandlung einer normalen Zelle zu einer Krebszelle wird durch auslösende Stoffe zunächst die DNA der Zelle verändert. Fördernde Faktoren verursachen dann entsprechende Veränderungen an Zellen und Geweben bis zur Entwicklung der ersten autonomen Tumorzelle. Eine dritte Gruppe von Faktoren bewirkt schließlich ein rasch voranschreitendes Tumorwachstum. Solche Faktoren können Ver-

änderungen in den Genen (z. B. Mutationen bei der Zellteilung), Viren, viele verschiedene chemische Stoffe – auch in der Nahrung – sowie physikalische Faktoren, wie radioaktive oder ultraviolette Strahlung sein. Chronische Erkrankungen von Organen machen diese anfälliger für spätere Krebserkrankungen. **Faktoren, die das Immunsystem schwächen, können dazu beitragen, dass sich Tumoren ungehindert entwickeln.**

Symptome bei Tumorerkrankungen

Das können sein: Ungewöhnliche Umfangsvermehrungen, schlecht heilende Wunden, geringer oder auch ungewöhnlich großer Appetit, Blutungen oder Ausfluss aus Körperöffnungen, Fress- oder Schluckbeschwerden, Bewegungsunlust, Vitalitätsverlust, Atembeschwerden, Probleme beim Kot- und Harnabsatz, anhaltende Lahmheiten u. a.

Tumoren sind biologisch hoch aktiv. Sie verbrauchen daher große Mengen an Energie und Nährstoffen, die sie dem Körper entziehen. Dadurch und durch Freisetzung von Zytokinen, wie dem Tumor Necrosis Factor (TNF Alpha), kommt es zum Abbau von Körpermasse. Zusätzlich können Funktionseinschränkungen des Magen-Darm-Apparats durch die Folgen der Tumorentwicklung sowie die Nebenwirkungen von Therapiemaßnahmen dazu beitragen, dass der Patient rapide abmagert. Es entwickelt sich eine so genannte Tumorkachexie. Durch zu geringe Proteinversorgung wird außerdem die Funktionsfähigkeit des Immunsystems eingeschränkt, die notwendige Zellerneuerung in den Schleimhäuten wird reduziert und vorhandene Wunden heilen schlecht. Im weiteren Verlauf entwickelt sich eine deutliche allgemeine Schwäche und Kraftlosigkeit sowie gehäuftes Erbrechen und Durchfall.

Die bei Krebserkrankungen ablaufenden **Stoffwechselvorgänge** müssen berücksichtigt werden, um eine zielgerichtete unterstützende Ernährung zu erreichen. Stoffwechselveränderungen beginnen schon frühzeitig, schon bevor deutlich zu erkennen ist, dass der Hund krank ist. Insbesondere der Kohlenhydratstoffwechsel ist sehr stark verändert, weil Tumoren bevorzugt Glukose im anaeroben Stoffwechsel verbrauchen, wobei Laktat als Endprodukt anfällt. Die weitere Verarbeitung von Laktat führt zu zusätzlichem Energieverlust für den Körper.

Futter mit hohem Kohlenhydratgehalt, insbesondere an Zucker, führt zu verstärkter Laktatbildung, belastet also den Tumorpatienten und fördert das Tumorwachstum. Veränderungen im Proteinstoffwechsel bei Krebs führen zum Abbau von Muskelmasse. Zugleich findet eine erhöhte Proteinsynthese in der Leber und im ganzen Körper für das Wachstum des Tumors statt. Bevorzugt werden Aminosäuren von den Tumoren genutzt. Schließlich kommt es zu den bereits erwähnten Folgen des Proteinmangels im Immunsystem und in anderen Organen. Auch der Fettstoffwechsel ist bei Tumorpatienten verändert. Es kommt zu vermehrtem Fettabbau und vor allem dadurch zu starker Abmagerung des Tumorpatienten. Tumoren können Fettsäuren nicht direkt zur Energiegewinnung nutzen. Allerdings kann die Leber durch Umwandlung von Glyzerol in Glukose die aus Fett zu gewinnende Energie dem Tumor wieder zur Verfügung stellen.

Diagnose

Die Diagnose von Krebserkrankungen wird häufig erst gestellt, wenn das Tumorwachstum schon weit fortgeschritten ist. Bereits im frühen Erkrankungsstadium lassen sich aber bei Tumorpatienten nach Zuckergaben mit dem Futter erhöhte Laktat- und Insulinwerte im Blut feststellen. In fortgeschrittenen Stadien verändern sich weitere Blutwerte. Zum Beispiel ist dann weniger Albumin im Blut enthalten und es können Substanzen vermehrt auftreten, die durch tumorbedingte Gewebsschädigung entstehen. Manche Tumoren lassen sich bei der äußeren Untersuchung ertasten. Hauttumoren sind zu sehen, im Köperinneren liegende sind durch Röntgen, Ultraschall, Computertomographie, Endoskopie und ähnliche Methoden zu diagnostizieren.

Therapie

Die Therapie von Krebserkrankungen ist manchmal schwierig und leider nicht immer erfolgreich möglich. Allerdings lässt sich eine ganze Reihe von Tumorerkrankungen auch vollständig heilen. Wenn Lage und Charakter des Tumors es zulassen, erfolgt eine möglichst frühzeitige chirurgische Entfernung. Zum Beispiel können Mammatumoren der Hündin und die meisten Hauttumoren in vielen Fällen entfernt werden, bevor sie Metastasen gebildet haben. Auch die bei älteren Hunden recht häufig vorkommenden Milztumoren können oft noch rechtzeitig entfernt werden. Wenn sich Tumoren bereits ausgebreitet haben oder die chirurgische Entfernung aus anderen Gründen nicht möglich ist, so kommen häufig Chemotherapeutika zum Einsatz. Sie werden meist als intravenöse Injektionen, manche auch als Tabletten gegeben und vernichten gezielt Tumorzellen. Eine weitere Möglichkeit ist die Strahlentherapie, durch die ebenfalls gezielt Tumorzellen beseitigt werden können. Je nach Charakter und Lage des Tumors können auch Kombinationen der genannten Therapieverfahren zum Einsatz kommen. Bei allen Verfahren treten aber relativ oft erhebliche Nebenwirkungen auf, da es sich nicht vollständig vermeiden lässt, dass auch gesunde Zellen geschädigt werden. Insbesondere kommt es im Anschluss an die Therapie oft zu Appetitmangel und Gewichtsverlust. Häufig sind spezielle Infusionstherapien notwendig. Wichtiger Bestandteil der Therapie ist es auch, durch geeignete Arzneimittel die Schmerzen zu reduzieren.

Die erwähnten veränderten Stoffwechselvorgänge bei Tumorpatienten und deren Folgen erfordern ganz **spezielle Maßnahmen der Ernährung**.

Eine diätetische Unterstützung verbessert die Heilungsaussichten, beschleunigt den Heilungsverlauf und verringert die Nebenwirkungen einer Chemotherapie.

Bei manchen Patienten werden die bereits beschriebenen (Abschnitt »Appetitlosigkeit«, S. 70 f) Maßnahmen der Intensivernährung nach entsprechenden Eingriffen oder Behandlungen anfangs nötig. Wichtig ist eine **ausreichende Versorgung mit Energie** (ca. 4 kcal/g FTS). Dabei sollte der Fettanteil zwischen 25 und 40 % der FTS liegen. Günstig ist auch ein **erhöhter Anteil von Omega-3-Fettsäuren** (mehr als 5 % in der FTS), da sie die Tumorentwicklung hemmen, die Zytokinproduktion beeinflussen und die Laktatkonzentration im Blutserum reduzieren können. Dagegen können sich gesättigte Fettsäuren (besonders Rinderfett) eher ungünstig auswirken.

Der Proteinbedarf krebskranker Hunde ist erhöht. Entsprechend sollten proteinreiche Futtermittel mit 30–45 % vRP in der FTS gegeben werden. Wegen des stark veränderten Kohlenhydratstoffwechsels sollten **leicht verfügbare Kohlenhydrate (Zucker) nicht** verwendet werden. Stärke kann in geringer Menge im Futter enthalten sein. Insgesamt sollte der Anteil an löslichen Kohlenhydraten (NfE) unter 25 % der FTS liegen. Der Rohfasergehalt sollte bei 4–5 % der FTS liegen. Einige Nährstoffe haben spezielle Wirkungen bei Tumorpatienten: **Arginin** in entsprechend hoher Dosis (2–3 % der FTS) hat einen günstigen Effekt, indem es das Immunsystem unterstützt und die Tumorentwicklung bremst. *Außerordentlich positive Effekte bei der diätetischen Tumortherapie hat auch die optimale Versorgung mit Antioxidanzien und weiteren, den Körper unterstützenden Mikronährstoffen wie Kalzium, Kupfer, Zink, Selen sowie den Vitaminen A, D, E und C. Die Vitamin-E-Versorgung kann auf 2–3 mg/kg KM täglich erhöht werden.* Ein spezielles Diätfutter für Tumorpatienten ist das Hill`s Prescription Diet Canine n/d.

Die Möglichkeiten, durch gezielte Ernährungsprophylaxe Krebserkrankungen zu vermeiden, scheinen vielfältig zu sein. Dazu gehört auch die Vermeidung krebsfördernder Substanzen im Futter. Nachgewiesen ist z. B., dass Aflatoxine (von Schimmelpilzen in Getreide gebildet) krebsfördernd wirken können und insbesondere zur Entwicklung von Leberkrebs beim Menschen beitragen. Sehr fettreiche Nahrung trägt beim Menschen zur Entwicklung von Dickdarmkrebs bei.

Nachfolgend wird eine Reihe von Faktoren aufgeführt, von denen günstige Wirkungen zur Krebsprophylaxe entweder angenommen werden oder beim Menschen oder Versuchstieren nachgewiesen wurden. Ähnliche Effekte können für den Hund angenommen werden. Grundlage sind antioxidative Wirkungen (vergl. Abschnitt Immunsystem usw.), aber auch Einfluss auf die Zellentwicklung und das Immunsystem:

- **Beta-Karotin**: Antioxidanz, allgemein Tumorentwicklung hemmend, soll speziell Vorkommen von Lungenkrebs reduzieren
- **Vitamin A** und Retinoide: allgemein Tumorentwicklung hemmend, soll Vorkommen von Lungenkrebs reduzieren, Retinoide therapeutisch bei verschiedenen Hauttumoren
- **Vitamin C**: Antioxidanz, soll speziell die Entwicklung von Magenkrebs hemmen, indem schädliche Wirkungen von Nitraten und Nitriten aus Lebensmitteln verhindert werden
- **Rohfaser**: Darmperistaltik erhöhend und damit Verweildauer des Nahrungsbreis und von krebserregenden Stoffen im Darm reduzierend
- **Omega-3-Fettsäuren**: Reduktion der Tumorentstehung
- **Arginin**: Reduktion der Tumorentstehung
- **Selen**: Antioxidanz, Tumorentwicklung hemmend
- **Eisen**: wird von den Tumorzellen vermehrt verbraucht
- **Zink**: ein Mangel fördert die Tumorentwicklung
- **Knoblauch**: Aufnahme hoher Mengen soll die Tumorentwicklung hemmen

Alter, Krankheit und Ernährung

Die **Lebenserwartung** hängt zum einen von den Erbanlagen, zum anderen von den verschiedensten Umwelteinflüssen ab. Beim Hund gibt es einen unmittelbaren Zusammenhang zwischen Körpergröße, Lebensphasen und Lebensalter (s. Tabelle).
Das Größenwachstum (in die Höhe) ist schon mit ca. sechs bis acht Monaten weitgehend abgeschlossen. Danach wächst der Hund in den Längen- und Breitenmaßen. Ein 30–40 kg schwerer Hund ist mit zweieinhalb bis drei Jahren körperlich ausgereift. Zu den die Lebenserwartung des Hundes beeinflussenden Faktoren gehören seine gesamten Lebensbedingungen (Belastungen und Training, Haltung, Pflege, tierärztliche Versorgung) und insbesondere auch seine Ernährung. In den vergangenen 30 Jahren ist die durchschnittliche Lebenserwartung des Hundes um 25 % gestiegen. Ähnlich wie beim Menschen nimmt der Anteil älterer Individuen immer mehr zu. Ungefähr 35 % aller Hunde gehören bereits zu den älteren. Der älteste bekannt gewordene Hund hat ein Alter von 27 Jahren erreicht.

Tabelle: Dauer der Lebensphasen von Hunden unterschiedlicher Rassen

Rasse	Gewicht in kg (beim erwachsenen Hund)	Wachstumsphase in Monaten	Reifephase in Jahren	Frühe Altersphase in Jahren	Späte Altersphase in Jahren
Klein	1–10	8–10	bis 8	8–12	mehr als 12
Mittelgroß	11–25	10–12	bis 7	7–10	mehr als 10
Groß	26–45	15–18	bis 5	5–8	mehr als 8
Sehr groß	46–90	18–24	bis 7		mehr als 7

Eine fast zwölf Jahre alte Hovawarthündin: Wenn Hundesenioren durch eine vernünftige Fütterung und genügend Bewegung schlank gehalten werden, machen auch Aktivitäten wie das Baden im See noch in hohem Alter Freude.

Die **Ursachen des Alterns** sind nicht vollständig, aber zu einem großen Teil bekannt. Vor allem kommt es zu fortschreitender Schädigung von Zellorganellen, zur Ansammlung von Abfallsubstanzen aus dem Zellstoffwechsel und zur Verminderung der Funktionsfähigkeit des Immunsystems. Eine besonders wichtige Rolle spielt auch die fortschreitende Telomerverkürzung. Telomere sind DNS-Komplexe, die schutzkappenartig über den Enden von Chromosomen liegen. Sie werden vor allem auch durch die Einwirkung freier Radikaler im Lauf der Zeit immer kürzer, bis ein kritischer Punkt erreicht ist. Dann stirbt die Zelle. Im Alterungsprozess nimmt die Anpassungsfähigkeit und die Fähigkeit, Belastungen auszugleichen, immer mehr ab. Das betrifft sowohl äußere als auch innere Belastungsfaktoren. Altern an sich ist keine Krankheit, aber im Alter steigt aus den gezeigten Gründen die Krankheitsanfälligkeit. Oft treten mehrere gesundheitliche Probleme auf. Teilweise verursacht das eine Problem wieder ein oder mehrere andere. Besonders oft betroffen sind Herz und Kreislauf, Nieren, Bewegungsapparat, Hormondrüsen (besonders Schilddrüse, Nebennierenrinde, Bauchspeicheldrüse), Haut (besonders Hauttumoren), Zähne, Magen (verminderte Säureproduktion) und Darm (vor allem verringerte Eigenbewegungen und daher Verstopfungen). Im Atmungsapparat kommt es häufiger zu Lungenerkrankungen mit Verminderung des Atemvolumens, bei kleineren Hunden zum Trachealkollaps (Zusammenklappen der Luftröhre). Auch die Sinnesorgane und das Gehirn erkranken im Alter zunehmend häufiger. Allgemein nimmt die Neigung zur Tumorbildung stark zu. Ältere Rüden erkranken häufig an der Prostata (Vorsteherdrüse), ältere Hündinnen an der Gebärmutter.

Diagnostik und Therapie richten sich nach den jeweiligen Krankheitsbildern. Häufig müssen die erkrankten Hunde spezielle Diäten erhalten, wie in den vorangegangenen Abschnitten beschrieben.

Grundsätzlich sollte aber eine **dem Alter entsprechende Ernährung** erfolgen, um unnötige Risiken und Belastungen zu vermeiden und um das Fortschreiten des Alterungsprozesses zu verlangsamen.

Die Versorgung mit Energie soll um 10–20 % gegenüber dem Bedarf jüngerer Hunde reduziert werden.

Andere alte Hunde magern jedoch manchmal ab. Dann ist natürlich wieder eine erhöhte Versorgung mit Energie erforderlich. Die **Eiweißversorgung** ist mit ca. 20–25 % vRP in der FTS angemessen. Eine Unterversorgung würde die Versorgung des Immunsystems beeinträchtigen. Eine Überversorgung könnte sich bei subklinischen (noch nicht erkennbaren) Nierenerkrankungen negativ auswirken. Der Fettgehalt sollte bei 10–15 % der FTS liegen, um Übergewicht zu vermeiden. Gleichzeitig muss darauf geachtet werden, dass eine gute Versorgung mit ungesättigten Fettsäuren gewährleistet ist. Der Rohfasergehalt sollte bei ca. 2 % liegen, um die Darmperistaltik zu fördern. Der Phosphorgehalt der Ration sollte nicht zu hoch (0,25–0,75 % der FTS) liegen und das Kalzium-Phosphor-Verhältnis liegt günstigerweise bei 1:1. Der Natriumbedarf wird mit einem Gehalt im Futter zwischen 0,2 und 0,3 % der FTS gedeckt und sollte insbesondere bei Problemen mit Herz, Bluthochdruck und Nieren nicht viel höher liegen. Daraus folgt eine Versorgung mit 25–50 mg Natrium/kg KM täglich. Manche Fertigfuttermittel ergeben aber Natrium-Aufnahmen von 160 mg/kg KM täglich und mehr. Die Versorgung mit Zink sollte auf ca. 2 mg/kg KM täglich angehoben werden. **Die Verabreichung von Vitaminen sollte auf das Doppelte des Erhaltungsbedarfs erhöht werden. Eine überhöhte Vitamin-A-Versorgung muss aber vermieden werden, da ältere Hunde diesbezüglich empfindlicher reagieren als junge Hunde.** Beispiele für gut geeignete Fertigfuttermittel für ältere Hunde (so genannte Seniorenfuttermittel) sind Hill´s Science Plan Canine Senior und Senior Large Breed oder Royal Canin Mature Adult.

Schadstoffe und Gifte im Futter

Schadstoffe können in Futtermitteln bereits enthalten sein, durch Verderb entstehen oder durch Kontakt des Futtermittels an oder in dieses gelangen.

Blausäurehaltige Glykoside sind z. B. in **Mandelkernen oder Leinsamen** in geringer Menge enthalten. Bei Aufnahme größerer Mengen können sie zu Atemnot führen. Trypsinhemmstoffe kommen im **Eiklar**, aber auch z. B. in **Sojabohnen** vor. Entsprechend zeigen sich Verdauungsstörungen.

In **Süßwasserfischen** kommen vermehrt Substanzen vor, die das Vitamin B1 abbauen. Vitamin-B1-Mangel kann u. a. zu Störungen des Nervensystems führen (siehe Kapitel 4, S. 50–53).

Gepökelte Fische können bei Aufnahme größerer Mengen zu akuter Kochsalzvergiftung mit Krämpfen und Bewusstlosigkeit in Folge eines Gehirnödems führen. In gepökeltem **Trockenfisch** kann sich vermehrt ein aus Nitrit entstehendes Dimethylnitrosamin befinden, das schwere Lebererkrankungen verursachen kann.

Schokolade enthält Theobromin, das bei längerer Fütterung zu Vergiftungen führen kann, in Einzelfällen auch bei einmaliger Aufnahme. Die toxische Menge bei einmaliger Aufnahme liegt bei 200 mg Theobromin /kg KM. Es gibt aber individuelle Unterschiede.

Rizinussamen enthalten das für Hunde schon in kleinen Mengen hochgradig giftige Ricin. Rizinussamen sind in manchen Gartendüngern vermischt mit Hornspänen enthalten und werden dann von Hunden sehr gern gefressen. Die Vergiftung führt zu blutigem Erbrechen und Durchfall, Nieren- und Leberversagen und endet tödlich. Die Symptome setzen einige Stunden bis zu 48 Stunden nach der Aufnahme ein. Bei Verdacht der Aufnahme von Rizinussamen muss sofort Erbrechen ausgelöst werden.

Knoblauch kann in größeren Mengen zu Anämie sowie zu Haut- und Atemwegserkrankungen führen.

Futtermittel können verderben, wenn sie ungenügend konserviert oder überlagert wurden. Die größte Gefahr besteht bei Futtermitteln mit einem höheren Wassergehalt. Entsprechend vermehren sich Bakterien oder Pilze oder es kommt zu verstärktem Einwandern von Milben oder Insekten.

Eine Reihe von **Bakterienarten** können Toxine (Giftstoffe) bilden, die u. a. zu Durchfall führen. Über das Futter können aber auch Infektionskrankheiten übertragen werden (siehe nächster Abschnitt).

Einige Arten von **Schimmelpilzen** bilden Mykotoxine. Diese Toxine können vor allem Durchfall und Erbrechen, aber auch Schäden an Organen wie Niere und Leber verursachen. **Futtermilben** und **Käfer** (Speckkäfer, Reismehlkäfer usw.) können bei Aufnahme größerer Mengen Durchfall und Erbrechen verursachen. Allergische Reaktionen auf Futtermilben wurden bereits im Abschnitt über Futtermittelunverträglichkeiten beschrieben.

Erhöhte Mengen an **Blei, Arsen, Kupfer, Fluor u. a.** im Futter sind durch Kontakt mit entsprechenden Substanzen, Gegenständen oder Behältern möglich. Sie können aber auch aus dem Verzehr von Futtermitteln tierischer Herkunft stammen. Chlorierte Kohlenwasserstoffe können über **Insektizide** in Futtermittelmischungen gelangt sein.

Größere Mengen von **Gras** werden oft im Zusammenhang mit Erkrankungen des Magens aufgenommen und können im Ausnahmefall zu Verstopfungen führen (s. auch S. 24).

Federn und Haare können bei Aufnahme größerer Mengen zu meist vorübergehenden Störungen im Magen beitragen.

Parasiten und Infektionserreger im Futter

Bandwürmer bilden blasige Überlebensstadien (Finnen) in den Organen von Zwischenwirten. Werden diese Finnen von Hunden aufgenommen, so entwickelt sich im Hund der entsprechende Bandwurm. Die Finne von Taenia hydatigena (geränderter Bandwurm) ist als ca. 2–4 cm große Blase in der Bauchhöhle im Darm und Vormagenbereich von Rindern zu finden. Die Finnen von **Echinococcus granulosus** (dreigliedriger Bandwurm) sind ca. 2–8 cm groß und liegen vor allem in Leber und Lunge von Schweinen und Wiederkäuern. **Dieser Bandwurm ist für den Menschen sehr gefährlich**, da nach Infektion mit Wurmeiern aus dem Hundekot im Körper des Menschen lebensgefährliche Finnen in Leber, Lunge und Gehirn entstehen können. Besonders problematisch ist, dass Menschen sich auch über Fuchskot (z. B. an Beeren und anderen Früchten im Wald oder auch im Garten) infizieren können. Hunde können sich auch mit weiteren Bandwürmern anstecken, wie Multiceps multiceps (Gehirn vom Schaf), Taenia ovis (Schaf- und Ziegenfleisch), Taenia pisiformis (Kaninchen-Hasenfleisch), Taenia taeniaformis (Mäuse, Ratten) und Diphyllobotrium latum (Fische). Der Bandwurm Dipylidium caninum dagegen wird nicht über die Nahrung, sondern durch Flöhe übertragen.

Zu den durch Futtermittel übertragenen **einzelligen Parasiten** gehören die **Toxoplasmen.** Besonders aus dem rohen Fleisch von Schweinen, gelegentlich auch von Wildtieren oder Schafen können sich Hunde infizieren. Zu Erkrankungen (Erbrechen, Durchfall, Lymphknotenanschwellung, Lungenentzündung) kommt es aber nur relativ selten. Wenn sich tragende Hündinnen infizieren, kann es zum Abort (Verwerfen) kommen. Von den **bakteriellen Krankheitserregern** können aus rohen Schlachtabfällen **Salmonellen** übertragen werden. Einige dieser Salmonellenarten können besonders bei Hunden mit geschwächter Widerstandskraft Durchfallerkrankungen auslösen.

Leptospiren können über mit dem Urin von Nagetieren verunreinigtes Futter in den Hund gelangen. Sie können besonders bei Jungtieren oder bei Rüden schwerwiegende Erkrankungen u. a. der Leber und der Nieren verursachen, sofern die Hunde keinen Impfschutz haben.

Spulwurmkopf.

Clostridien (besonders Clostridium perfringens) können besonders bei feuchtwarmer Lagerung in großer Menge in Futtermitteln enthalten sein. Sie können Durchfallerkrankungen verursachen und durch die Toxinproduktion zu weiteren Schäden im Darm oder in den Nieren führen. Toxine wie das von Clostridium botulinum (»Wurstvergifter«) verursachen Lähmungen und Bewegungsstörungen. Als **Viruskrankheit** wird die **Aujeszky-Krankheit** durch Aufnahme von rohem Fleisch oder Schlachtabfällen von Schweinen auf den Hund übertragen. Heftiger Juckreiz mit dadurch ausgelöster Selbstverstümmelung und erhebliche Verhaltensstörungen (»Pseudowut«) sind die Folgen.

Welpenerkrankungen durch Ernährungsprobleme

Die erste Muttermilch (Kolostrum) besitzt einen besonders hohen Eiweißgehalt und darunter vor allem einen hohen Anteil an Gammaglobulinen, den Trägern der Antikörper. In den ersten 24 Lebensstunden passieren diese Antikörper die

Darmwand des Welpen problemlos. Damit stehen sie für den so wichtigen Schutz des Neugeborenen gegen Infektionen aus der Umwelt zur Verfügung. Günstig ist es, wenn sich die Hündin in den Wochen vor der Geburt in der gleichen Umgebung befindet wie danach. In diesem Fall werden Antikörper gebildet und mit dem Kolostrum an die Welpen abgegeben, welche dem speziellen Keim-Milieu dieser Umgebung entsprechen. Die aufgenommenen Antikörper schützen die Welpen ungefähr ein bis zwei Monate lang. Allerdings sinkt der Antikörperspiegel allmählich ab, manchmal schon deutlich eher, als die eigene Antikörperproduktion der Welpen beginnt. Dann kommt es zu einer so genannten »immunologischen Lücke«. Daher **sind Welpen im Alter von ca. vier bis sechs Wochen besonders anfällig gegenüber Infektionen**. Der Magen ist beim jungen Welpen noch relativ klein und erst um den 18. Lebenstag herum beginnt die Salzsäureproduktion. Gut ausgestattet ist aber bereits der neugeborene Welpe mit dem Enzym Laktase, so dass der Milchzucker (Laktose) aus der Muttermilch sehr gut im Dünndarm des Welpen verdaut werden kann. Die Eiweißverdauung erfolgt durch Enzyme im Magen und Darm. Die Fütterung von biologisch nicht hochwertigen Eiweißen kann dazu führen, dass sich der Harnstoffgehalt im Blut erhöht, da die Nieren bis zum dritten Lebensmonat noch nicht ihre volle Ausscheidungskapazität erreicht haben. Die Fettverdauung wird mit Hilfe von Lipasen aus der Bauchspeicheldrüse durchgeführt.

Insgesamt reicht die Muttermilch in den ersten zwei bis drei Lebenswochen aus, um die Welpen mit allen notwendigen Nährstoffen ausreichend zu versorgen. Voraussetzung ist aber, dass die Hündin während der Trächtigkeit (besonders in der zweiten Trächtigkeitshälfte) optimal ernährt wurde.

Wenn das nicht geschehen ist, kann es bei den Welpen insbesondere zu Mangelerscheinungen an Vitamin E und Selen mit Muskelschwäche und Schluckbeschwerden kommen. Todesfälle sind möglich. Ein **Eisenmangel** kann sich besonders dann bei schnell wachsenden Welpen entwickeln, wenn Blutverluste durch Parasitenbefall hinzukommen. Die Muttermilch enthält relativ wenig Eisen. In Ausnahmefällen kann eine Eisenergänzung per Injektion notwendig werden, wenn Eisenmangelerscheinungen (blasse Schleimhäute, erschwerte Atmung usw.) auftreten. Mit Beginn der Zufütterung normalisiert sich der Eisenspiegel sehr schnell. Todesfälle sind bei Welpen in den ersten Lebenswochen nicht selten. Durch optimale Ernährung der Hündin können sie minimiert werden.

Totgeburten

Totgeburten können u. a. durch Ernährungsfehler bedingt sein, wenn z. B. der Geburtsverlauf infolge Verfettung der Hündin verzögert wird. Auch ein Mangel an Kalzium oder an Natrium kann in diesem Zusammenhang eine Rolle spielen.

Missbildungen

Sie können genetisch bedingt sein. Fehler in der Ernährung der tragenden Hündin können aber Veränderungen bei den Welpen hervorrufen, die teilweise den genetisch bedingten Missbildungen sehr ähnlich sind (Phänokopien). Eine Überdosierung von Vitamin A kann z. B. erhebliche Missbildungen zur Folge haben. Unterversorgung mit Vitamin A kann ebenfalls Missbildungen verursachen. Dazu gehören z. B. Entwicklungsstörungen der Augen und Bildung von Lippen- und Gaumenspalten. Jodmangel kann Haarlosigkeit, Wassersucht und Kropfbildung verursachen. Ein Mangel an Vitamin E und Selen führt zu Muskelschwäche. Kupfermangel kann nervöse Störungen auslösen.

Unterzuckerung und Untertemperatur

Beide sind vor allem durch Energiemangel verursacht. Welpen mit geringem Geburtsgewicht, vor allem solche aus großen Würfen haben zu wenig Glykogenreserven in der Leber. Auch Welpen, deren Mutter während der Trächtigkeit unzureichend mit Energie, Eiweiß oder Vitaminen versorgt wurde, kommen untergewichtig und lebensschwach mit zu geringen Energiereserven zur

Welt. Weitere Gründe für die Entwicklung eines Energiemangels können zu geringe Sauglust, zu wenig Gelegenheiten zum Saugen durch Abdrängen bei großen Würfen, Milchmangel der Hündin durch Krankheit oder Fehlernährung sowie Verhaltensstörungen der Hündin sein. Bei Welpen mit Energiemangel fällt sehr schnell die Körpertemperatur ab und der Blutzuckerspiegel sinkt. Anfangs schreien die Welpen noch, werden dann aber apathisch. Möglichkeiten, solche Welpen zu retten, bestehen vor allem, solange sie noch vital sind. Die untergewichtigen Welpen müssen mehrfach täglich an die ergiebigeren hinteren Zitzen angesetzt werden. Die Umgebungstemperatur sollte in den ersten Lebenstagen nicht unter 30 Grad liegen. Bei bereits deutlich unterkühlten Welpen verschlechtern sich die Chancen. Ihnen wird alle 3 Stunden eine 5%-ige Glukoselösung eingegeben (ca. 5 % der Körpermasse). In fortgeschrittenen Fällen werden ca. 4 ml/100 g KM einer Mischung aus 5%-iger Glukoselösung und Ringer-Laktatlösung (1:1) subkutan injiziert. Die Welpen werden zugleich sehr langsam aufgewärmt.

Hämorrhagisches Syndrom

Das hämorrhagische Syndrom zeigt sich bei Welpen, indem an vielen Körperstellen kleine Hautblutungen auftreten. Ursache ist eine Störung der Blutgerinnung durch einen Vitamin-K-Mangel. Dieser kann durch fehlerhafte Fütterung der Mutterhündin (Herstellungsfehler oder Überlagerung des Futters) bedingt sein. Die Welpen müssen dann je nach Größe 0,01–0,1 mg pro Tier Vitamin K 1 täglich erhalten, bis die Symptome beseitigt sind.

Durchfallerkrankungen

Durchfallerkrankungen bei Welpen werden häufig durch Fütterungsfehler verursacht oder zumindest verstärkt. Ursache kann z. B. eine zu große Milchmengenaufnahme sein. Veränderungen der Zusammensetzung des Futters der säugenden Hündin können ebenfalls Durchfall bei den Welpen auslösen. Hauptursachen sind aber Infektionen durch Bakterien, Viren und vor allem Rundwürmer (Spulwürmer, Hakenwürmer). Da die Welpen schon im Mutterleib mit Würmern infiziert sind, ist diese mögliche Ursache für Durchfall immer zu beachten. **Erste Anti-Wurm-Behandlung sollten in solchen Fällen schon bei den fünf bis sieben Tage alten Welpen durchgeführt werden.**
Normalerweise setzen Welpen vier- bis sechsmal täglich einen blassgelben pastösen Kot ab. Bei Durchfallerkrankungen wird der Kot flüssig und zunächst gelblich grün bis dunkelgrau. **Die erste Maßnahme ist, dass die Welpen für ca. vier Stunden keine Muttermilch erhalten.** Häufig normalisiert sich der Kot danach. Ist der Durchfall dadurch nicht zu beseitigen, so sind tierärztliche Behandlungen notwendig. Neben der Verabreichung von Medikamenten gegen die Ursache des Durchfalls steht dabei die Versorgung mit Flüssigkeit und Energie im Vordergrund.

»Find ich in Dir einen verantwortungsbewussten Halter?«

7. Praktische Fütterung

Allgemeines zur Fütterungspraxis und -technik

Die Menge der Nährstoffe in einem Futtermittel und die Relationen zwischen ihnen einerseits und der individuelle Bedarf eines Hundes an den verschiedenen Nährstoffen andererseits bestimmen, welche **Futtermengen** aufgenommen werden müssen. Hunde haben einen außerordentlich stark ausdehnbaren Magen. Für ihre wilden Vorfahren war das besonders wichtig, weil nicht jeden Tag Beute gemacht wurde und die auf einmal aufgenommene große Nährstoffmenge eine Art Reserve oder Speicher darstellte. Es ist daher durchaus möglich, die **Häufigkeit** der Fütterung auf einmal täglich zu beschränken. Das gilt für Hunde, die keine besonderen Leistungen vollbringen müssen.

Dagegen müssen Welpen, Zuchthündinnen und arbeitende Hunde mehrmals täglich gefüttert werden. Auch Hunde mit einer Neigung zur Magendrehung sollten mehrfach täglich (mindestens zweimal) gefüttert werden. Bei den meisten Erkrankungen von Hunden hat es sich ebenfalls

Der Labrador Retriever startet durch. Dieser Jagdgebrauchshund kann nur in einem Top-Gesundheitszustand Topleistung erbringen.

bewährt, mehrfach täglich kleine Portionen eines besonders schmackhaften Futters zu geben.

Günstig ist es auch, möglichst **feste Fütterungszeiten** einzuhalten. Der Hund passt sich dann an einen solchen Rhythmus an und schon die Vorbereitungen für die Fütterung führen zur Speichelsekretion und zur Produktion von Verdauungssäften. Außerdem neigen Hunde weniger zum Betteln, wenn sie an feste Fütterungszeiten gewöhnt sind.

Stress und Belastung sollen kurz vor und einige Stunden nach der Fütterung vermieden werden. Die Ruhepause nach der Fütterung sollte mindestens drei Stunden betragen. Bei einmal täglicher Fütterung kann der Hund morgens gefüttert werden und dann während der Abwesenheit seiner berufstätigen Besitzer ruhen. Nachmittags und abends ist er dann voll belastbar. Eine Fütterung am Abend kann vor der nächtlichen Ruhepause erfolgen. Hunde mit Neigung zur Magendrehung sollten allerdings besser dann gefüttert werden, wenn sie in den nächsten Stunden unter Aufsicht der Besitzer sind.

Ein Fastentag bringt keinerlei ernährungsphysiologische Vorteile. Bei Haltung mehrerer Hunde kann er sogar zu gegenseitiger Aggressivität führen.

Häufige Futterwechsel sind meist unnötig. Manche Hunde lehnen sogar jedes andere als das gewohnte Futter konsequent ab. Andere Hunde fressen ein neu eingeführtes Futter zunächst besser als das vorhergehende; meist ist das aber nur vorübergehend so. Bei Hunden mit Neigung zu Übergewicht kann ein ständiger Futterwechsel daher zum Problem werden, bei kranken Hunden mit mangelndem Appetit kann er manchmal Vorteile bringen.

Grundsätzlich sollte ein Futterwechsel auch bei Einsatz von Diäten nicht plötzlich, sondern allmählich über mehrere Tage erfolgen. Eine Ausnahme stellen Magen-Darm-Erkrankungen dar. Hier wird nach einem 24-stündigen vollständigen Futterentzug sofort eine Magen-Darm-Diät gegeben.

Die **Zubereitung des Futters** beschränkt sich bei Fertigfuttermitteln auf das eventuelle Anwärmen von Nassfutter oder von mit Wasser angemischtem Trockenfutter. Hunde fressen lauwarmes Futter im Allgemeinen lieber als kaltes Futter. Vorsicht ist bei Anwärmen in der Mikrowelle geboten; hierbei kann es vorkommen, dass einzelne Futteranteile sehr viel heißer sind als das übrige Futter, so dass sich der Hund Verbrennungen in der Mundhöhle zuzieht. Auch das Füttern von Kühlschrank-kaltem oder gar von gefrorenem Futter muss vermieden werden. Durchfall und Erbrechen können sonst ausgelöst werden.

Die Akzeptanz des Futters, d. h. ob der Hund das Futter mag oder nicht mag, kann durch eine Reihe von Maßnahmen beeinflusst werden. Dazu gehört wie erwähnt das Anwärmen aber auch der ebenfalls bereits erwähnte Wechsel des Futters. Kochen und Braten von dafür geeigneten Futtermitteln steigern gleichfalls die Akzeptanz.

Zugleich ist es bei von Tieren stammenden Futtermitteln die sicherste Methode, um eventuelle Krankheitserreger abzutöten. Beim Einfrieren werden ebenfalls die meisten, aber nicht alle Krankheitserreger abgetötet.

Die Zeit für die Mahlzeit sollte auf 15 bis 30 Minuten begrenzt werden.

Damit wird vermieden, dass stehen gelassenes Futter im Napf verdirbt. Gleichzeitig hat das einen erzieherischen Effekt, der Hund wird weniger mäklig sein.

Fressnäpfe sollten groß genug, rund (leichter zu reinigen) und rutschfest sein. Sie werden aus Edelstahl, Kunststoffen oder Keramik hergestellt. Die beiden erstgenannten Materialien scheinen für manche allergisch veranlagte Hunde nicht geeignet zu sein. Kunststoffnäpfe sollten so fest sein, dass der Hund sie nicht zerbeißen kann. Futter- und Wassernäpfe werden getrennt aufgestellt, um unbeabsichtigtes Vermischen zu vermeiden. Beide sollten an einem ruhigen, geschützten Ort stehen. Bei Haltung mehrerer Hunde sollte jeder seinen eigenen Fressplatz haben.

Beurteilung des Ernährungszustandes

Viele Hunde neigen ebenso wie viele Menschen zu Übergewicht bis hin zur Verfettung (Adipositas). Andererseits kann übertrieben reduziertes Füttern, schlechte Futterqualität oder Krankheit zur Abmagerung führen. Für den Besitzer ist es offenbar manchmal nicht ohne weiteres möglich, den Ernährungszustand seines Hundes richtig einzuschätzen.

Einen gesunden Hund (hier ein Border Collie) erkennt man auch am glänzenden Fell und an seinen klaren Augen.

Körpergewicht

Das Körpergewicht ist eine objektive Beurteilungsmöglichkeit. Regelmäßiges Wiegen zeigt ganz klar die Tendenz von Gewichtszu- oder Abnahme. Wichtig ist allerdings, dass das Normalgewicht des Hundes bekannt ist. Dazu dient entweder ein früher aufgezeichnetes Normalgewicht oder der Vergleich mit anderen anatomisch ähnlich gebauten Hunden. Untergewicht kann auch als Folge von Krankheiten entstehen. Hat ein Hund ohne Veränderung der Fütterung abgenommen, so sollten entsprechende Untersuchungen durchgeführt werden. Insbesondere geht es dabei um Magen-Darm-Erkrankungen, Tumoren, Organkrankheiten wie solche der Leber, der Nieren, Überfunktion der Schilddrüse oder Unterfunktion der Bauchspeicheldrüse.

Parasitenbefall kann ebenfalls zu Abmagerung führen. Auch Übergewicht kann durch Krankheiten, z. B. durch Hypothyreose (Schilddrüsenunterfunktion) oder durch Nebennierenrinden-Überfunktion entstehen. Meistens ist jedoch eine Überfütterung die Ursache.

Körperverfassung

Die Körperverfassung kann durch Abtasten, teilweise auch schon durch das Ansehen beurteilt werden. Sind die Rippen deutlich sichtbar bzw. beim leichten Abtasten mit den Fingerspitzen sofort fühlbar, so ist der Hund zu mager. Sind sie nicht sichtbar, beim Abtasten aber gut fühlbar, so ist der Hund normal ernährt.

Wenn erst bei stärkerem Druck die Rippen unter einer deutlichen Fettschicht fühlbar sind, so ist der Hund übergewichtig oder verfettet.

Auch im Bereich der Hüfthöcker, am Bauch und am Schwanzansatz sind entsprechende Fettdepots dann gut zu fühlen.

Haut und Haare zeigen Fütterungsfehler an, wenn diese über längere Zeit gemacht werden. Schuppige, trockene Haut und eine stumpfes glanzloses Fell können auf einen Mangel an essenziellen Aminosäuren, ungesättigten Fettsäuren, Vitaminen oder Minerastoffen hinweisen, können aber auch durch verschiedene Krankheiten verursacht sein.

Der **Kot** verändert sich je nach verabreichten Futtermitteln. Bei häufigem Verfüttern von Knochen wird der Kot z. B. sehr fest und sehr hell. Größere Knochenmengen können zur gesundheitlich bedenklichen Verstopfungen führen. Bindegewebsreiche Schlachtabfälle oder Organe wie Milz oder Leber verursachen weichen Kot, wenn sie in entsprechender Menge verfüttert werden (siehe auch Kapitel 3, S. 21–24).

Fertigfutter oder selbst zubereitete Ration?

Ein Hund kann sowohl mit Fertigfuttermitteln (Alleinfutter) als auch mit selbst zubereiteten Rationen vollwertig und ausgewogen gefüttert werden. Beide Möglichkeiten haben jeweils Vor- und Nachteile.

Fertigfuttermittel sind bei entsprechender Qualität so zusammengesetzt, dass der Hund alle Nährstoffe ausreichend und im richtigen Verhältnis zueinander erhält, also optimal ernährt wird. Allerdings enthalten sie teilweise zu viel Eiweiß (besonders Nassfutter), meistens mehr Vitamine als benötigt werden und teilweise zu viel Kochsalz. Nassfutter hat außerdem meistens einen relativ hohen Gehalt an Zucker. Manche Hundebesitzer haben Bedenken, dass Konservierungsmittel und andere Zusatzstoffe der Gesundheit des Hundes schaden könnten. Diese Stoffe sind die gleichen wie in Lebensmitteln für Menschen. Bisher gibt es für den Hund keine Nachweise über gesundheitsschädigende Wirkungen. Andererseits gibt es viele Beispiele dafür, dass nicht ausreichend konservierte verdorbene Futtermittel gesundheitliche Schäden bei Hunden verursacht haben.

Insgesamt sind Fertigfuttermittel ausgewogener in der Nährstoffzusammensetzung, praktischer zu handhaben und auch preisgünstiger.

Man sollte Futtermittel einer guten Qualität auswählen, da es letztlich, bezogen auf Nährstoffgehalt und Qualität besser und dann auch relativ nicht teurer ist. Werden Diätfuttermittel benötigt, so sind die vielfältigen besonderen Anforderungen an die Nährstoffzusammensetzung durch die entsprechenden Fertigfuttermittel meistens sehr gut zu erfüllen. Beim Einsatz solcher Futtermittel muss der Hundebesitzer lediglich noch darauf achten, dass die richtige Menge gefüttert wird.

Die auf den Packungen aufgedruckten Empfehlungen der Hersteller stellen Durchschnittswerte dar und liegen sehr häufig zu hoch.

Möglich ist es, aus dem Energiebedarf des Hundes und der im Futter enthaltenen Energiemenge die richtige Dosierung zu errechnen. Möglich ist es aber auch, durch regelmäßige Gewichtskontrollen zu überprüfen, ob die Futtermenge richtig ist.

Kombinierte Fütterung von Fertigfuttermitteln (z. B. Flocken) mit Fleisch oder Schlachtabfällen ist eine weitere Möglichkeit. Die richtigen Mengenverhältnisse können ausgerechnet werden, indem man die einzelnen Nährstoffe auflistet, ähnlich wie bei den selbst zubereiteten Rationen.

Selbst zubereitete Rationen können grundsätzlich eine vollwertige Fütterung des Hundes ermöglichen. Um sie ausgewogen herzustellen, muss der Hundebesitzer genügend Sachkenntnis besitzen. Ist dies nicht der Fall, so werden unausgewogen zusammengesetzte Rationen gefüttert, die noch dazu häufig zu wenig Mineralstoffe, Spurenelemente und Vitamine enthalten. Einzelfuttermittel, die für selbst zubereitete Rationen eingesetzt werden, sind häufig schnell verderblich. Insgesamt wird eine solche Fütterung auch deutlich teurer. **Der Vorteil von selbst zubereiteten Rationen ist, dass Hunde mit reduziertem Appetit (z. B. bei verschiedenen Krankheiten) manchmal eine Reihe von Einzelfuttermitteln eher akzeptieren.**

Zur Entwicklung einer optimal zusammengesetzten selbst zubereiteten Ration sind folgende Arbeitsschritte notwendig:

- Auflistung der vorgesehenen Einzelfuttermittel und ihrer Inhaltsstoffe
- Ermittlung des Bedarfs des Hundes an Energie und Eiweiß
- Berechnung der Futtermengen, die zur Deckung des Energie- und Eiweißbedarfs benötigt werden
- Zusatz von Pflanzenöl (besonders Leinöl ca. 0,3 g Fett/kg KM und Tag) zur Sicherung der Versorgung mit essenziellen Fettsäuren
- Zulage von Rohfasern z. B. in Form von Weizenkleie bei sich aus der Rationsberechnung ergebendem Bedarf (ca. 1–2 g/kg KM und Tag)
- Berechnung des vorhandenen Gehalts an Vitaminen, Mineralstoffen und Spurenelementen und gegebenenfalls Ausgleich durch ein geeignetes Vitamin- Mineralstoff-Gemisch

Fütterung von Welpen

Der Bedarf an verschiedenen Nährstoffen ändert sich bei Welpen im Lauf ihrer Entwicklung ganz wesentlich. In den ersten drei Wochen werden Welpen gewöhnlich ausschließlich durch die Muttermilch ernährt.

Besonders wichtig ist, dass der Welpe in den ersten Stunden nach der Geburt ausreichende Mengen der ersten Muttermilch (Kolostrum) aufnimmt, da diese große Mengen wichtiger Antikörper enthält. Nur in den ersten 24 Stunden können diese Antikörper durch die Darmschleimhaut des Welpen in seinen Körper gelangen.

Im Kolostrum sind außerdem große Mengen an Kalzium, Phosphor, Magnesium, Zink, Kupfer, Eisen und Vitamin A enthalten. Der Eisengehalt sinkt in der Folgezeit rasch ab, so dass der Bedarf der Welpen nicht mehr in vollem Umfang gedeckt wird. Die Welpen trinken in der ersten Lebenswoche acht- bis zwölfmal täglich, später drei- bis viermal täglich.

Um zu kontrollieren, ob die Welpen genügend Milch aufnehmen, ist das tägliche Wiegen sehr wichtig.

In den ersten Stunden (bis zu 24 Stunden) kann das Gewicht gegenüber dem Geburtsgewicht etwas abfallen. Spätestens am nächsten Tag sollte es wieder höher sein. Wenn ein Welpe nicht regelmäßig zunimmt, so muss kontrolliert werden, ob er abgedrängt wird. In diesem Fall wird er öfter am Tag an die hinteren besonders ergiebigen Zitzen angelegt. Wenn Anzeichen einer Erkrankung wie z. B. Durchfall, Blähungen oder Fieber vorliegen, so ist eine entsprechende Behandlung nötig (siehe Kapitel 6, Abschnitt »Welpenerkrankungen«, S. 130–132). Neurologische Symptome wie Krämpfe sind bei schweren Erkrankungen möglich. Sie müssen aber von den bei gesunden Welpen häufig vorkommenden unbewussten Muskelkontraktionen und Zuckungen der Gesichtsmuskeln unterschieden werden. *Die Gewichtszunahmen von Welpen sind erheblich. Schon nach sieben bis neun Lebenstagen ist das Geburtsgewicht verdoppelt und am Ende der zweiten Woche verdreifacht. Nach vier Wochen haben die Welpen das sechs- bis siebenfache ihres Geburtsgewichts erreicht.*

Für einen guten Start in ein gesundes Hundeleben brauchen Welpen neben der Muttermilch auch gehaltvolle und gut ausgewogene feste Nahrung …

… sowie optimale Prägungsmöglichkeiten in einem guten Umfeld bei ihrem Züchter.

Daraus ergeben sich Zunahmen in Prozent des aktuellen Körpergewichts von 8 % (erste Woche), 6 % (zweite Woche), 4 % (dritte Woche) und 3,5 % in der vierten Woche. Die täglichen Gewichtszunahmen verlaufen nicht gleichmäßig. Ein Welpe kann durchaus an einem Tag nur wenig und am folgenden Tag dann sehr viel zunehmen. Bei sehr großen Würfen (zehn und mehr Welpen) kann es sinnvoll sein, die Welpen tagsüber in zwei Gruppen aufzuteilen und abwechselnd für jeweils drei bis vier Stunden zur Mutterhündin zu legen. Reicht die Milchleistung trotzdem nicht aus, so muss zusätzlich Ersatzmilch (so genannte Milchaustauscher) mit der Flasche gegeben werde. Bei Erkrankung oder Tod der Hündin kommt die Ammenaufzucht bei einer anderen säugenden Hündin oder (für kleine Rassen) auch einer Katze in Frage. Ist auch das nicht möglich, so bleibt nur die **mutterlose Aufzucht** der Welpen. **Dafür kann Kuhmilch keinesfalls in reiner Form verwendet werden**, weil sie einen viel höheren Gehalt an Milchzucker und zugleich einen viel niedrigeren Gehalt an Fett und Eiweiß hat. Kommerziell hergestellte Milchaustauscher sind erhältlich. Sie enthalten alle notwendigen Nährstoffe. Allerdings fehlen ihnen Antikörper und weitere spezielle Stoffe wie Wachstumsfaktoren. Wenn kein spezieller Hundemilchersatz zur Verfügung steht, kann auch ein Milchaustauscher für Ferkel eingesetzt werden.

Milchersatzpräparate für menschliche Babys sind aber wegen ihres vergleichsweise niedrigen Energie- und Eiweißgehalts völlig ungeeignet. Welpenmilchpräparate wie Royal Canin Vital milk für Katzen und Puppy Milk für Hunde sind gut geeignet. Die Ersatzmilch wird mit der Flasche gegeben. Die Anzahl der Mahlzeiten beträgt in der ersten Woche sechs, in der 2. Woche fünf und in der dritten und vierten Woche vier bis drei. Mit dem oben genannten Produkt werden Flasche und verschiedene Sauger mit unterschiedlich großen Öffnungen geliefert. Die Öffnung der Sauger darf nicht zu groß sein, da sich der Welpe sonst verschluckt. Wenn sie zu klein ist, wird das Saugen zu mühsam und der Welpe nimmt nicht genügend Milch auf. Zur Kontrolle kann man die Flasche umstülpen – es sollte dann ein Tropfen pro Sekunde sichtbar werden. Die Milchmengen in ml/Mahlzeit unterscheiden sich je nach Größe der Welpen.

Bei der mutterlosen Welpenaufzucht müssen vor und nach den Mahlzeiten Bauch und Analbereich mit einem feuchten Tuch massiert werden, um den Kot- und Harnabsatz zu provozieren. Ab dem Ende der dritten Woche (bei großen Würfen, Milchmangel usw. auch schon einige Tage eher) wird mit der **Zufütterung** begonnen. Am Verhalten der Welpen ist meisten schnell zu erkennen, wann mit dem Zufüttern begonnen werden muss. Sie sind dann ständig unruhig, saugen auch noch, wenn das Gesäuge der Hündin längst leer ist und versuchen sogar, das Futter der Mutterhündin zu fressen. Für die erste Fütterung können unterschiedliche Futtermittel verwendet werden. Anfangs wird das Futter meist in flüssig-breiiger Form ange-

Tabelle: Milchmengen in ml/Mahlzeit nach Größe der Welpen

Welpenalter in Wochen	Kleine Rassen bis 10 kg KM	Mittelgroße Rassen 10–25 kg KM	Große Rassen über 25 kg KM
1	10–20	20–30	25–40
2	30	50	70
3	50	70	120
4	60	70	120

boten. Aus einer Schale werden dem Welpen kleine Futtermengen auf die Zunge getropft, bis er beginnt, das Futter selbst aus der Schale aufzunehmen. Eine ganz andere, aber auch sehr gut funktionierende Variante ist es, dem Welpen kleine kugelförmige Häppchen aus Schabefleisch oder einem Spezialfertigfutter aus der Hand zu füttern. Teilweise werden in der Anfangsphase der Zufütterung auch noch regelmäßig Milchaustauscher eingesetzt. Als Welpenfutter kommen vor allem Fertigfutter (Welpenbrei) oder auch eigene Mischungen in Frage. Wenn gute Fertigfuttermittel gegeben werden, sollten keinesfalls zusätzliche Vitamin-Mineralstoffgaben erfolgen. Die Anzahl der Mahlzeiten erhöht sich in der vierten, fünften Woche auf viermal täglich.

Die notwendige Futtermenge lässt sich anhand der täglichen Gewichtsentwicklung der Welpen ermitteln. Im Prinzip sollte ein Welpe anfangs 5–10 g FTS/kg KM, gegen Ende der Säugeperiode 20–30 g FTS/kg KM täglich aufnehmen. Das Futter muss ausreichend zerkleinert werden, um Schluckstörungen zu vermeiden. In Frage kommen bindegewebsarmes Fleisch, Leber, Quark, Eier, Mais oder Haferflocken, Reis u. a. Einfacher geht es mit guten Fertigfuttermitteln für Welpen wie z. B. Royal Canin Starter oder Vollmer´s Welpenbrei. Nach langjährigen eigenen Erfahrungen des Autors sind beide Verfahren (selbst zubereitetes Welpenfutter oder gutes Fertigfutter) bei entsprechender Sorgfalt mit gleich guten Ergebnissen möglich.

Das **Absetzen der Welpen** wird je nach Futteraufnahme der Welpen und Milchleistung der Hündin zwischen der fünften und sechsten Woche im Allgemeinen durch die Hündin selbst realisiert, indem sie die Welpen einfach nicht mehr saugen lässt. Da die Milchmenge allmählich kleiner wird, nehmen die Welpen zunehmend mehr Futter auf. Vier tägliche Mahlzeiten sind in dieser Zeit günstig. Nach dem Verkauf des Welpen sollte er zunächst das gleiche Futter weiter bekommen, um unnötige Komplikationen zu vermeiden.

Fütterung von Junghunden

Was in der Jugendentwicklung geschieht, ist entscheidend für die Eigenschaften des erwachsenen Hundes. Das gilt für die psychische Entwicklung (Prägung, Erziehung) und für die körperliche Entwicklung. In dieser Zeit entstandene Fehler lassen sich später nur noch schwer oder gar nicht mehr ausgleichen. Die Wachstumsgeschwindigkeit des Junghundes wird in hohem Maß durch die Ernährung beeinflusst. Die später erreichte Körpergröße ist allerdings genetisch vorgegeben und wird nicht von der Fütterung beeinflusst. Lang anhaltende schwere Krankheiten können dagegen dazu führen, dass der Hund kleiner bleibt. Im Allgemeinen haben Hunde mit ca. sechs Monaten ihre Körperhöhe erreicht. Angestrebt werden soll keine maximale, sondern eine optimale Wachstumsgeschwindigkeit.

Zu schnelles Wachstum kann zu erheblichen Gesundheitsschäden führen.

Aber auch großgehungerte Junghunde würden sich körperlich nicht gut entwickeln. Große Hunde wachsen schneller als kleine. Bei normalem Verlauf erreichen Hunde mit einem späteren Erwachsenengewicht unter 25 kg mit vier Monaten ca. 50 % ihres Endgewichts. Hunde mit einem Erwachsenengewicht über 25 kg erreichen diesen Wert mit ca. fünf Monaten.

Zu intensiv gefütterte Junghunde wirken nicht fett, sondern sie sind einfach zu groß und zu kräftig für ihr Alter. Solche Hunde neigen als Erwachsene verstärkt zu Übergewicht.

Sehr großen Einfluss auf die Wachstumsgeschwindigkeit hat die Versorgung mit **Energie**. Sie sollte im dritten und vierten Lebensmonat bei ca. 150, im fünften und sechsten Monat bei ca. 110 und im siebenten bis zwölften Lebensmonat bei ca. 85 kcal/kg KM und Tag liegen. Hunde der großen Rassen bekommen Futter mit einer etwas geringeren Energiedichte (im Durchschnitt 3,5–4,0 kcal/g FTS) als kleine Hunde (im Durchschnitt 4,0–4,5 kcal/g FTS). Regelmäßiges Wiegen des heranwachsenden Hundes ist in jedem Fall notwendig. **Zu hohe Energiemengen**

können sich außerordentlich schädlich auf die Skelettentwicklung – besonders bei den großen Hunderassen – auswirken.

Die Versorgung mit **Eiweiß** sollte nach dem Absetzen am höchsten sein. Im dritten und vierten Lebensmonat werden 6–8 g vRP/kg KM und Tag gefüttert; im fünften und sechsten Lebensmonat sollten es 5–6 g und im siebenten bis zwölften Monat 3–4 g sein. Viele kommerzielle und auch selbst zubereitete Futtermischungen haben einen zu hohen Eiweißgehalt. Negative Auswirkungen auf die Skelettentwicklungen sind bisher nicht bekannt. Wichtig ist auch die optimale Aminosäurenzusammensetzung. Arginin ist für Welpen und Junghunde eine essenzielle Aminosäure. Wenn zu wenig Eiweiß gefüttert und/oder die Aminosäurenzusammensetzung nicht optimal ist, so kommt es zu verstärktem Fettansatz. Für die Eiweißversorgung sind hochwertige Futtermittel tierischer Herkunft, anteilig auch hochwertige pflanzliche Eiweiße nötig. Der Eiweißgehalt im Futter für Junghunde sollte bei 30–35 % vRP liegen.

Die Zufuhr an **Fett** muss so erfolgen, dass eine optimale Versorgung mit Energie erreicht wird. Der Rohfettgehalt liegt entsprechend für Junghunde der kleinen und mittleren Rassen bei rund 20 %, für große und sehr große Rassen bei ca. 14 % der FTS. Wichtig ist auch eine ausreichende Versorgung mit essenziellen Fettsäuren. Der tägliche Bedarf an Linolsäure liegt bei ca. 250 mg/kg KM und Tag.

Kohlenhydrate (NfE) sollen in einem Anteil von 25–30 % in der FTS enthalten sein, Rohfaser mit 6–7 %.

Junger Labrador Retriever – voller Tatendrang wartet er auf seinen Spielpartner Mensch.

Die Kalzium- und Phosphorversorgung ist für wachsende Junghunde von ganz besonderer Bedeutung. *Einerseits werden durch das schnelle Wachstum und die noch unzureichende Mineralisierung der Knochen junger Hunde große Mengen an Mineralstoffen gebraucht. Andererseits führt eine überhöhte Kalzium-Zufuhr (z. B. bei Zugabe von Mineralstoffpräparaten zusätzlich zum Fertig-Alleinfutter) zu u. U. dramatisch verlaufenden Skelettentwicklungsstörungen.*

Der Kalziumgehalt des Futters sollte für kleine und mittelgroße Hunde bei 1,0 % der FTS, für Hunde großer Rassen bei 1,1 % der FTS liegen. Der Phosphorgehalt liegt entsprechend bei 0,8 % (kleine Hunde) bzw. 0,9 % (große Hunde) der FTS. Damit wird ein optimales Kalzium-Phosphor-Verhältnis von 1,0:0,8 erreicht.

Der **Vitamin-A-Gehalt** sollte bei rund 15.000 IE/kg FTS, der **Vitamin-D-Gehalt** bei ca. 1200 IE/kg FTS liegen. **Vitamin E** wird für wachsende Junghunde kleiner und großer Rassen mit ca. 120 mg/kg FTS empfohlen; die Junghunde der Riesenrassen erhalten 400 mg/kg FTS. Die Versorgung mit **B-Vitaminen** ist ebenfalls wichtig. Bei Zwergrassen muss besonders die Versorgung mit Vitamin B2 ausreichend hoch sein.

Auch auf den Gehalt an **Spurenelementen,** besonders Zink (im ersten und zweiten Lebensmonat höchster Bedarf) und Kupfer muss geachtet werden.

Junghunde sollten das Futter nicht zur freien Verfügung haben, sondern in Portionen bis zu drei Monaten viermal täglich, danach bis zu fünf Monaten dreimal täglich und ab dem sechsten Lebensmonat zweimal täglich zugeteilt bekommen. Die sicherste Art der Fütterung ist die mit Fertigfuttermitteln entsprechend guter Qualität. Verschiedene Firmen bieten dafür geeignete Futtermittel für die jeweilige Rassengruppe an. Das ist besonders für die sehr schnell wachsenden Junghunde großer Rassen eine gute Versorgungsmöglichkeit. **Ergänzungsfuttermittel wie Mineralstoff- und Vitaminpräparate sollten keinesfalls eingesetzt werden, wenn der Hund mit einem solchen Alleinfutter gefüttert wird.** Sehr schnell könnte es sonst zu Überdosierungen an Mineralstoffen und Vitaminen kommen, was besonders durch eine Kalziumüberdosierung zu erheblichen gesundheitlichen Problemen führen könnte. Werden **selbst zubereitete Rationen** gefüttert, so kommen hochwertige eiweißreiche Futtermittel wie Fleisch und Pansen oder Milch- und Eiprodukte vorrangig zum Einsatz, die mit Futtermitteln pflanzlicher Herkunft (Getreideflocken, Reis, Nudeln) kombiniert werden. Bei einer solchen Fütterung sind Energie- und Nährstoffberechnungen sehr zu empfehlen und es **ist eine Ergänzung mit Vitaminen und Mineralstoffen notwendig**. Werden Fertigfuttermittel und selbst zubereitete Futtermittel kombiniert, so kann eine solche Ergänzung anteilig richtig sein. Für die Berechnung muss ein einheitlicher Maßstab hergestellt werden. Enthält z. B. eine Mahlzeit 50 g Trockenalleinfutter und 250 g Fleisch (Trockensubstanzgehalt 20 %), so kann nur für 50 g Fleisch-Trockensubstanz ein Mineralstoffzusatz gegeben werden.

Fütterung erwachsener Hunde

Erwachsene Hunde ohne besondere Leistungsbeanspruchungen (Wachstum, Zuchthunde, Arbeits- bzw. Sporthunde) und ohne die besonderen Ernährungsbedürfnisse alter Hunde haben einen Bedarf an Energie- und Nährstoffen, der als **Erhaltungsbedarf** bezeichnet wird. Entsprechend soll die Fütterung so erfolgen, dass das Körpergewicht des Hundes annähernd konstant bleibt, keine Nährstoffmängel entstehen und der Hund bei einfacher, normaler körperlicher Bewegung vital bleibt.

Der tägliche **Bedarf an Energie** je kg Körpermasse ist bei kleinen Hunden deutlich höher (ca. 110 kcal/kg KM) als bei großen Hunden (ca. 55 kcal/kg KM). Allerdings gibt es je nach Rasse, Aktivität und Haltungsbedingungen Abweichungen von diesen Durchschnittswerten, die bis zu 30 % nach oben oder unten betragen können.

Der Golden Retriever mit seinem dichten, wetterfesten Haarkleid ist bei Schnee und Nässe gut geschützt, vorausgesetzt er ist gesund wie diese Gruppe.

Der **Eiweißgehalt** wird mit 25–30 % der FTS empfohlen. Häufig liegt er in den Rationen deutlich höher. Dies kann u. U. Probleme zur Folge haben, wenn z. B. bei einem Hund eine klinisch noch nicht erkennbare Niereninsuffizienz vorliegt.

Der **Rohfettgehalt** liegt für erwachsene Hunde zwischen 15–20 % der FTS. Wichtig ist neben dem Energiegehalt besonders auch die Versorgung mit essenziellen Fettsäuren. Entsprechend sollte der Gehalt an Linolsäure bei mindestens 1 % der FTS liegen.

Der **Rohfasergehalt** sollte zur Unterstützung der Darmtätigkeit bei ca. 2–3 % liegen, bei verstärkt zu Fettansatz neigenden Hunden auch bis zu 5 % der FTS.

Der Gehalt an **Kalzium** wird auf rund 1 % der FTS eingestellt.

Große Hunde werden schon wegen der guten Verträglichkeit und der niedrigeren Kosten häufig mit Trockenalleinfutter versorgt. Kleinere Hunde erhalten häufig Feuchtalleinfutter. Teilweise werden auch zusätzlich für den Menschen bestimmte Lebensmittel gefüttert. Solange diese nicht mehr als10 % ausmachen und solange sie nicht besonders hohe Gehaltswerte z. B. an Kochsalz, Fett usw. aufweisen, ist das relativ unbedenklich. *Problematisch werden solche Leckerbissen immer dann, wenn eine besondere Ernährung (Diät) wegen Übergewicht oder anderer Krankheiten erforderlich ist. Auf die zusätzliche Gabe von Vitamin-Mineralstoffpräparaten sollte bei Einsatz von Fertigfutter verzichtet werden.*

Selbst zubereitete Rationen sind auch möglich und sollten neben einer guten Eiweißquelle (Fleisch, Innereien) auch ausreichend Energie liefernde eiweißarme Bestandteile (Haferflocken, Reis, Kartoffeln), eine Fettergänzung mit Öl oder Schmalz, ballastreiche Stoffe wie Möhren oder Weizenkleie enthalten. **Selbst zubereitete Ra-**

Austoben und Kräftemessen gehört beim erwachsenen Hund zum sozialen Umgang und zur sportlichen Ertüchtigung.

tionen müssen mit Vitaminen und Mineralstoffen ergänzt werden. Die Auswahl richtet sich nach den in der Ration fehlenden Stoffen.

Erwachsene Hunde sollten das Futter nicht zur freien Verfügung haben, sondern in ein oder zwei Mahlzeiten verabreicht bekommen. Durch regelmäßiges Wiegen, die Beurteilung der Körperverfassung und regelmäßige Gesundheitskontrollen kann geprüft werden, ob die Futterzusammensetzung richtig ist. Die Empfehlungen der Hersteller sind meist nur Durchschnittswerte, die individuell für jeden Hund überprüft und entsprechend variiert werden müssen.

Fütterung älterer Hunde

Große Hunde gelten im Allgemeinen ab acht Jahren als alt, Hunde kleiner Rassen erst ab etwa 10 Jahren. Auf eine Reihe von Besonderheiten bei der Ernährung älterer Hunde wurde bereits im Kapitel 6 (Abschnitt »Alter, Krankheit und Ernährung«) eingegangen. Betont werden soll nochmals, dass ältere Hunde in Folge geringerer Aktivität häufig einen niedrigeren Energiebedarf haben. Meist ist diese geringere Aktivität die Folge verschiedener sich im Alter häufender Krankheiten. Entsprechend muss die Energiedichte des Futters reduziert werden, um Verfettung zu vermeiden. Sehr alte Hunde dagegen magern aus verschiedenen Gründen manchmal ab, so dass die Versorgung mit Energie wieder erhöht werden muss. Die für ältere Hunde geeigneten Futtermittel haben im Vergleich zu den Futtermitteln für erwachsene Hunde einen geringeren Fettgehalt (10–14 % der FTS), einen etwas erhöhten Rohfasergehalt (3 % der FTS), einen etwas reduzierten Kalziumgehalt (0,8 %) und Phosphorgehalt (0,6 %) sowie einen erhöhten Gehalt an Vitamin A (17.000 IE/kg FTS) und

»Gut drauf auch im Alter«: Diese Labradorhündin ist neun Jahre alt, aber topfit. Wie ein junger Hund mustert sie aufmerksam und voll Spannung ihre Umgebung.

teilweise auch an einigen B-Vitaminen. Manche Fertigfuttermittel für ältere Hunde enthalten Zusätze an Chondroitin und Glukosamin zur Unterstützung der Gelenke (z.B. Royal Canin Vet Size Maxi Mature Adult). Diese Substanzen können aber auch durch Ergänzungsmittel zugeführt werden.

Fütterung von Zuchthündinnen

Einige Grundlagen der Ernährung wurden bereits im Kapitel 6 (Abschnitt »Fortpflanzung und Ernährung«, S. 105–107) beschrieben. Will man die Fruchtbarkeitsrate und die Welpenzahl erhöhen, so ist es u. U. hilfreich, wenn der Hündin um den Deckzeitpunkt herum Futter mit einer höheren Energiedichte gegeben wird.

Während der **Trächtigkeit** sind verschiedene Phasen der Ernährung der Zuchthündin zu beachten. Während der ersten drei bis vier Wochen der Trächtigkeit wird die Hündin im Erhaltungsbedarf versorgt. Eine höhere Energiegabe könnte zu Übergewicht und Verfettung und daraus folgend u. a. zu Geburtsproblemen führen. Eine Unterversorgung der Hündin mit Energie und Nährstoffen würde u. a. eine geringe Welpenzahl zur Folge haben, da zumindest ein Teil der Föten in einem sehr frühen Entwicklungsstadium absterben könnte. Wenn alle Föten betroffen sind, würde die Hündin scheinbar »leer bleiben«. Am Anfang der fünften Trächtigkeitswoche beginnt ein sehr schnelles Wachstum der Föten. Entsprechend steigt der Bedarf der Hündin an Energie und Nährstoffen sehr stark an. Man sollte jedoch schon eher, d. h. in der vierten Woche mit der erhöhten Versorgung beginnen, da manche Hündinnen in der zweiten Trächtigkeitshälfte nicht mehr so viel fressen, wie für eine optimale Versorgung nötig wäre. Das kann auf die durch die vergrößerte Gebärmutter eingeschränkten Platzverhältnisse, aber auch auf Auswirkungen des sich verändernden Stoffwechsels zurückzuführen sein. Kleine Hündinnen mit vielen Welpen (Ultraschall ab

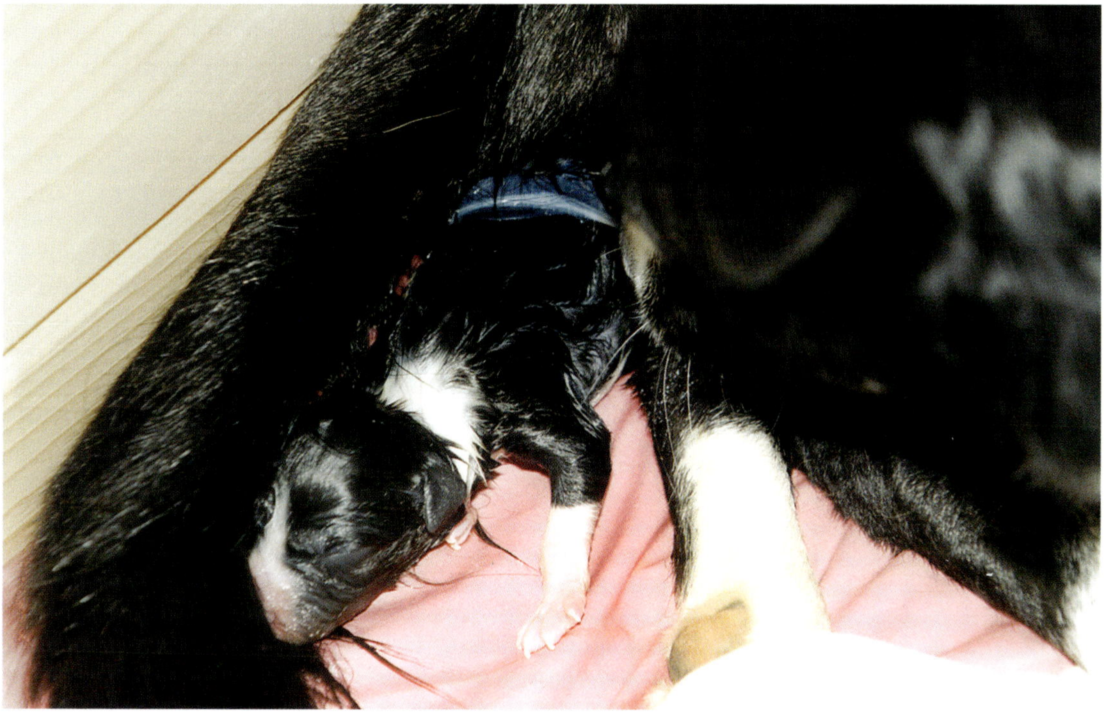

Geburt eines Welpen: Die Anforderungen an die Zuchthündin sind groß. Diese kann sie nur erfüllen, wenn sie optimal ernährt wurde und in einem gesunden Umfeld lebt.

dem 20. Tag der Trächtigkeit möglich) sollten schon mit der dritten Trächtigkeitswoche eine erhöhte Energiemenge erhalten. Dadurch wird verhindert, dass es zu einer starken Mobilisierung von Fettreserven und einen erhöhten Fettgehalt des Blutes zum Geburtszeitpunkt kommt. Der Energiegehalt des Futters für die trächtige Hündin soll in den ersten Wochen bei 3,5–4,0 kcal/g FTS liegen. In der zweiten Trächtigkeitshälfte oder auch schon wie oben erwähnt etwas eher, wird der Energiegehalt auf 4,0–4,5 kcal/g FTS angehoben. Eine zehn kg schwere Hündin erhält z. B. in der zweiten Trächtigkeitshälfte ca. 1250 kcal täglich. Das entspricht ca. 300 g FTS, die in 330 g Trockenalleinfutter oder in 1,5 kg Nassfutter enthalten sind. Für eine 35 kg schwere Hündin sind es entsprechend täglich ca. 3000 kcal. Das entspricht einer FTS-Menge von ca. 660–750 g, die in ca. 720–825 g Trockenalleinfutter enthalten sind. Der Eiweißgehalt des Futters sollte in der ersten Trächtigkeitsphase bei 20–25 % der FTS, in der zweiten Trächtigkeitsphase bei ca. 30 % liegen. Das Eiweiß soll hochwertig und leicht verdaulich sein.

Ganz besonders wichtig ist, dass der Kohlenhydratgehalt während der Trächtigkeit bei mindestens 25 % der FTS liegt.

Der Fettgehalt der Ration sollte anfangs bei 10–15%, in der zweiten Trächtigkeitshälfte bei 20–25 % liegen. Der Gehalt an Kalzium wird auf 1,1%, der an Phosphor auf 0,9 % der FTS eingestellt. Die Anforderungen an weitere Nährstoffe entsprechen denen der nachfolgend für säugende Hündinnen genannten. Die trächtige Hündin wird in der ersten Phase ein- bis zweimal täglich, in der zweiten Trächtigkeitshälfte zwei- bis dreimal täglich gefüttert. Kurz vor dem Werfen darf sie etwa 125 % ihres Normalgewichts erreicht haben, nach dem Werfen noch 105–110 %. Kurz vor der Geburt können gelegentlich Verstopfungen auftreten. Durch Zufütterung von Leber (3–5 g/kg KM täglich) oder Milch (20–25 ml/kg KM täglich) wird eine leicht abführende Wirkung erreicht.

Etwa 12 bis 24 Stunden vor dem Beginn der Geburt nimmt die Hündin im Allgemeinen kein Futter mehr auf – eines der sichersten Anzeichen der bevorstehenden Geburt (bei der gesunden Hündin).

Während des Geburtsvorgangs wird der Hündin regelmäßig Wasser angeboten. Nach dem Ende der Geburt wird anfangs breiiges Futter gegeben.

Während der **Säugezeit** vollbringt die Hündin Höchstleistungen. Sie benötigt auch eine entsprechend optimale Versorgung mit Energie und Nährstoffen. Die Hündin sollte während dieser Zeit nicht mehr als 5–10 % ihres Normalgewichts verlieren. Die Energiezufuhr soll bei 4,5–5,0 kcal/g FTS liegen, damit die Hündin die Welpen ausreichend ernähren kann. Wird der Bedarf an Energie und Nährstoffen nicht ausreichend gedeckt, so kommt es zu Milchmangel, nachlassender Vitalität, Erkrankungen und Todesfällen bei Welpen.

Die höchsten Leistungen vollbringt die Hündin in der dritten bis fünften Woche nach der Geburt. In dieser Zeit hat sie den höchsten Energie- und Nährstoffbedarf. Der Bedarf ist umso höher, je mehr Welpen gesäugt werden müssen.

Hündinnen mit großen Würfen erhalten während der Säugezeit das Futter zur freien Verfügung. Tragende und säugende Hündinnen können auch mit selbst zubereiteten Rationen gefüttert werden. Dazu geeignet sind hochwertige hygienisch einwandfreie Futtermittel wie Fleisch und Innereien als Eiweißquelle und Getreideflocken oder Kartoffeln als energieliefernde Futtermittel. Sie werden mit kleinen Mengen Milchprodukten, Leber, Pflanzenöl und Möhren ergänzt. Entsprechend den errechneten Gehaltswerten muss ein geeignetes Vitamin-Mineralstoff-Gemisch zugefügt werden. Sicherer ist ein hochwertiges Fertigfutter.

Fütterung von Sport- und Gebrauchshunden

Hunde sind zu ganz außerordentlichen körperlichen Leistungen in der Lage. Rennhunde erreichen Geschwindigkeiten von rund 50–60 km/h auf Strecken von 300–900 m. Schlittenhunde laufen Strecken zwischen 60 km (Sprintstrecke!) und 500 km z. T. sogar 1000 km, dabei 10 bis 14 Stunden pro Tag mit Geschwindigkeiten von 16–23 km/h. Jagd- und Hütehunde laufen täglich zwischen 60 und 150 km. Auch die Gebrauchshunde der Polizei und ähnlicher Institutionen sind mit täglichen Arbeitszeiten von sechs bis acht Stunden körperlich belastet.

Der **Energiebedarf** von Sport- und Gebrauchshunden ist entsprechend erhöht. Rennhunde haben einen gegenüber dem Erhaltungsbedarf nur leicht erhöhten Bedarf an Energie (3,5–4 kcal/g FTS), wenn sie für Rennen eingesetzt werden. Der für die Muskelarbeit zusätzliche Energiebedarf allein ist gar nicht so wesentlich erhöht, aber die Gesamtbelastung einschließlich der psychischen Anspannung bedingt einen etwas höheren Gesamtenergieverbrauch. Wichtig ist aber die Energiequelle.

Rennhunde benötigen für die Energiegewinnung eine kohlenhydratreiche Fütterung, um ausreichende Glykogenreserven in der Muskulatur anlegen zu können (ca. 55–65 % NFE in der FTS). Vor allem diese Glykogenreserven werden dann während des Rennens verbraucht. Der Fettgehalt des Futters sollte bei 8–10 % der FTS liegen.

Schlittenhunde benötigen für ihre außerordentlichen Ausdauerleistungen erhebliche Energiemengen (6 kcal/g FTS und mehr). Sie **müssen fettreich ernährt werden**, um die benötigten Energiemengen mit einem nicht zu großen Futtervolumen aufnehmen zu können. Der Fettgehalt des Futters für einen arbeitenden Schlittenhund sollte bei ca. 50 % der FTS liegen, der Kohlenhydratgehalt nicht über 15 % NfE in der FTS.

Jagd- und Hütehunde benötigen bei entsprechendem Einsatz Futter mit einer Energiedichte von 4,5–5,5 kcal/g FTS. Dabei können 25–40 %

Für den Windhund sind Rennen das A und O. Topleistungen sind nur mit gesunden, vitalen und optimal ernährten Athleten möglich.

Als geschätzter Apportierhund steht der Golden Retriever oft tagelang im Einsatz – das kann nur ein gesunder Hund leisten.

Fett und 30–35 % NfE in der FTS enthalten sein.

Gebrauchshunde mit mittelstarker körperlicher Belastung erhalten Futter mit einem Energiegehalt von 4–5 kcal/g FTS, einem Fettanteil von 15–30 % und einem Kohlenhydratanteil von 30–45 % NfE in der FTS.

Der **Proteinanteil** sollte für Rennhunde bei 22–28 %, für Schlittenhunde bei 28–34 % (um Muskelschäden zu vermeiden) und für Jagd-, Hüte- und Gebrauchshunde bei ca. 22–30 % liegen. Eine zu hohe Eiweißaufnahme führt durch verstärkte Harnstoffbildung und -ausscheidung und damit verbundene zusätzliche Wärmeproduktion eher zu einer Leistungsminderung.

Wichtig ist auch eine gute Versorgung mit Vitaminen, Mineralstoffen und Spurenelementen. Kalzium, Phos-

phor, Magnesium, Kupfer und Vitamin D sind u. a. für ein belastbares Skelettsystem wichtig. Erhöhte Mengen an Vitamin E (bis 3 mg/kg KM täglich) und Selen (0,3 mg/kg FTS) wirken vor allem als Antoxidanzien und schützen Herz- und Skelettmuskulatur.
Das ist besonders bei fettreicher Fütterung wichtig.
Zink ist u. a. für die Haut und das Skelett, aber auch für den Geruchssinn und das Nachtsehvermögen bedeutsam. Dabei spielt auch **Vitamin A** eine wichtige Rolle. **Magnesium** ist neben seiner Bedeutung für das Skelett möglicherweise auch für die Verbesserung der psychischen Belastbarkeit nützlich. **Vitamin C** wird entsprechenden Futtermitteln als Antioxidanz in Mengen von ca. 300 mg/kg FTS zugesetzt, um die Belastbarkeit des Hundes zu verbessern.
Wichtig sind auch ausreichende Mengen an **Vitamin B** (Blutbildung u. a.), **Natrium** (Geruchssinn u. a.) und **Eisen** (Blutbildung u. a.). Günstige Effekte sind auch durch entsprechende Gehaltswerte an **Omega-3-Fettsäuren, Karnitin** und **Taurin** (s. Kapitel 4, S. 32, 36, 54) zu erreichen.
Wasser muss arbeitenden Hunden jederzeit ausreichend zur Verfügung stehen, da es sowohl für die Verstoffwechslung der erhöhten Nährstoffmengen als auch zur Temperaturregulation bei erhöhter Körperwärmeentwicklung benötigt wird.
Während einer Ausdauerbelastung soll alle ein bis zwei Stunden Wasser gegeben werden. Wassermangel kann z. B. bei Rennhunden schon nach kurzzeitiger intensiver Belastung zu lebensbedrohlichen Blutveränderungen führen.
Die **Fütterungszeiten** sollen für arbeitende Hunde so gelegt werden, dass ein Zeitabstand von ca. vier bis sechs Stunden zwischen Fütterung und Belastung erreicht wird. Rennhunde können ca. eine Stunde vor dem Rennen eine kleine kohlenhydratreiche Zusatzration (z. B. zwei Scheiben Weißbrot mit Honig) erhalten. Ihre Hauptmahlzeit sollen sie frühestens zwei bis drei Stunden nach einem Rennen bekommen.
Es können selbst zubereitete Rationen eingesetzt werden. Dafür werden energiereiche Futtermittel tierischer Herkunft (wie gekochtes Kammfleisch vom Schwein) mit energiereichen Getreideprodukten wie Haferflocken kombiniert und mit Schmalz oder Pflanzenölen ergänzt. Vitamine und Mineralstoffe müssen nach Berechnung der vorhandenen Gehaltswerte zugesetzt werden. Der Rohfasergehalt sollte nicht über 2–3 % der FTS liegen. Die günstigste Lösung dürfte es sein, ein hochwertiges Fertigfuttermittel als Grundlage der Ration (ca. 50–75 % der Gesamtfuttermenge) einzusetzen und es je nach den spezifischen Belastungen mit selbst zubereiteten Rationsanteilen zu ergänzen.

Agility: Spiel, Spaß und Präzision für den aktiven, spritzigen Hund und seine sportliche Besitzerin (hier ein Border Collie).

8. Anhang

Tabellen

Bedarf an Energie und Nährstoffen pro kg KM und Tag
(Beispiel: Gewicht des erwachsenen Hundes = 35 kg)

	Erhal-tungs-bedarf	Welpen 1–4 Monate	Junghund 5–6 Monate	Junghund 7–12 Monate	Zuchthündin 2. Trächt. + Laktat.	Gebrauchs-hunde
Energie / kcal	57	150–170	100–150	100	100–300	80–300
Eiweiß / g vRP	2,1	6–10	5–6	3–4	4–7	2–6
Kalzium / mg	100	355–515	240–305	130–145	165–400	
Phosphor / mg	75	170–245	130–160	85–90	120–290	
Magnesium / mg	12	21–24	17	13	15-26	
Natrium / mg	50	70–90	60	55	60–100	
Kalium / mg	55	75–90	65	60	65–125	
Chlorid / mg	75	110–150	100	90	90–190	
Eisen / mg	1,4	3,5–4,8	3,0	2,0	6,8–2,4	
Kupfer / mg	0,1	0,3–0,5	0,2–0,3	0,1–0,2	0,15–0,65	
Zink / mg	0,9	3,3–4,1	3,9–5,1	1,7–2,1	1,3–3,2	
Mangan / mg	0,07	0,08–0,1	0,07–0,1	0,07–0,08	0,12	
Kobalt / mcg	5–10			10	10	
Jod / mcg	15	25	25		25	
Selen / mcg	2,5	5	5	5	5	
Vitamin A / IE	75–100		250		250	
Vitamin D / IE	10		20		20	
Vitamin E / mg	1		2		1–2	
Vitamin B1 / mcg	20		60		60	
Vitamin B2 / mcg	50		10		100--250	
Vitamin B6 / mcg	20		60		60	
Vitamin B12 / mcg	0,5		1		1	
Pantothensäure / mcg	200		400		400	
Nikotinsäure / mcg	200		450		450	
Biotin / mcg	2		4		4	
Folsäure / mcg	4		8		8	
Linolsäure / mg	150	250	250	250	500	
Vitamin C / mg	ca. 10					60-80
Karnitin / mg						1,5-3

Weitere, für spezielle Lebensphasen wie z. B. Krankheiten, gültige Bedarfswerte sind in den entsprechenden Textabschnitten angegeben.

Empfohlene Gehaltswerte an Energie und Nährstoffen in Futtermitteln für erwachsene Hunde (Erhaltungsbedarf) je kg FTS bzw. in %

Energie	3900–4100 kcal
v RP	25–28 %
Rohfett	12–18 %
Rohasche	4–6 %
Rohfaser	2,5 %
Kohlenhydrate	33–42 %
Kalzium	0,8–1,0 %
Phosphor	0,6–0,7 %
Magnesium	0,09–0,15 %
Kalium	0,3–0,35
Eisen	170–180 mg
Kupfer	35
Zink	200–250 mg
Mangan	70 mg
Selen	0,43 mg
Vitamin A	12.000–22.000 IE
Vitamin D	1200–1500 IE
Vitamin E	100–400 mg
Vitamin C	0–300 mg
Vitamin B1	9–11 mg
Vitamin B2	6–7 mg
Pantothensäure	30 mg
Niacin	20 mg
Vitamin B6	4,3 mg
Biotin	0,8 mg
Folsäure	0,9–1,2 mg
Vitamin B 12	0,2–0,3 mg

Zusammensetzung einiger häufig eingesetzter Einzelfuttermittel
(Angaben für Nährstoffe in %, für Energie in kcal/kg FOS)

	Wasser-gehalt	Energie in kcal/kg FOS	Protein	Fett	NfE	Rohfaser
Hühnerfleisch	71,7	1330	23,4	3,7	0	0
Rindfleisch, durch-schnittliche Qualität	60,2	2680	17,9	21,2	0	0
Schwein, mittlerer Fettgehalt	56,3	3080	15,7	26,7	0	0
Pferd	74,0	1350	19,0	4,5	1,5	0
Kabeljau	81,2	780	17,6	0,3	0	0
Lachs	63,6	217	22,5	13,4	0	0
Herz, Rind	77,5	1080	17,1	3,6	0,7	0
Leber, Rind	69,7	1400	19,9	3,8	5,3	0
Pansen, gereinigt	80,0	1210	12,0	7,0	0,5	0
Vollmilch	87,4	650	3,5	3,5	4,9	0
Hüttenkäse	78,9	1030	12,5	4,5	2,7	0
Käse Gouda	42,0	3460	24,9	27,4	0	0
Soja (Extraktionsschrot)	11,0	3153	44,0	0,8	28,7	2,9
Mohrrüben	88,2	420	1,1	0,2	9,7	1,0
Kartoffeln, gekocht, geschält	82,8	650	1,9	0,1	14,0	0,5
Hafer, Vollkorn	12,0	3320	11,5	4,7	60,0	10,2
Nudeln, gekocht	63,6	1480	5,0	0,5	30,0	0,1
Reis, geschält	12,0	3530	4,9	0,6	79,3	0,7
Äpfel, ungeschält	84,0	358	0,2	0,2	14,4	0,8
Bananen	75,0	597	1,4	0,4	20,6	0,5
Honig	19,0	3177	0	0	80,3	0
Bonbons	3,0	3870	0,5	1,0	94,0	0
Schokolade	1,0	5279	8,3	33,0	54,9	0

Übersicht Diätfuttermittel führender Hersteller

Hersteller	Diätfuttermittel	Anwendungsgebiete des Diätfuttermittels
Hill`s	Prescription Diet Canine a/d	Verletzungen, Fieber, Operationen, Tumoren
	(dito) b/d	Gehirnalterung, Verhaltensänderungen
	(dito) c/d	Struvitharnstein-Vorbeugung
	(dito) h/d	Herz (fortgeschrittene Erkrankung)
	(dito) i/d	Magen, Darm, Pankreas
	(dito) k/d	Herz (frühes Stadium), Niere, Leber,
	(dito) l/d	Leber, Kupferspeicherkrankheit
	(dito) n/d	Tumorerkrankungen
	(dito) p/d	Welpen, Immunabwehr-Unterstützung
	(dito) r/d	Übergewicht, Adipositas
	(dito) s/d	Struvitharnstein-Auflösung
	(dito) t/d	Zahnbelag, Zahnstein-Vorbeugung
	(dito) u/d	div. Harnsteine, Niere, Kupferspeicherkrh.
	(dito) w/d	Diabetes mellit., Darmerkr., Struvitstein-prophylaxe
	(dito) z/d	Allergien, Futtermittelunverträglichkeiten
Royal Canin	Cardiac	Herz (fortgeschrittenes Stadium)
	Convalescence Support	Abmagerung, Operationen, Verletzungen
	DiabeticWeightControl Diabetic	Diabetes mellitus
	Digestive Low Fat	Pankreasinsuffizienz, Durchfall
	Early Cardiac	Herz (frühe Stadien)
	Hepatic	Leber, Kupferspeicherkrankheit
	Hypoallergenic	Allergien, Futtermittelunverträglichkeiten
	Intestinal	Darmerkrankungen, Durchfall
	Mobility Support	Gelenkgesundheit
	Obesity	Übergewicht, Adipositas
	Rehydration Support	Flüssigkeitsersatz bei Erbrechen, Durchfall u. a.
	Renal	Nierenerkrankungen, Harnsteinprophylaxe
	Sensitivity Control	Allergien, Futtermittelunverträglichkeiten
	Urinary	Blasenentzündungen, Struvitsteine
	Weight Control Diabetic	Gewichtserhaltung, Diabetes mellitus

Fachwörterverzeichnis

Zwar sind Fachbegriffe im Allgemeinen im Text an Ort und Stelle »übersetzt«. Hin und wieder werden sie aber auch an mehreren Stellen verwendet, so dass die folgende Übersicht hilfreich sein kann.

Abort	Verwerfen, vorzeitiges Ausstoßen der Foeten, Frühgeburt, Fehlgeburt
Absorption	Aufnahme von Stoffen über Haut oder Schleimhaut = Resorption
Adipositas	Verfettung, Fettsucht
aerob	bei Anwesenheit von Sauerstoff funktionierend
Akzeptanz	Bereitschaft, ein bestimmtes Futter zu fressen
Albumin	Gruppe von Eiweißstoffen
Allantoin	Endprodukt des Abbaus von Purinen (Stoffe zum Aufbau von Nukleinsäuren)
Anämie	Blutarmut, insbesondere Mangel an roten Blutkörperchen
anaerob	ohne Anwesenheit von Sauerstoff funktionierend
Antioxidanzien	Stoffe, die der Abwehr von freien Radikalen dienen (Zellschutz) (S. 108)
Aorta	Hauptschlagader, führt Blut vom Herzen in den Körperkreislauf
Arthrose	chronische Gelenkentzündung
Atopie	allergisch bedingte Hautentzündung
Autoimmunkrankheit	durch Fehlreaktionen des Immunsystems gegen eigene Gewebe
Aversion	Abneigung
Cholesterin	Substanz in Hormonen und Gallensäuren, Ablagerung in Gefäßen möglich
Cushing-Syndrom	Nebennierenrindenüberfunktion, Folge: zuviel Kortisol im Körper

Darmflora	Gesamtheit der Mikroorganismen im Darm, hauptsächlich Bakterien
DCM	Dilatative Kardiomyopathie (s. dort)
Degeneration	Rückbildung oder Entartung von Zellen oder Geweben
Dehydratation	Flüssigkeitsmangel in Zellen oder Geweben
Dekompensation	fehlende Möglichkeit zur Kompensation (s. dort)
DNA	Desoxyribonukleinsäure – wichtige Substanz zur Erbanlagenspeicherung
Diabetes mellitus	Zuckerkrankheit, zu hoher Zuckergehalt in Blut und Geweben
Dilatative Kardiomyopathie	Herzmuskelerkrankung mit Ausdehnung des Herzens
Dilatation	Erweiterung
Enteropathie	Darmkrankheit
Enzephalopathie	Gehirnerkrankung
Enzym	beschleunigt chemische Reaktionen im Körper
epileptiforme Krämpfe	den epileptischen Krämpfen ähnelnd, Folge von Organkrankheiten
Epithel	oberste Zellschicht von Haut und Schleimhaut
Essenziell	unentbehrlich, lebensnotwendig
Fibrose	Gewebsverfestigung durch Bindegewebsverfestigung
freie Radikale	unvollständige instabile aggressive Moleküle, die Sauerstoff enthalten (S. 108)
Globulin	Eiweißstoff in Blut und Geweben

Glukoneogenese	Umwandlung von Eiweiß oder Fett in Glukose
Glukose	Blutzucker, Traubenzucker
Glykogen	ein Kohlenhydrat – Speicherform in Leber und Muskulatur
Hämoglobin	Blutfarbstoff in den roten Blutkörperchen (Erythrozyten)
HD	Hüftgelenksdysplasie
Hüftgelenksdysplasie	ungenügende Entwicklung der Bestandteile des Hüftgelenks
Hypertrophie	Vergrößerung von Geweben oder Organen durch Zellvolumenzunahme
Immunsuppression	Unterdrückung des Immunsystems
Insuffizienz	Funktionsschwäche z. B. Herz, Niere, Bauchspeicheldrüse
Interleukine	von weißen Blutkörperchen abgesonderte Substanz zu deren »Verständigung« bei der Immunabwehr
Katalysator	Substanz, die eine chemische Reaktion beschleunigt
Kolostrum	erste Muttermilch
Kompensation	Ausgleich einer verminderten Leistung durch andere Leistungen
Kontraktion	Zusammenziehen, z. B. Muskeln, Herz
Kortison	entzündungshemmende und immunsuppressive Stoffe, z. B. Prednisolon
Laktation	Milchabgabe während der Säugezeit
Leberzirrhose	narbige Rückbildung des Lebergewebes
Limitierend	begrenzend
Malabsorption	Störung der Aufnahme von Nährstoffen über die Darmschleimhaut
Maldigestion	Verdauungsstörung im Darm – »Rohr«
Myoglobin	Muskelfarbstoff
Neurologie	Lehre von den Nervenkrankheiten
neuromuskulär	Übertragung von Impulsen zwischen Nerven und Muskeln
Nukleinsäure	Stoffe im Zellkern zur Speicherung genetischer Informationen
Obstruktion	Verschluss, Verstopfung
OCD	Osteochondrosis dissecans
Ödem	teigige Anschwellung von Geweben infolge von Flüssigkeitsansammlung
Osteochondrosis dissecans	Gelenkerkrankung infolge von Knorpeldefekten
Oxidation	Energiegewinnung mit Sauerstoffbeteiligung (»Verbrennung«)
Parvovirose	Viruserkrankung, besonders Darm und Magen betreffend
Pepsin	Enzym zur Eiweißverdauung im Magen
Peristaltik	Eigenbewegung, insbesondere der Verdauungsorgane
Phospholipoproteine	(Phospholipide) dienen als Baustoff von Zellmembranen
Prophylaxe	Vorbeugung
Prostaglandin	hormonähnliche Substanzen, u. a. an Entzündung beteiligt
Protein	Eiweiß
Purine	stickstoffhaltige Stoffe zum Aufbau von Nukleinsäuren
Reflex	unwillkürliche Reaktion ohne Beteiligung des Bewusstseins
Reflux	Rückfluss, z. B. von Mageninhalt in die Speiseröhre
Regeneration	Ersatz oder Erneuerung von Geweben
Rekonvaleszenz	Heilung, Wiederherstellung

Resistenz	Widerstandsfähigkeit, z. B. von Bakterien gegenüber Antibiotika
Resorption	Aufnahme von Stoffen über Haut oder Schleimhaut = Absorption
Sekretion	Absonderung von Flüssigkeiten
sezernieren	siehe Sekretion
toxisch	giftig
Tumor Necrosis Factor	Substanz, die u. a. das Wachstum von Tumorzellen hemmt
Vegetatives Nervensystem	funktioniert ohne primären Einfluss des Bewusstseins
Viskosität	Zähigkeit von Flüssigkeiten
Zytokine	Substanzen, die zur Aktivierung von Zellen beitragen

Literaturverzeichnis

- Hand S., Thatcher C.D., Rebecca L. Remillard, Roudebusch P.: *Klinische Diätetik für Kleintiere,* Hannover 2002
- Löscher W., Ungemach F.R., Kroker R.: *Pharmakotherapie bei Haus- und Nutztieren,* Berlin 2003
- Meyer H., Zentek J.: *Ernährung des Hundes,* Berlin 2001
- Wienrich V.: *Hautkrankheiten und Allergien beim Hund,* Cham 2002
- Wills J., Simpson K.W.: *Das Waltham – Buch der klinischen Diätetik bei Hund und Katze*

Abkürzungsverzeichnis

ATP	Adenosintriphosphat; Substanz vor allem zur Energiespeicherung in der Zelle
DHEA	Dehydroepiandrosteron, ein Hormon; Vorstufe von Geschlechtshormonen
Energie	im Text ist umsetzbare Energie gemeint, sofern nicht anders vermerkt
FOS	Futteroriginalsubstanz
FTS	Futtertrockensubstanz (als vergleichbare Einheit unabhängig vom Wassergehalt)
IE	Internationale Einheit (Maßeinheit)
KM	Körpermasse (entspricht weitestgehend dem Körpergewicht)
mcg	Mikrogramm = 1/ 1000stel Milligramm
mg	Milligramm = 1/1000stel Gramm
Nährstoffe	im Text sind die verdaulichen Nährstoffe gemeint, sofern nicht anders vermerkt
NfE	N (=Stickstoff)-freie Extraktstoffe (entspricht weitgehend den Kohlenhydraten)
vRP	verdauliches Rohprotein (Eiweiß)

Gesunde Welpen sind zufriedene Welpen – die richtige Ernährung trägt wesentlich zu ihrem Wohlbefinden bei.

Rund um den Hund...

Monika Schaal/Ursula Daugschieß-Thumm
Der Familienhund
Ausführlich beschreiben die Autorinnen die Erziehung des Hundes zum zuverlässigen Begleiter, zeigen Lösungen für auftretende Probleme auf und geben Tipps für eine sinnvolle Beschäftigung mit dem Hund.
168 Seiten, 77 Farbbilder, 11 Zeichnungen
Bestell-Nr. 41471
€ 19,90/sFr 34,90/€(A) 20,50

Carl-Johan Adlercreutz
Hunderassen aus aller Welt
Mehr als 400 Hunderassen werden in diesem Nachschlagewerk vorgestellt. Jede Rasse mit Farbbild, Abstammungsgeschichte, Zusammenfassung des geltenden Rassestandards und einer Beschreibung des Charakters. Im Anhang die Gruppeneinteilungen gemäß FCI (Fédération Cynologique Internationale) sowie den Kennel Clubs von England, Amerika und Kanada. Damit informiert »Hunderassen aus aller Welt« umfassend über die faszinierende Vielzahl der »besten Freunde des Menschen«.
472 Seiten, 408 Farbbilder, 35 Zeichnungen
Bestell-Nr. 41480
€ 34,90/sFr 60,40/€(A) 35,90

Uta Over
Auch Hunde werden älter
Die Autorin zeigt, wie der Mensch die »Alterszipperlein« seines Hundes lindern kann, wie man ihn altersgerecht versorgt und seine letzten Jahre lebenswert gestaltet.
160 Seiten, 120 Farbbilder
Bestell-Nr. 41526
€ 19,90/sFr 34,90/€(A) 20,50

Rosemarie Wild
Aufzucht junger Hunde
Wie man einen Hund vom ersten Atemzug an gesund aufzieht und sozialisiert, zeigt das Buch ebenso wie die körperliche und psychische Entwicklung des Welpen.
176 Seiten, 141 Bilder, davon 128 in Farbe
Bestell-Nr. 41468
€ 19,90/sFr 34,90/€(A) 20,50

Susanne Kerl
Hunde kaufen mit Verstand
Ein Ratgeber für Züchter und Käufer, die auf eine fachmännische und artgerechte Hundehaltung Wert legen.
224 Seiten, 90 Bilder, davon 46 in Farbe, 13 Zeichnungen
Bestell-Nr. 41286
€ 22,–/sFr 38,60/€(A) 22,70

Ihr Verlag für Hunde-Bücher
Gewerbestraße 10, CH-6330 Cham
Telefon ++41(0)41 740 30 40
Telefax ++41(0)41 741 71 15
E-Mail: info@mueller-rueschlikon.ch

Müller Rüschlikon

Stand Januar 2005
Änderungen in Preis und Lieferfähigkeit vorbehalten